AutoCAD 建筑制图实例教程

（修订版）

主　编　齐　岷　杨　磊
副主编　王亚茹　牛君彦　郭建国
主　审　贺海宏

（扫描二维码下载第 7、8、9 章所需的样板文件）

北京交通大学出版社
·北京·

内容简介

本书作为AutoCAD建筑制图的入门教材，系统讲解了该应用软件的基础知识与绘图技巧，并加入建筑制图的统一要求，通过工程实践案例来分析命令的运用。

全书分为上、下两篇，共10章。上篇为基础知识与入门，包括AutoCAD基本操作，常用图形绘制命令，常用图形编辑命令，建筑设计基础及常用图库创建，文字、表格与尺寸标注等基本内容；下篇为综合绘图与实训，详细讲解了建筑总平面图、平面图、立面图、剖面图、详图的绘制。在每章安排了内容导读、本章小结和上机操作习题，附录里收录了CAD技能大赛模拟理论样卷、技能大赛上机小图练习及各类常用快捷键命令的功能列表。

本书图文并茂，条例清晰，通俗易懂，实用性强，注重操作，适合于建筑、规划、园林等专业的本、专科学生和相关设计专业人员学习使用，同时也适用于各职业院校和培训机构。编写人员有着多年的AutoCAD教学和实际工程经验，并将实践和教学精华融入书中，对于初、中级读者颇有帮助。

图书在版编目（CIP）数据

AutoCAD建筑制图实例教程 / 齐岷，杨磊主编. —2版. —北京：北京交通大学出版社，2016.2（2023.2修订）

ISBN 978-7-5121-2121-8

Ⅰ. ① A… Ⅱ. ① 齐… ② 杨… Ⅲ. ① 建筑制图-计算机辅助设计-AutoCAD软件-教材 Ⅳ. ① TU204

中国版本图书馆CIP数据核字（2016）第029791号

AutoCAD建筑制图实例教程

AutoCAD JIANZHU ZHITU SHILI JIAOCHENG

责任编辑：陈跃琴

助理编辑：李荣娜

出版发行：北京交通大学出版社　　电话：010-51686414　　http：//www. bjtup. com. cn

地　　址：北京市海淀区高梁桥斜街44号　　邮编：100044

印 刷 者：北京虎彩文化传播有限公司

经　　销：全国新华书店

开　　本：185 mm×260 mm　　印张：14. 5　　字数：361千字

版 印 次：2023年2月第2版第2次修订　　2023年2月第6次印刷

定　　价：38. 00元

本书如有质量问题，请向北京交通大学出版社质监组反映。对您的意见和批评，我们表示欢迎和感谢。

投诉电话：010-51686043，51686008；传真：010-62225406；E-mail：press@bjtu. edu. cn。

前　言

AutoCAD（auto computer aided design）是美国 Autodesk 公司在 20 世纪 80 年代初开发的自动计算机辅助设计软件，是为在个人计算机上应用 CAD 技术而开发的绘图程序软件包。由于它具有绘图速度快、精准无误、便于修改、简单易学等特点，一直深受工程设计人员的青睐。目前，AutoCAD 已经在航空、航天、造船、建筑、机械、电子等很多领域得到广泛应用，并取得了丰硕的成果和巨大的经济效益。

AutoCAD 的基本绘图流程为：建立绘图环境，绘制、编辑图形，添加文字、尺寸标注，添加图框、图例，打印输出等。AutoCAD 具有完善的图形绘制功能、强大的图形编辑功能，尤其是高版本的动态块功能，并能进行多种图形格式的转换，具有较强的数据交换能力。

目前许多高等学校和职业院校的工科专业都开设了以讲授 AutoCAD 为主要内容的课程，AutoCAD 作为开发和使用相关设计、算量等软件的平台基础软件，已经成为专业基础、专业核心及实训课程的重要组成部分。本书以 AutoCAD 2012 为基础，系统讲解了 AutoCAD 的基本命令及其操作，并以实际工程实例为依据，详细分析如何绘制建筑总平面图、平面图、立面图、剖面图等。

本书的编写人员有着多年的 AutoCAD 教学和实际工程经验，编写人员摒弃了简单枯燥的命令讲解，结合大量实际图样的绘制反复实践。重操作，少理论，不以“学了多少”作为衡量掌握 AutoCAD 的标准，而是看“能用它去做什么工作、做多少工作”。为此，我们将大量的实践和教学精华融入其中，编写了这本图文并茂、条例清晰、通俗易懂、实用性强、注重操作的实用教材。

全书分为上、下两篇，共 10 章。上篇为基础知识与入门，包括 AutoCAD 2012 基本操作，常用图形绘制命令，常用图形编辑命令，建筑设计基础及常用图库创建，文字、表格与尺寸标注等基本内容；下篇为综合绘图与实训，详细讲解了建筑总平面图、平面图、立面图、剖面图、详图的绘制。在每章安排了内容导读、本章小结和上机操作习题，附录里收录了 CAD 技能大赛模拟理论样卷、技能大赛上机小图练习及各类常用快捷键命令的功能列表。

本书由河北城建学校齐岷、杨磊任主编，王亚茹、牛君彦、郭建国任副主编，其中齐岷编写了第 4 章及附录 B、C、D、E，杨磊编写了第 9、10 章，王亚茹编写了第 1、2、3 章及附录 A，牛君彦编写了第 6、7、8 章，郭建国编写了第 5 章。此外，河北师范大学的赵志强，河北城建学校的张利华、陈瑞卿、郑重、段永福、杨朝等几位老师也参与了教材的编写工作。河北城建学校校长贺海宏对本书进行了整体策划，审阅了全书，并提出了许多宝贵意见。本书在编写过程中还得到很多专家和同行的支持和帮助，在此一并表示感谢！

由于作者水平有限，书中不足之处在所难免，恳请读者批评指正。

齐 岷

2016年1月

目　　录

上篇　基础知识与入门

下篇　综合绘图与实训

上　篇

基础知识与入门

第1章
AutoCAD 2012 基本操作

内容导读

◎ **启动、退出 AutoCAD 2012**：介绍 AutoCAD 2012 的启动、退出方法。

◎ **认识 AutoCAD 2012 工作空间**：介绍 AutoCAD 2012 工作空间的组成。

◎ **AutoCAD 绘图环境与辅助绘图工具**：介绍如何设置 AutoCAD 的绘图单位、绘图界限、图层及常用辅助绘图工具的用法。

◎ **AutoCAD 基本操作**：介绍 AutoCAD 的命令操作、对象选择、数值输入和动态输入等操作方法。

◎ **图形文件管理**：介绍 AutoCAD 文件的新建、打开、保存、关闭等操作方法。

◎ **了解 AutoCAD 绘图过程**：通过卧室平面图的绘制，初步认识 AutoCAD 绘图步骤。

1.1 启动、退出 AutoCAD 2012

在使用 AutoCAD 绘制图形之前，必须先启动 AutoCAD；在图形绘制结束后，为节省计算机内存空间占用量，需要退出 AutoCAD。下面介绍启动、退出 AutoCAD 2012 的方法。

1.1.1 启动 AutoCAD 2012

启动 AutoCAD 2012 的方法：

（1）双击桌面上的快捷启动图标。

（2）在“开始”菜单中依次选择“程序”→Autodesk→AutoCAD 2012–Simplified Chinese→AutoCAD 2012–Simplified Chinese 命令。

（3）双击扩展名为“.dwg”的 CAD 文件。

1.1.2 退出 AutoCAD 2012

退出 AutoCAD 2012 的方法：

（1）打开“文件”菜单，选择“退出”命令。

（2）单击“菜单浏览器”按钮，选择“退出 AutoCAD”命令。

（3）在命令行窗口输入“Exit”或“Quit”命令。

（4）单击窗口右上角的“关闭” 按钮。

（5）按快捷键 Ctrl+Q 或 Alt+F4。

1.2 认识 AutoCAD 2012 工作空间

安装完成后第一次启动 AutoCAD 2012，系统自动进入“草图与注释”工作空间，如图 1–1 所示。

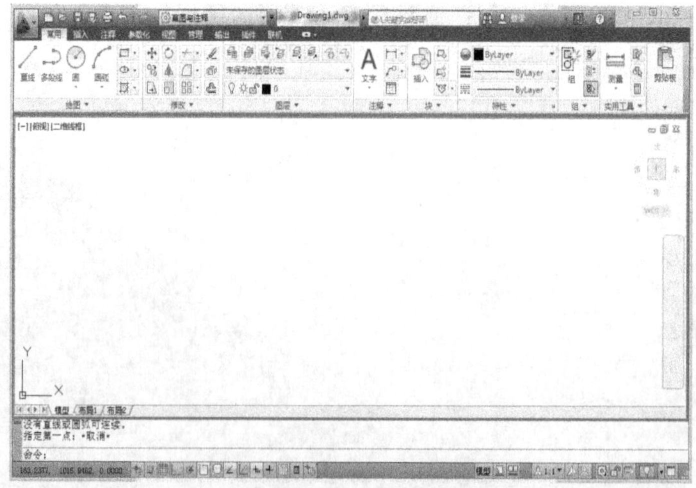

图 1–1 “草图与注释”工作空间

AutoCAD 2012 为用户提供了“草图与注释”“三维基础”“三维建模”“AutoCAD 经典”四种工作空间。其中“AutoCAD 经典”工作空间的界面延续了 AutoCAD R14 版本以来的界面，为许多老用户所熟悉，我们以“AutoCAD 经典”工作空间界面为例，来介绍 AutoCAD 2012 工作空间。

1.2.1　选择工作空间

单击标题栏上的工作空间切换栏，选择“AutoCAD 经典”，切换到“AutoCAD 经典”工作空间，如图 1–2 所示。

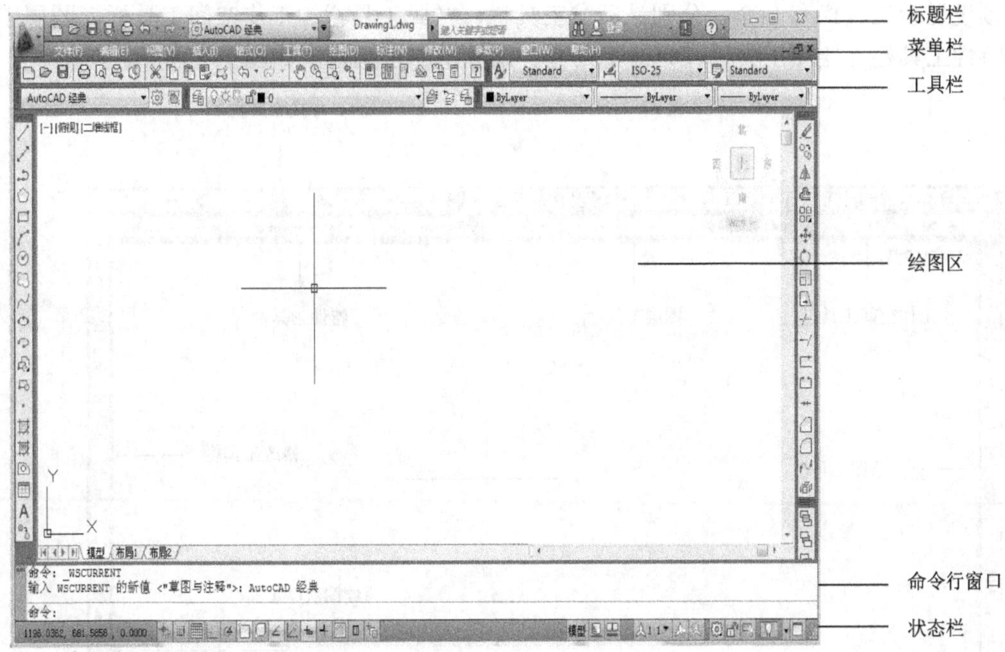

图 1–2 “AutoCAD 经典”工作空间

1.2.2　认识“AutoCAD 经典”工作空间

1. 标题栏

标题栏位于窗口最上端，从左到右依次为菜单浏览器、快速访问工具栏、工作空间切换栏、当前运行的程序名及文件名、信息中心、窗口控制按钮，如图 1–3 所示。

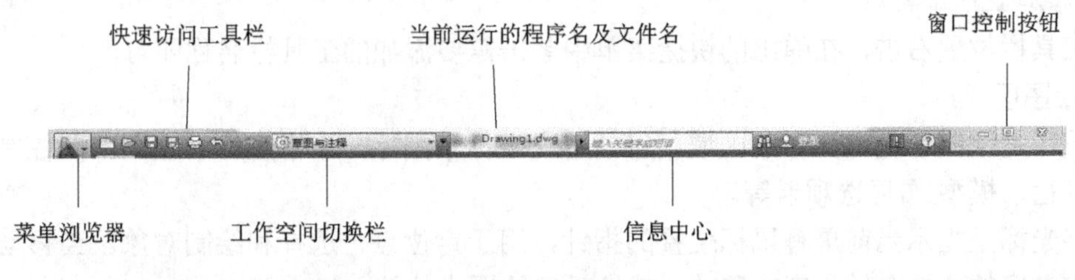

图 1–3　标题栏

2. 菜单栏

菜单栏在标题栏的下面，包含 12 个菜单项，如图 1–4 所示。单击任意一个菜单，可以弹出一个下拉菜单，用户可以从中选择相应的命令进行操作。

文件(F) 编辑(E) 视图(V) 插入(I) 格式(O) 工具(T) 绘图(D) 标注(N) 修改(M) 参数(P) 窗口(W) 帮助(H)

图 1–4　菜单栏

3. 工具栏

工具栏提供了 AutoCAD 最常用命令的操作按钮，是命令的另一种执行方式。AutoCAD 窗口预设显示工具栏有 8 个，分别是标准工具栏、样式工具栏、工作空间工具栏、图层工具栏、特性工具栏、绘图工具栏、修改工具栏、绘图次序工具栏，如图 1–5 所示。

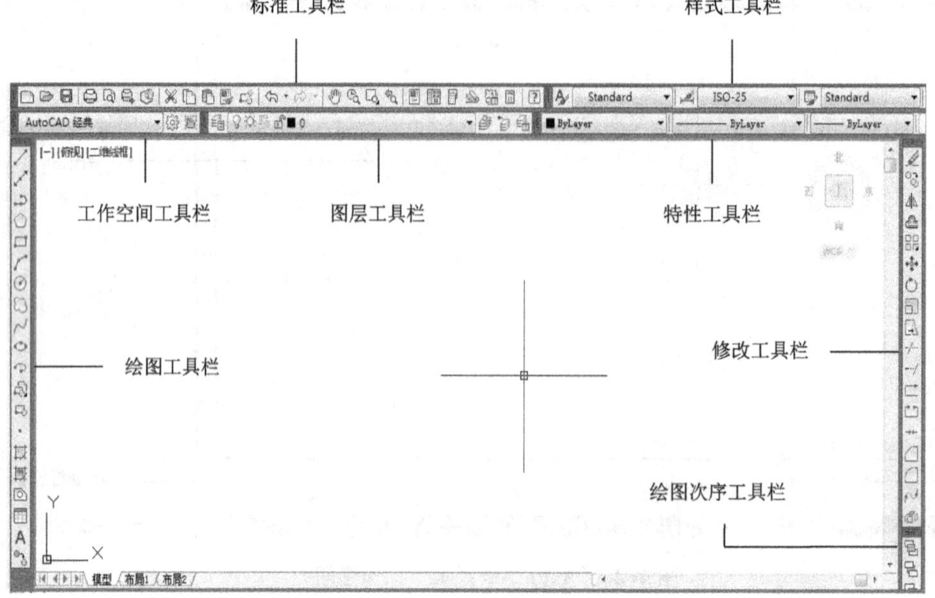

图 1–5　预设显示工具栏

1）关闭工具栏

用户可以根据需要关闭某个工具栏，以增大绘图空间。

具体操作为：在需要关闭的工具栏边框处单击，将其拖动到窗口其他位置，然后单击此工具栏右侧“关闭”按钮。

2）添加显示工具栏

在工具栏位置右击，在弹出的快捷菜单中单击需要添加的工具栏名称即可。

4. 绘图区

绘图区是绘制、编辑图形的区域，包括用户坐标系图标、十字光标、视图方向控制盘、视图控制栏、模型/布局选项卡等。

十字光标是指示当前屏幕鼠标位置的指针，用于定位点、选择和绘制对象。当移动鼠标时，十字光标的位置会做相应的移动，就像手工绘图中的笔一样方便。

5. 命令行窗口

命令行窗口用来显示两类信息：一是用户通过键盘输入的命令、数据等信息；二是在绘图过程中 AutoCAD 给出的提示信息，如图 1–6 所示。

图 1–6　命令窗口

如果命令行窗口隐藏了，可以通过按快捷键 Ctrl+9 或执行“工具”菜单→“命令行”命令显示命令行窗口。

6. 状态栏

状态栏位于窗口最下部，反映当前的绘图状态，包括坐标显示区、辅助绘图功能区、常用工具区，如图 1–7 所示。

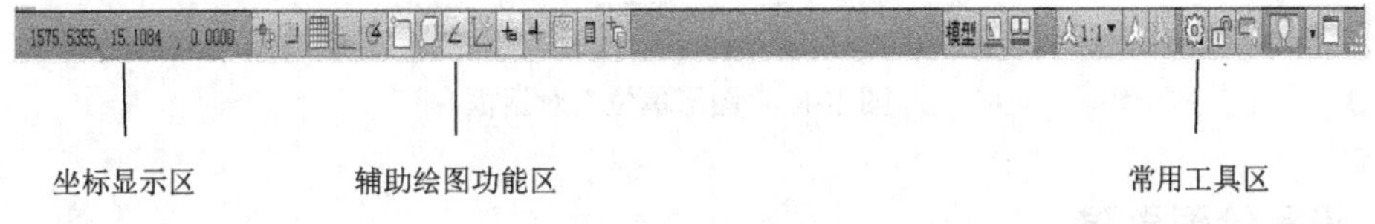

图 1–7　状态栏

1.3　AutoCAD 绘图环境与辅助绘图工具

1.3.1　设置绘图单位

在开始绘图前，必须对所绘制图形中一个图形单位所代表的实际大小进行设置。

1. 设置绘图单位

绘图单位设置方法：

（1）“格式”菜单→“单位”命令。

（2）在命令行窗口输入“Units”命令。

打开如图 1–8 所示的“图形单位”对话框。

2. “图形单位”对话框的选项说明

1）“长度”选项组

（1）“类型”下拉列表框：设置长度单位的格式类型。

（2）“精度”下拉列表框：设置长度单位的显示精度。

2）“角度”选项组

（1）“类型”下拉列表框：设置角度单位的格式类型。

（2）“精度”下拉列表框：设置角度单位的显示精度。

（3）“顺时针”复选框：设置角度测量方向。

在建筑制图中，图形单位的设置一般为：长度类型为小数，精度为 0；角度类型为十进制度数，精度为 0；用于缩放插入内容的单位为毫米。

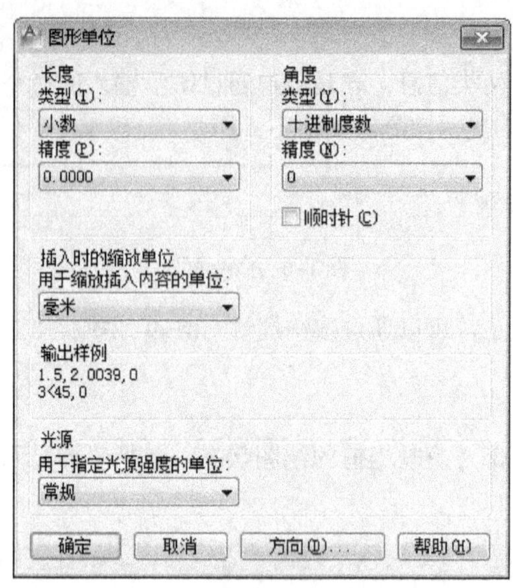

图 1–8 “图形单位”对话框

1.3.2 设置绘图界限

在绘图开始前，需要对绘图区域即绘图范围进行设置。

1. 设置绘图界限

绘图界限设置方法：

（1）“格式”菜单→“图形界限”命令。

（2）在命令行窗口输入“Limits”命令。

命令行窗口提示如下：

命令: '_limits

重新设置模型空间界限：

指定左下角点或 [开(ON)/关(OFF)] <0.0000，0.0000>:

指定右上角点<420.0000，297.0000>:

2. 绘图界限命令的参数说明

1）开（ON）/关（OFF）

（1）“开”：打开绘图界限检查功能。如果所绘图形超出了图形界限，则不绘制出此图形并给出提示信息。

（2）“关”：关闭绘图界限检查功能。

2）指定左下角点

设置绘图界限左下角点坐标。

3）指定右上角点

设置绘图界限右上角点坐标。

1.3.3 设置图层

在复杂图形中，为了对具有相同特性的图形对象统一管理，在 AutoCAD 中引入了图层。

用户可以根据需要创建多个图层，将具有相同特性的图形对象放在同一个图层上，以此来管理图形对象。

1. 创建图层

图层创建方法：

（1）“格式”菜单→“图层”命令。

（2）“图层”工具栏→“图层特性管理器”按钮。

（3）在命令行窗口输入“Layer”命令。

打开如图 1–9 所示的“图层特性管理器”对话框。

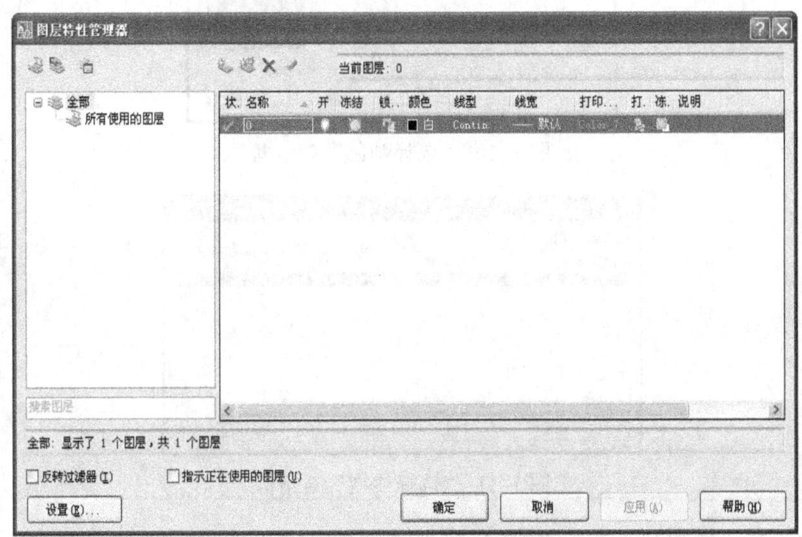

图 1–9 “图层特性管理器”对话框

2. “图层特性管理器”对话框的选项说明

1）新建图层

单击按钮，新建一个图层。

2）删除图层

单击按钮，删除选中的图层。

3）置为当前

单击按钮，将选中的图层置为当前图层。

4）图层改名

在图层“名称”上单击，更改图层名称。

5）设置图层颜色

单击“颜色”列表下的颜色特性图标 ■ 白色 ，弹出如图 1–10 所示的“选择颜色”对话框，用户可以对图层颜色进行设置。

6）设置线型

单击“线型”列表下的线型特性图标 Continuous ，弹出如图 1–11 所示的“选择线型”对话框，用户可以对图层的线型进行设置。

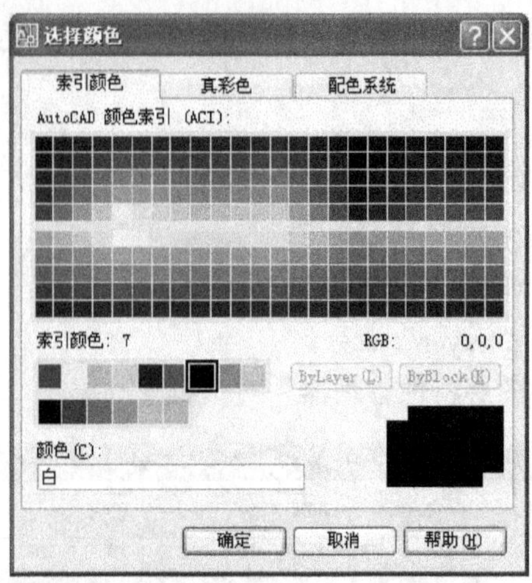

图 1–10 “选择颜色”对话框

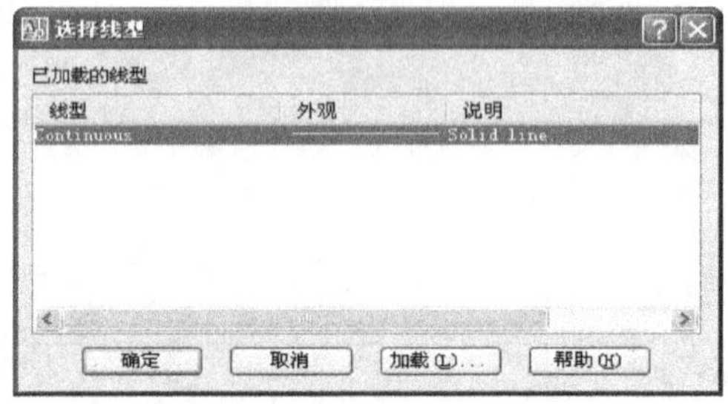

图 1–11 “选择线型”对话框

默认状态下，“选择线型”对话框中只有“Continuous”一种线型。单击“加载”按钮，弹出“加载或重载线型”对话框，用户可以在“可用线型”列表框中选择所需要的线型，然后回到“选择线型”对话框选择合适的线型。

7）设置线宽

单击“线宽”列表下的线宽特性图标 —— 默认，弹出如图 1–12 所示的“线宽”对话框，用户可以对图层的线宽进行设置。

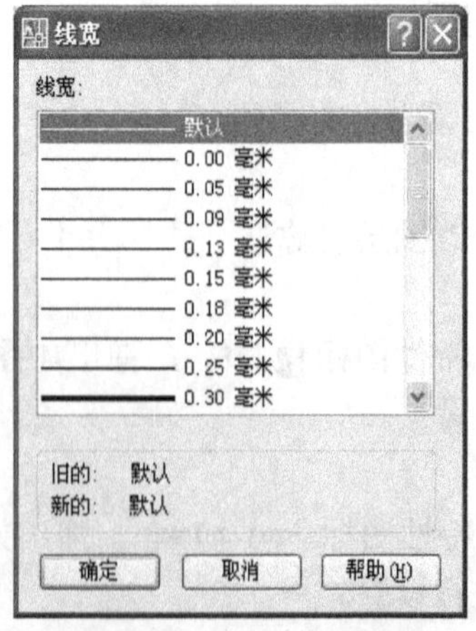

图 1–12 “线宽”对话框

3. 图层特性

在“图层特性管理器”对话框或者“图层”工具栏的“图层”列表框中，下面三个图标的不同状态，决定了图层的不同特性。

1）开和关

（1）当“开”图标为时，表示该图层打开（图层默认状态）。

（2）当“开”图标为时，表示该图层关闭，此时该图层上的图形对象在屏幕上是不可见的，也不能被打印。

2）冻结和解冻

（1）当“冻结”图标为时，表示该图层解冻（图层默认状态）。

（2）当“冻结”图标为时，表示该图层冻结，此时该图层上的图形对象在屏幕上是不可见的，不能重生成，也不能被打印。

3）锁定和解锁

（1）当“锁定”图标为时，表示该图层解锁（图层默认状态）。

（2）当“锁定”图标为时，表示该图层锁定，此时该图层上的图形对象在屏幕上是可见的，但不能被编辑和修改。

1.3.4　视图缩放和实时平移

1. 视图缩放

为了方便观察图形的局部细节或整体布局，需要用视图缩放命令对视图窗口中的图形进行放大或缩小显示。

视图缩放命令操作方法：

（1）“视图”菜单→“缩放”命令。

（2）“标准”工具栏→“缩放”按钮。

（3）在命令行窗口输入“Zoom”或“Z”命令，命令行窗口提示如下：

```
命令: ZOOM
指定窗口的角点，输入比例因子 (nX 或 nXP)，或者
[全部(A)/中心(C)/动态(D)/范围(E)/上一个(P)/比例(S)/窗口(W)/对象(O)] <实时>:
```

2. 视图缩放命令的参数说明

（1）全部（A）：在视图中显示整个图形，并显示用户定义的图形界限和图形范围。

（2）中心（C）：将图形移动到视图中心。

（3）动态（D）：使用矩形观察框进行缩放。

（4）范围（E）：在视图中将图形最大化显示。

（5）上一个（P）：显示上一个视图。

（6）比例（S）：以当前视图中心为中心点，进行比例缩放。

（7）窗口（W）：用于放大显示由两个对角点所确定的矩形窗口区域的图形。

（8）对象（O）：显示一个或多个选择的对象，并使其位于视图中心。

（9）实时：当执行实时缩放后，光标将变成一个放大镜形状，按住鼠标左键向上移动将放大视图，向下移动将缩小视图。

3. 实时平移

实时平移就是在不改变图形显示大小和位置时移动窗口，使指定的图形位于屏幕中央。

实时平移命令操作方法：

（1）“视图”菜单→“平移”→“实时”命令。

（2）“标准”工具栏→“实时平移”按钮。

（3）在命令行窗口输入“Pan”命令。

1.3.5 栅格与捕捉

1. 栅格

栅格是由可见点构成的区域，通常点的界限为当前设置的绘图界限，点的间距可以设置为任何值。在绘图时，可以打开或关闭栅格点。即使栅格点显示在屏幕上，也不会被打印到图纸上。

栅格点的显示与关闭方法：

（1）单击状态栏的“栅格”按钮。

（2）按 F7 功能键。

（3）在命令行窗口输入“Grid”命令。

2. 打开“草图设置”对话框

栅格点间距设置通过“草图设置”对话框完成。“草图设置”对话框打开方法：

（1）“工具”菜单→“草图设置”命令。

（2）在状态栏的“栅格”或“捕捉模式”按钮上单击鼠标右键，在弹出的快捷菜单中选择“设置”命令。

弹出如图 1–13 所示的“草图设置”对话框。

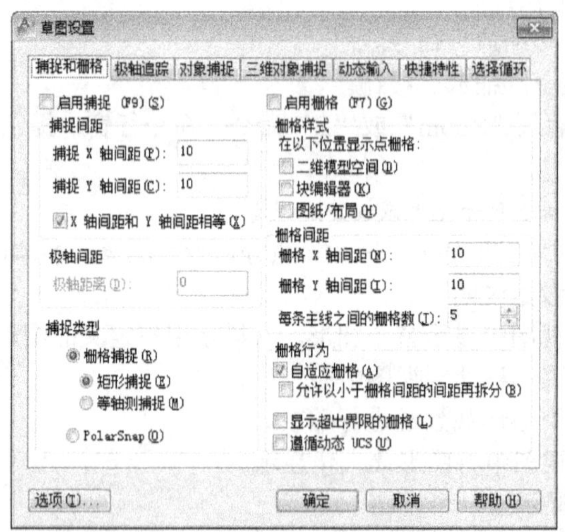

图 1–13 “草图设置”对话框

3. 栅格点设置

在“草图设置”对话框中，按如下步骤设置栅格点：

（1）选择“捕捉和栅格”选项卡。

（2）输入需要的 X 轴（左右）方向的栅格点间距值。

（3）输入需要的 Y 轴（上下）方向的栅格点间距值。

（4）单击“确定”按钮。

4. 捕捉

捕捉用于控制光标的位置，使其只能放在栅格点上，因此又叫栅格捕捉。捕捉与栅格往往配合起来使用。

捕捉功能的打开与关闭方法：

（1）单击状态栏的“捕捉”按钮。

（2）按 F9 功能键。

（3）在命令行窗口输入“Snap”命令。

捕捉的设置和栅格点的设置方法完全相同，不再重复。

1.3.6 正交和对象捕捉

1. 正交

在正交模式下，光标只能沿水平或垂直方向移动。绘制正交直线时，由光标移动方向确定直线的方向，直接输入直线的长度，方便水平和垂直方向直线绘制。

正交模式的打开与关闭方法：

（1）单击状态栏的“正交”按钮。

（2）按 F8 功能键。

（3）在命令行窗口输入“Ortho”命令。

2. 对象捕捉

启用对象捕捉功能，可以在绘图过程中捕捉到图形对象的特征点。特征点指图形对象上特殊位置的点，如一条直线的特征点有三个：一个中点和两个端点。

设置对象捕捉功能时，可通过“草图设置”对话框中的“对象捕捉”选项卡完成。操作方法如下：

（1）在状态栏“对象捕捉”按钮处单击鼠标右键，在弹出的快捷菜单中选择“设置”命令。

（2）在命令行窗口输入“DdoSnap”命令。

弹出如图 1–14 所示的“草图设置”对话框，设置对象捕捉的特征点。

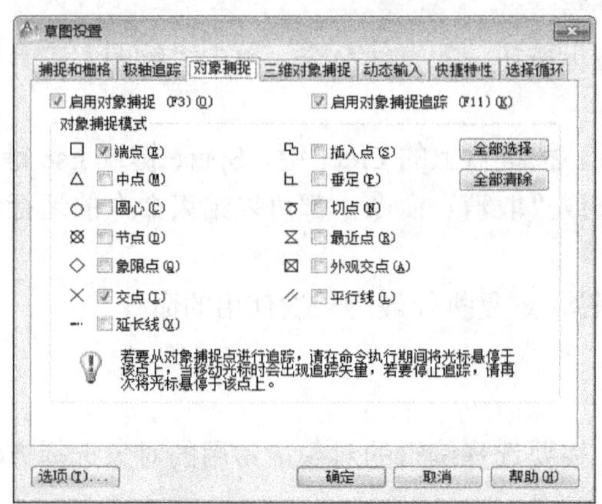

图 1–14 “草图设置”对话框

在 AutoCAD 中，对象捕捉有 13 种模式，如表 1–1 所示。

表 1–1　对象捕捉模式的类型

捕捉模式	含　义
端点	捕捉直线或圆弧等对象的端点
中点	捕捉直线或圆弧等对象的中点
圆心	捕捉圆、圆弧、椭圆、椭圆弧的圆心位置
节点	捕捉点对象及尺寸的定义点
象限点	捕捉圆、圆弧、椭圆、椭圆弧上位于 0°、90°、180°和 270°位置的点
交点	捕捉直线、圆、圆弧等对象的交点
延长线	捕捉对象延长线上的虚点
插入点	捕捉属性、块或文本的插入点
垂足	捕捉直线、圆弧、圆等对象上的一点，该点与指定的上一点形成一条直线，此直线与当前选择的对象垂直
切点	捕捉指定圆或圆弧的切点
最近点	捕捉距十字光标最近的点
外观交点	在 2D 空间中，外观交点捕捉模式与交点捕捉模式是等效的
平行线	捕捉已知直线的平行线

1.4　AutoCAD 基本操作

1.4.1　命令操作

1. 输入命令

在 AutoCAD 中，用户输入命令的方法如下：

（1）在菜单中选择命令对应的菜单项。如直线命令，打开“绘图”菜单，选择“直线”命令。

（2）在命令行窗口输入命令名。如直线命令，在命令行窗口输入“Line”或“L”。命令名中英文字母不区分大小写。

（3）单击工具栏中图标按钮。如直线命令，单击“绘图”工具栏中的“直线”按钮。

2. 结束命令

在命令的执行过程中，按键盘上的 Enter 键、Space 键或 Esc 键，或者单击鼠标右键后在快捷菜单中选择“确认”或“取消”命令，都可以结束命令的运行。

3. 重复执行命令

按 Enter 键或 Space 键，重复执行最近一次使用的命令。

1.4.2　对象选择

用户在编辑图形时，需要选择编辑的对象，常用的对象选择方法有以下四种。

1. 直接选择

将光标中的拾取框罩在被选择对象上任一点，单击鼠标左键，就能选中该对象，被选中的对象呈高亮显示。

2. 包容窗口选择

单击鼠标左键，将光标向右下方移动，形成一个实线矩形选择框，全部包含在选择框中的对象就被选中。

3. 交叉窗口选择

单击鼠标左键，将光标向左上方移动，形成一个虚线矩形选择框，与选择框相交或被选择框完全包容的对象，都被选中。

4. 快速选择

快速选择用来选择具有相同特性的多个对象。快速选择操作方法如下：

（1）“工具”菜单→“快速选择”命令。

（2）在命令行窗口输入“Qselect”命令。

（3）在绘图窗口空白处单击鼠标右键，在弹出的快捷菜单中选择“快速选择”命令。

打开如图 1–15 所示的“快速选择”对话框。

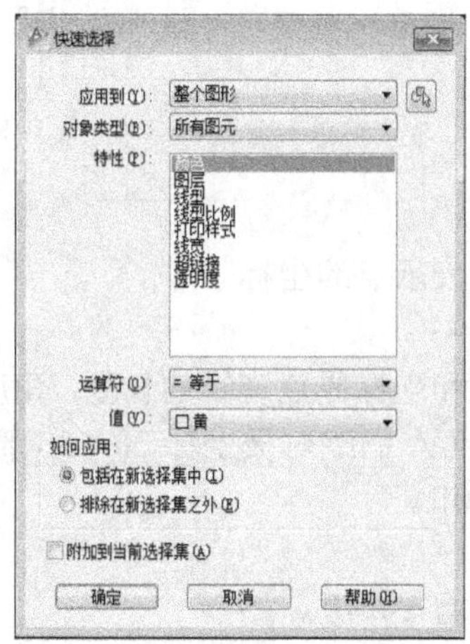

图 1–15 “快速选择”对话框

1.4.3　数值输入

在平面图中，点的位置由坐标决定。AutoCAD 提供了两种坐标系统，世界坐标系统和用户坐标系统，启动 AutoCAD 后两种坐标系统默认一致。

点的坐标常用表示方法有两种：直角坐标和极坐标。坐标原点即（0，0）点位于屏幕左下角，X 轴正方向为水平向右，Y 轴正方向为垂直向上。

1. 直角坐标输入

1）绝对直角坐标输入

绝对直角坐标是点相对于当前坐标原点的位移值，用“X，Y”表示。

如图 1–16 所示，O 点为坐标原点，即（0，0）点。A 点的坐标为（15，10），15 是点 A 的 X 轴坐标值，10 是点 A 的 Y 轴坐标值。

从 A 点向上画一条长度为 20 的垂直线 AB，B 点的坐标为（15，30），从 B 点向右做一条长度为 25 的水平线 BC，C 点坐标为（40，30），从 C 点向下做一条长为 20 的垂直线 CD，D 点坐标为（40，10），从 D 点向左做一条长为 25 的水平线 DA，输入 A 点坐标（15，10），这样我们就画了一个长为 25、高为 20 的矩形。

A、B、C、D 四个点的坐标值都是相对坐标原点 O 的位移。

2）相对直角坐标输入

相对直角坐标是点相对上一点坐标的坐标值变化，用“@ΔX，ΔY”表示。

如图 1–17 所示，用相对直角坐标按 ABCD 的顺序绘制四点组成的矩形，这四点的相对直角坐标按绘图顺序分别是 B@0，20；C@25，0；D@0，–20；A@–25，0。

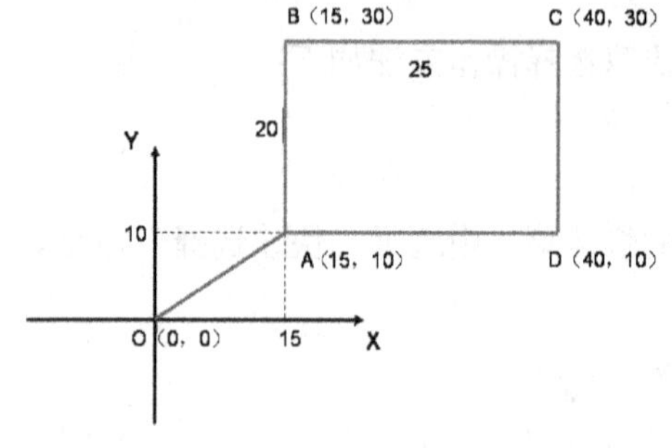

图 1–16　点的绝对直角坐标

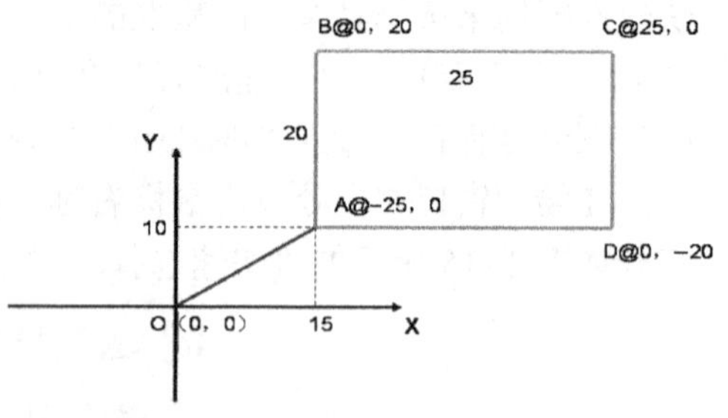

图 1–17　点的相对直角坐标

2. 极坐标输入

极坐标用“距离＜角度”来表示点的坐标。

1）绝对极坐标输入

点的绝对极坐标中距离指点和坐标原点连线的长度，角度是点和坐标原点连线与 X 轴正方向的夹角。如图 1–18 所示，点 A 的绝对极坐标 20＜30 表示点 A 和坐标原点 O 连线的长度是 20，OA 和 X 轴的夹角是 30°。

2）相对极坐标输入

点的相对极坐标表示：@距离＜角度。

其中距离是当前点和上一点连线的长度，角度是当前点和上一点的连线与 X 轴正方向的夹角。如图 1–19 所示，点 B 的相对极坐标@15＜50 表示点 B 和点 A 连线的长度是 15，BA 和 X 轴正方向的夹角是 50°。

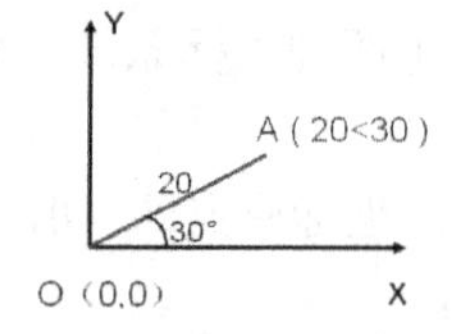

图 1–18　点的绝对极坐标

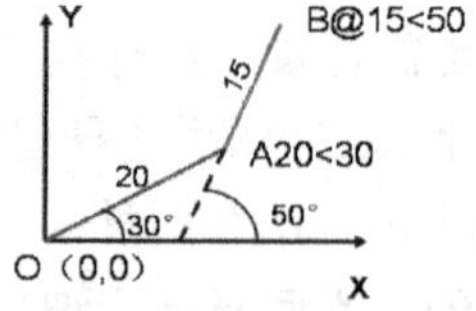

图 1–19　点的相对极坐标

AutoCAD 规定，X 轴正方向为 0° 方向，逆时针方向角度为正，顺时针方向角度为负。

1.4.4　动态输入

动态输入能够帮助用户直接在绘图区域的十字光标提示下输入坐标值或进行其他操作，而不必在命令行窗口中输入，从而提高绘图速度。

1. 动态输入的打开/关闭

单击状态栏的 DYN 按钮或者按键盘上 F12 功能键。

动态输入有三个组件：指针输入、标注输入和动态提示。在状态栏的 DYN 按钮上单击鼠标右键，在弹出的快捷菜单中选择“设置”命令，弹出如图 1–20 所示的“草图设置”对话框。

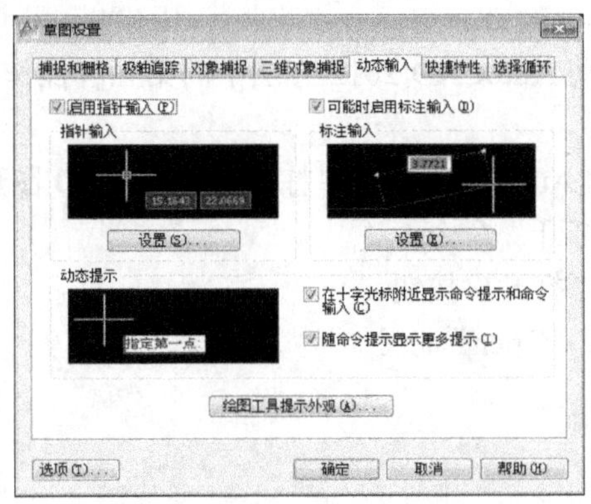

图 1–20　“草图设置”对话框

2. 指针输入

当有命令在执行时，将在十字光标附近的工具栏提示中显示坐标。用户可以在工具栏提示中直接输入坐标值，而不用在命令行窗口中输入。坐标值的输入通过按 Tab 键进行切换。

在指定点时，第一个点的坐标提示是绝对坐标，第二个或下一个点的提示是相对坐标。如果要输入绝对坐标值，需要在值前加前缀符号“#”。

3. 标注输入

当命令提示输入第二点时，将在十字光标附近的工具栏提示中显示距离和角度值。距离和角度值的输入通过按 Tab 键进行切换。

4. 动态提示

选择“在十字光标附近显示命令提示和命令输入”和“随命令提示显示更多提示”复选框，就可以在十字光标附近的提示栏中输入命令及对提示做出响应。如果提示包含多个选项，可以按键盘上的方向键↓查看这些选项，然后单击选择其中一个选项。

一般“动态提示”与“指针输入”和“标注输入”一起使用。

1.5　图形文件管理

AutoCAD 2012 的图形文件管理包括文件的新建、打开、保存、关闭等操作。

1.5.1　新建图形文件

使用 1.1.1 节介绍的启动 AutoCAD 2012 方法中的前两种操作，都可以在打开 AutoCAD 的同时创建一个新的 CAD 图形文件，默认文件名为“drawing1.dwg”。

如果在已经打开的 AutoCAD 窗口中创建新的图形文件，常用以下方法：

(1)“文件”菜单→“新建”命令。

(2)“标准”工具栏→“新建”按钮。

(3) 在命令行窗口输入“New”命令。

（4）按快捷键 Ctrl+N。

1.5.2 打开图形文件

使用 1.1.1 节介绍的启动 AutoCAD 2012 方法中的第三种操作，在打开 AutoCAD 的同时打开指定的 CAD 图形文件。

如果需要在已经打开的 AutoCAD 窗口中打开另一个 CAD 图形文件，常用以下方法：

（1）“文件”菜单→“打开”命令。

（2）“标准”工具栏→“打开”按钮。

（3）在命令行窗口输入“Open”命令。

（4）按快捷键 Ctrl+O。

1.5.3 保存图形文件

AutoCAD 为图形文件的保存提供了两种存盘方式：保存和另存为。

1. 保存

将图形文件以原有的文件名存盘（文件存盘后文件保存位置和文件名均不发生变化）。常用的操作方法：

（1）“文件”菜单→“保存”命令。

（2）“标准”工具栏→“保存”按钮。

（3）在命令行窗口输入“Save”命令。

2. 另存为

将图形文件改变原来的保存位置或改变文件名存盘（文件存盘后文件保存的位置或文件名与原文件相比发生变化）。常用的操作方法：

（1）“文件”菜单→“另存为”命令。

（2）在命令行窗口输入“Saveas”命令。

新建的 CAD 图形文件在第一次存盘时，“保存”和“另存为”作用相同，都会出现“图形另存为”对话框，如图 1–21 所示，在对话框中可以改变文件保存的位置和文件名。

图 1–21 “图形另存为”对话框

1.5.4　关闭图形文件

在不退出 AutoCAD 的情况下关闭图形文件，常用操作方法：

（1）“文件”菜单→“关闭”命令。

（2）单击窗口标题栏右上角的“关闭”按钮。

（3）在命令行窗口输入“Close”命令。

1.6　了解 AutoCAD 绘图过程

我们以如图 1–22 所示卧室平面图为例，初步认识 AutoCAD 绘图过程。

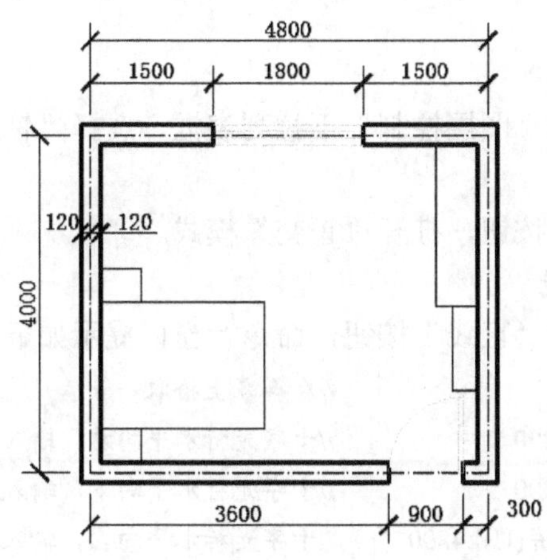

图 1–22　卧室平面图

1.6.1　设置绘图环境

1. 设置绘图单位

打开“格式”菜单，选择“单位”命令，弹出“图形单位”对话框，将小数精度设为 0。

2. 设置绘图界限

（1）打开“格式”菜单，选择“图形界限”命令，在命令行窗口进行如下操作：

```
命令: '_limits
重新设置模型空间界限:
指定左下角点或[开(ON)/关(OFF)]<0，0>          //直接按 Enter 键
指定右上角点<420，297>:7500，6000              //输入右上角点坐标
```

（2）单击状态栏的“栅格显示”按钮，显示栅格。

（3）打开“视图”菜单，选择“缩放”中的“全部”命令，显示用户定义的图形界限。

3. 创建图层

打开“格式”菜单，选择“图层”命令，弹出“图层特性管理器”对话框，创建图层，如图 1–23 所示。

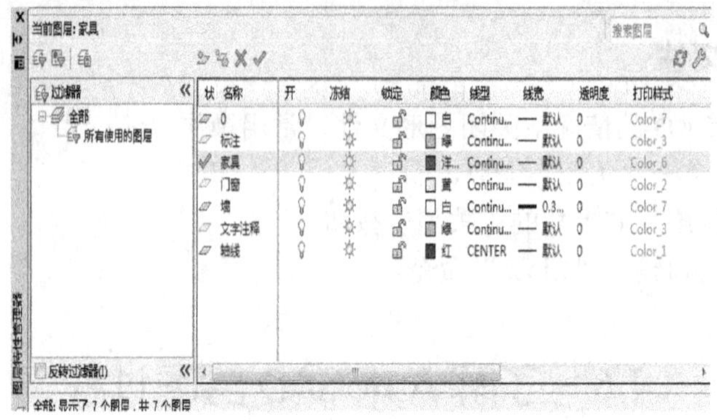

图 1–23 “图层特性管理器”对话框

1.6.2　绘制轴线

1. 选择“轴线”图层

单击“图层”工具栏的“图层控制”下拉列表框，选择“轴线”图层为当前层。

2. 打开“正交”模式

单击状态栏的“正交”按钮，打开“正交”模式。

3. 用直线命令绘制轴线

单击“绘图”工具栏的“直线”按钮，命令行窗口提示如下：

```
命令: _line 指定第一点:                     //在屏幕上拾取一点 A
指定下一点或 [放弃(U)]:4800                 //十字光标水平向右，输入 4800，得到轴线 AB
指定下一点或 [放弃(U)]:4000                 //十字光标水平向下，输入 4000，得到轴线 BC
指定下一点或 [闭合(C)/放弃(U)]:4800         //十字光标水平向左，输入 4800，得到轴线 CD
指定下一点或 [闭合(C)/放弃(U)]:C            //输入 C，选择闭合，得到轴线 AD
```

轴线绘制完成，如图 1–24 所示。

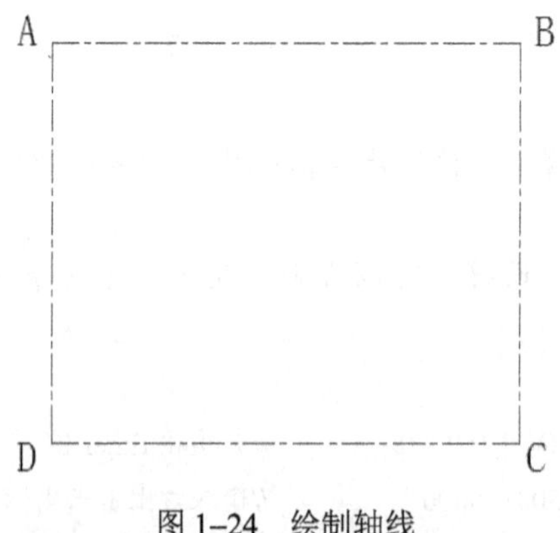

图 1–24　绘制轴线

1.6.3　绘制墙线

单击“修改”工具栏的“偏移”按钮，命令行窗口提示如下：

```
命令: _offset
```

当前设置:删除源=否　图层=源　OFFSETGAPTYPE=0
指定偏移距离或 [通过(T)/删除(E)/图层(L)] <通过>:120　　//输入偏移距离 120
选择要偏移的对象，或[退出(E)/放弃(U)] <退出>:　　//选中轴线 AD
指定要偏移的那一侧上的点，或[退出(E)/多个(M)/放弃(U)] <退出>:
//在轴线 AD 左侧任意点单击，在轴线 AD 的左侧得到一条偏移线
选择要偏移的对象，或[退出(E)/放弃(U)] <退出>:　　//选中轴线 AD
指定要偏移的那一侧上的点，或[退出(E)/多个(M)/放弃(U)] <退出>:
//在轴线 AD 右侧任意点单击，在轴线 AD 的右侧得到一条偏移线

用同样的办法，得到其他轴线的偏移线，如图 1–25 所示。

单击“修改”工具栏的“倒角”按钮，命令行窗口提示如下：

命令: _chamfer
(“修剪”模式) 当前倒角距离 1 = 0，距离 2 = 0
选择第一条直线或 [放弃(U)/多段线(P)/距离(D)/角度(A)/修剪(T)/方式(E)/多个(M)]:
//选中轴线 AD 左侧的偏移线
选择第二条直线，或按住 Shift 键选择直线以应用角点或 [距离(D)/角度(A)/方法(M)]:
//选中轴线 CD 下边的偏移线

通过倒角命令对两条直线进行修剪。用同样的办法，对所有通过偏移得到的直线进行修改，将多余部分剪掉，不足部分补齐。

将修改好的偏移线选中（不包括轴线），单击“图层”工具栏的“图层控制”下拉列表框，选择“墙”图层为当前层，墙线绘制完成，如图 1–26 所示。

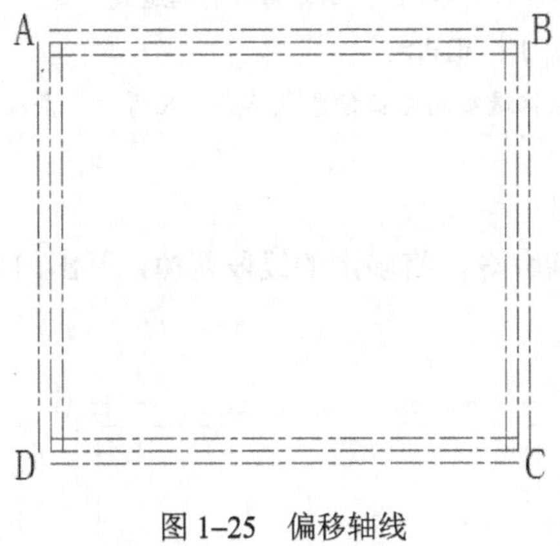

图 1–25　偏移轴线

图 1–26　绘制墙线

1.6.4　绘制门窗

1. 开门窗洞口

先用构造线和偏移命令画出辅助线，然后进行修剪操作，开出门窗洞口。

1）绘制窗洞辅助线

（1）单击“绘图”工具栏的“构造线”按钮，命令行窗口提示如下：

命令: _xline 指定点或 [水平(H)/垂直(V)/角度(A)/二等分(B)/偏移(O)]:O　//输入 O 选择偏移

指定偏移距离或 [通过(T)] <120>:1500　　　　//输入偏移距离 1500

选择直线对象:　　　　//选择轴线 AD

指定向哪侧偏移:　　　　//在轴线 AD 右侧任意点单击，得到一条构造线

（2）单击“修改”工具栏中的“偏移”按钮，命令行窗口提示如下：

命令: _offset

当前设置:删除源=否　图层=源　OFFSETGAPTYPE=0

指定偏移距离或 [通过(T)/删除(E)/图层(L)] <1500>:1800　　　　//输入窗洞大小 1800

选择要偏移的对象，或 [退出(E)/放弃(U)] <退出>:　　　　//选择刚才得到的构造线

指定要偏移的那一侧上的点，或 [退出(E)/多个(M)/放弃(U)] <退出>:

//在构造线的右侧任意点单击，又得到一条构造线

2）绘制门洞辅助线

（1）单击“绘图”工具栏的“构造线”按钮，命令行窗口提示如下：

命令: _xline 指定点或[水平(H)/垂直(V)/角度(A)/二等分(B)/偏移(O)]:O　　//输入 O 选择偏移

指定偏移距离或 [通过(T)] <1800>:300　　　　//输入偏移距离 300

选择直线对象:　　　　//选择轴线 BC

指定向哪侧偏移:　　　　//在轴线 BC 左侧任意点单击，得到一条构造线

（2）单击“修改”工具栏中的“偏移”按钮，命令行窗口提示如下：

命令: _offset

当前设置:删除源=否　图层=源　OFFSETGAPTYPE=0

指定偏移距离或 [通过(T)/删除(E)/图层(L)] <300>:900　　　　//输入门洞大小 900

选择要偏移的对象，或 [退出(E)/放弃(U)] <退出>:　　　　//选择刚才得到的构造线

指定要偏移的那一侧上的点，或 [退出(E)/多个(M)/放弃(U)] <退出>:

//在构造线的左侧任意点单击，又得到一条构造线

操作结果如图 1–27 所示。

3）修剪门窗洞口

单击“修改”工具栏的“修剪”按钮，利用修剪命令，将多余的线段剪掉，开出门窗洞口，如图 1–28 所示。

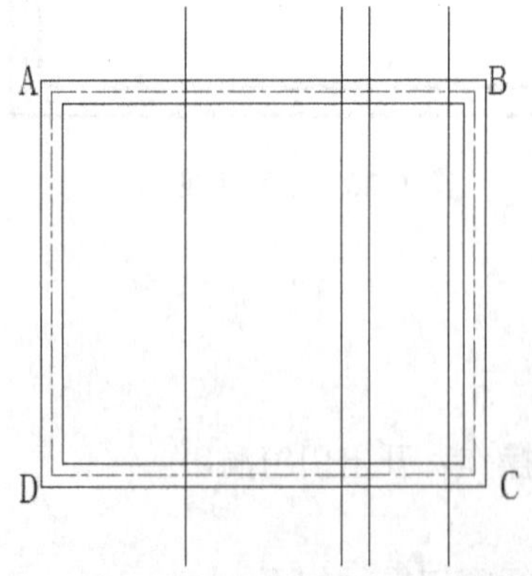

图 1–27　绘制门窗洞口定位辅助线

图 1–28　修剪门窗洞口

2. 绘制门窗

1）绘制窗户

（1）单击“图层”工具栏的“图层控制”下拉列表框，选择“门窗”图层为当前层。

（2）单击“绘图”工具栏的“直线”按钮，命令行窗口提示如下：

命令: _line 指定第一点:　　//捕捉窗洞左上部端点 E

指定下一点或 [放弃(U)]:　　//捕捉窗洞右上部端点 F，绘制第一根窗线 EF

（3）单击“修改”工具栏的“偏移”按钮，命令行窗口提示如下：

命令: _offset

当前设置: 删除源=否　图层=源　OFFSETGAPTYPE=0

指定偏移距离或 [通过(T)/删除(E)/图层(L)] <通过>:80　　//输入偏移距离 80

选择要偏移的对象，或 [退出(E)/放弃(U)] <退出>:　　//选中 EF

指定要偏移的那一侧上的点，或 [退出(E)/多个(M)/放弃(U)] <退出>:　//向下偏移，得到第二根窗线

选择要偏移的对象，或 [退出(E)/放弃(U)] <退出>:　　//选中第二根窗线

指定要偏移的那一侧上的点，或 [退出(E)/多个(M)/放弃(U)] <退出>:　//向下偏移，得到第三根窗线

选择要偏移的对象，或 [退出(E)/放弃(U)] <退出>:　　//选中第三根窗线

指定要偏移的那一侧上的点，或 [退出(E)/多个(M)/放弃(U)] <退出>:　//向下偏移，得到第四根窗线

窗户绘制完成，如图 1–29 所示。

2）绘制门

门由矩形和圆弧组成。

（1）单击“绘图”工具栏中的“矩形”按钮，命令行窗口提示如下：

命令: _rectang

指定第一个角点或 [倒角(C)/标高(E)/圆角(F)/厚度(T)/宽度(W)]:　//捕捉门洞右边界的中点 N

指定另一个角点或 [面积(A)/尺寸(D)/旋转(R)]:@–50，900　　//输入矩形的尺寸

（2）打开“绘图”菜单，选择“圆弧”中的“圆心、起点、端点”命令，命令行窗口提示如下：

命令: _arc

指定圆弧的起点或 [圆心(C)]: _c 指定圆弧的圆心:　　//捕捉 N 点为圆心

指定圆弧的起点:　　//捕捉矩形右上角点 K 为圆弧的起点

指定圆弧的端点或 [角度(A)/弦长(L)]:　　//捕捉 M 点为圆弧的端点

门绘制完成，如图 1–30 所示。

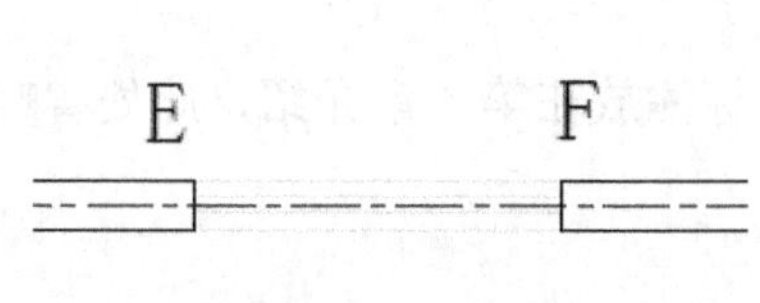

图 1–29　绘制窗户

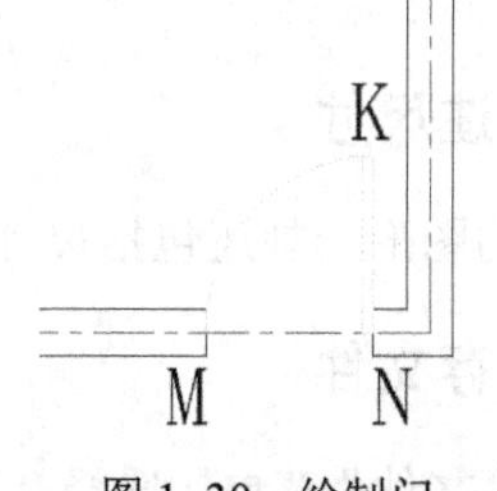

图 1–30　绘制门

1.6.5 绘制家具

家具绘制由“矩形”命令完成。

（1）单击“图层”工具栏的“图层控制”下拉列表框，选择“家具”图层为当前层。

（2）单击“绘图”工具栏的“矩形”按钮，命令行窗口提示如下：

命令: _rectang
指定第一个角点或 [倒角(C)/标高(E)/圆角(F)/厚度(T)/宽度(W)]: //捕捉内墙的左下角点
指定另一个角点或 [面积(A)/尺寸(D)/旋转(R)]:@500，400 //输入床头柜的尺寸
命令: _rectang
指定第一个角点或 [倒角(C)/标高(E)/圆角(F)/厚度(T)/宽度(W)]: //捕捉床头柜的左上角点
指定另一个角点或 [面积(A)/尺寸(D)/旋转(R)]:@2000，1500 //输入床的尺寸

用同样的办法绘制另一个床头柜。

（3）床对面的家具也用矩形命令绘制，命令行窗口提示如下：

命令: _rectang
指定第一个角点或 [倒角(C)/标高(E)/圆角(F)/厚度(T)/宽度(W)]: //捕捉内墙的右上角点
指定另一个角点或 [面积(A)/尺寸(D)/旋转(R)]: @–500，–1900 //输入家具尺寸
命令: _rectang
指定第一个角点或 [倒角(C)/标高(E)/圆角(F)/厚度(T)/宽度(W)]: //捕捉家具的右下角点
指定另一个角点或 [面积(A)/尺寸(D)/旋转(R)]: @–300，–1000 //输入家具尺寸

卧室平面图绘制完成，如图 1–31 所示。

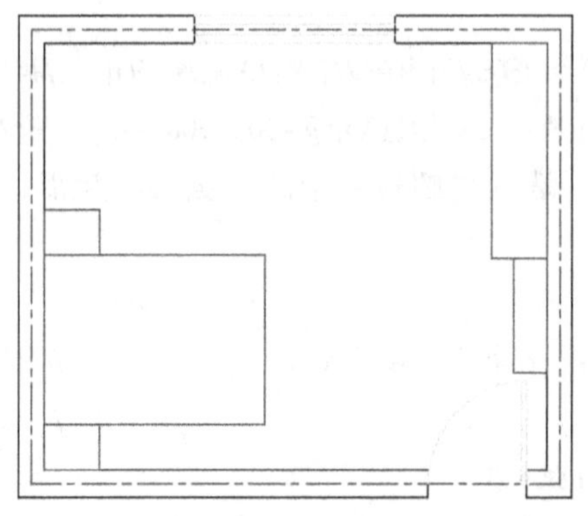

图 1–31 卧室平面图

1.6.6 标注尺寸

完整的图形绘制还包括尺寸标注，此图的尺寸标注放在第 4 章介绍，此处省略。

1.6.7 保存文件

打开“文件”菜单，选择“另存为”命令，弹出“图形另存为”对话框，如图 1–32 所示。选择文件保存的位置，输入文件名，单击“保存”按钮。

图 1–32 “图形另存为”对话框

1.7 本 章 小 结

本章主要学习 AutoCAD 2012 的入门知识，需要了解 AutoCAD 命令基本操作方法，掌握 AutoCAD 数值输入方法（坐标输入和动态输入），能够在绘图过程中选择合适的辅助绘图工具，熟练进行文件管理操作。通过绘制一个简单的平面图，初步了解 AutoCAD 的绘图过程，为后续内容学习打下坚实的基础。

1.8 上机操作习题

【习题 1】用直角坐标输入法绘制如图 1–33 所示的矩形，文件名为“矩形.dwg”。

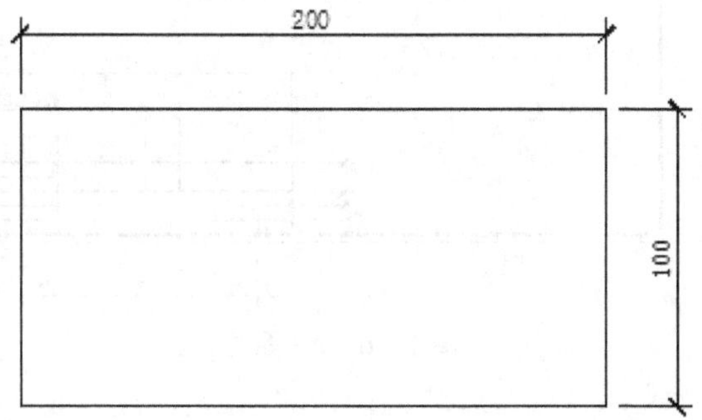

图 1–33 矩形

【习题 2】用极坐标输入法绘制如图 1–34 所示的平行四边形，文件名为“平行四边形.dwg”。

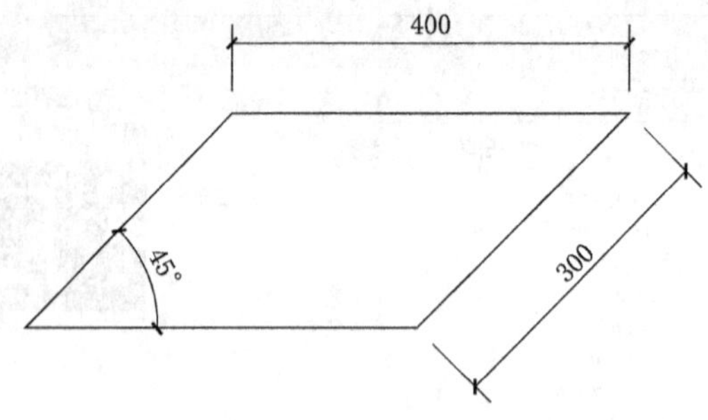

图 1–34　平行四边形

【习题 3】绘制如图 1–35 所示的正六边形，文件名为“正六边形.dwg”。

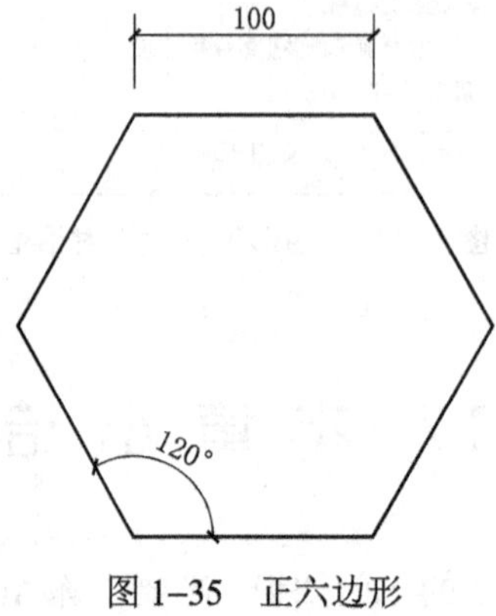

图 1–35　正六边形

【习题 4】绘制如图 1–36 所示的 A3 图框，文件名为“A3 图框.dwg”。

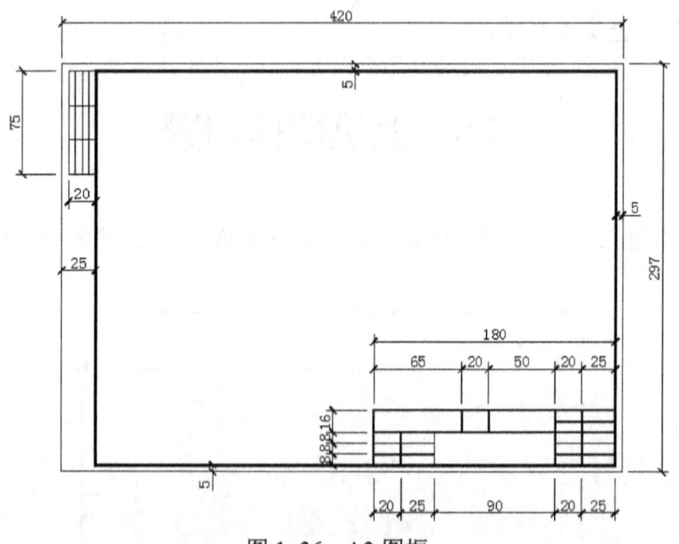

图 1–36　A3 图框

第2章 常用图形绘制命令

内容导读

◎ **绘制点**：介绍点样式的设置和绘制点功能。
◎ **绘制直线、构造线和射线**：介绍直线、构造线和射线的绘制。
◎ **绘制矩形和正多边形**：介绍矩形和正多边形的绘制。
◎ **绘制圆和圆弧**：介绍圆和圆弧的绘制。
◎ **绘制椭圆、椭圆弧和圆环**：介绍椭圆、椭圆弧和圆环的绘制。
◎ **绘制多线和多段线**：介绍多线和多段线的绘制。

2.1 绘 制 点

2.1.1 设置点样式

点样式的设置方法：

（1）“格式”菜单→“点样式”命令。

（2）在命令行窗口输入“Ddptype”命令。

2.1.2 绘制点功能

点的绘制有四项功能：绘制单点、绘制多点、定数等分和定距等分。

1. 绘制单点

单点的绘制就是在一个指定位置绘制一个点。常用的操作方法：

（1）“绘图”菜单→“点”→“单点”命令。

（2）在命令行窗口输入“Point”命令。

2. 绘制多点

多点的绘制就是在多个指定位置绘制多个点。常用的操作方法：

（1）“绘图”菜单→“点”→“多点”命令。

（2）“绘图”工具栏→“点”按扭。

3. 定数等分

将对象按指定的数目用点（或块）进行等分。常用的操作方法：

（1）“绘图”菜单→“点”→“定数等分”命令。

（2）在命令行窗口输入“Divide”命令。

如图 2–1 所示，将一条长为 200 mm 的直线用点分成三等份。

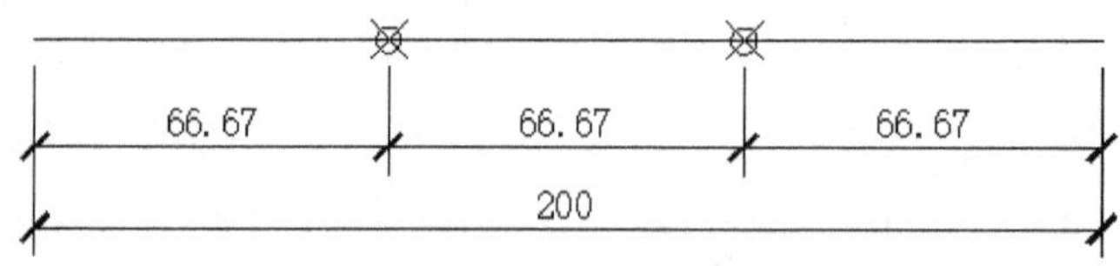

图 2–1 点的定数等分

4. 定距等分

将对象按指定的距离用点（或块）进行分隔。常用的操作方法：

（1）“绘图”菜单→“点”→“定距等分”命令。

（2）在命令行窗口输入“Measure”命令。

如图 2–2 所示，将长为 200 mm 的直线按指定长度 60 mm 用点等分。

注意：选择等分对象时单击哪一端，则定距等分从哪一端开始等分。

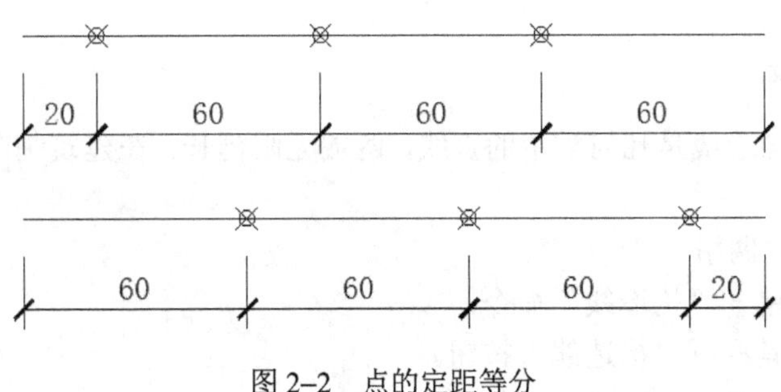

图 2–2　点的定距等分

2.2　绘制直线、构造线和射线

2.2.1　绘制直线

直线是建筑制图中最基本的图形对象之一。AutoCAD 中的直线其实是几何学中的线段。AutoCAD 中直线命令的功能是绘制指定起点和终点的一段直线，并将此段直线的终点作为下一段直线的起点，连续地进行下一段直线的绘制。

1. 直线命令的调用

（1）“绘图”菜单→“直线”命令。

（2）“绘图”工具栏→“直线”按钮。

（3）在命令行窗口输入“Line”或“L”命令。

命令行窗口提示如下：

```
命令: _line
指定第一点:                           //通过坐标方式或者光标拾取方式确定直线第一点
指定下一点或[放弃(U)]:                //通过坐标方式或者光标拾取方式确定直线第二点
指定下一点或[闭合(C)/放弃(U)]:        //或者确定直线的下一点，或者输入 C，与起点闭合
```

2. 直线命令的选项说明

（1）放弃（U）：在命令行窗口输入“U”，将放弃最后一步操作。

（2）闭合（C）：在命令行窗口输入“C”，将用户连续输入的最后一点和第一点连接成封闭图形，并结束直线绘制。

用直线命令绘制的矩形和平行四边形如图 2–3 所示。

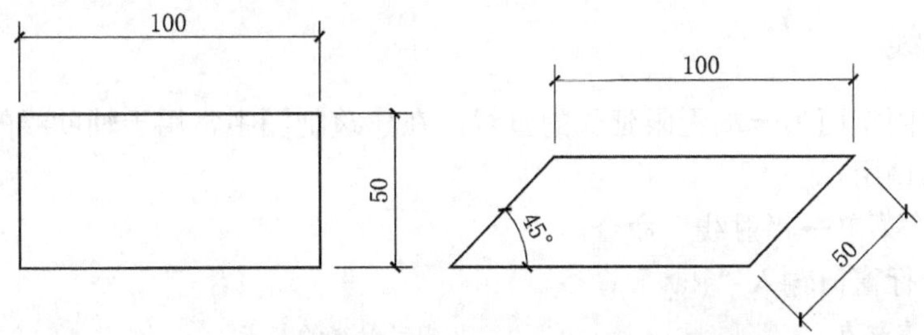

图 2–3　用直线命令绘制的矩形和平行四边形

2.2.2 绘制构造线

AutoCAD 中的构造线是几何学中的直线，两端无限延长，在建筑制图中多用于辅助线和轴线的绘制。

1. 构造线命令的调用

（1）“绘图”菜单→“构造线”命令。

（2）“绘图”工具栏→“构造线”按钮。

（3）在命令行窗口输入“Xline”或“XL”命令。

命令行窗口提示如下：

命令: _xline 指定点或 [水平(H)/垂直(V)/角度(A)/二等分(B)/偏移(O)]:

2. 构造线命令的选项说明

（1）水平（H）：绘制通过指定点的水平构造线。

（2）垂直（V）：绘制通过指定点的竖直构造线。

（3）角度（A）：绘制与 X 轴正方向（水平向右为正方向）成指定角度或与某一已知直线成指定角度的构造线。

（4）二等分（B）：绘制已知角的平分构造线，需要指定已知角的顶点、起点和终点。

（5）偏移（O）：绘制与指定直线或构造线平行的构造线。

用构造线绘制的轴网图如图 2–4 所示。

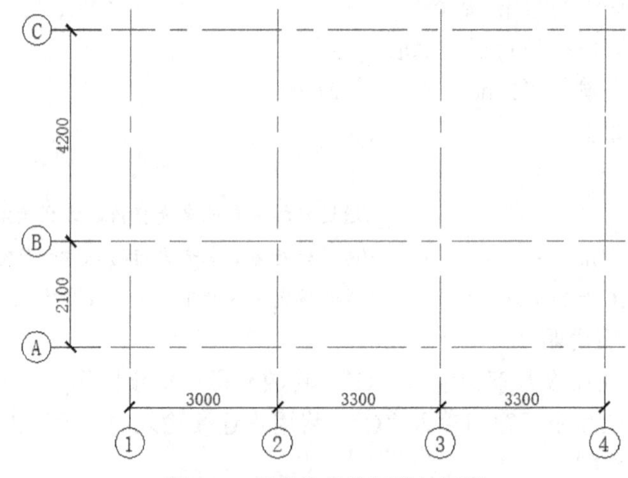

图 2–4 用构造线绘制的轴网图

2.2.3 绘制射线

射线指一端固定而另一端无限延长的直线，在建筑制图中常用于辅助线的绘制。

射线命令的调用

（1）“绘图”菜单→“射线”命令。

（2）在命令行窗口输入“Ray”命令。

命令: _ray 指定起点: //指定射线的起点

指定通过点: //指定射线通过的另一个点

2.3　绘制矩形和正多边形

2.3.1　绘制矩形

矩形是我们在建筑制图中经常使用的一种图形，多用于绘制图框、门、窗户等矩形形状的图形。矩形命令通过指定矩形两个对角点的方式绘制矩形。

1. 矩形命令的调用

（1）“绘图”菜单→“矩形”命令。

（2）“绘图”工具栏→“矩形”按钮。

（3）在命令行窗口输入“Rectang”或“REC”命令。

命令行窗口提示如下：

命令: _rectang

指定第一个角点或 [倒角(C)/标高(E)/圆角(F)/厚度(T)/宽度(W)]:　　　　//指定矩形的第一个角点坐标

指定另一个角点或 [面积(A)/尺寸(D)/旋转(R)]:　　　　//指定矩形的第二个角点坐标

2. 矩形命令的选项说明

（1）倒角（C）：设置矩形倒角的值，用于绘制倒角矩形。

（2）标高（E）：设置矩形的标高，默认值为 0。

（3）圆角（F）：设置矩形的圆角半径，用于绘制圆角矩形。

（4）厚度（T）：设置矩形沿 Z 轴方向的厚度，默认值为 0。

（5）宽度（W）：设置矩形边的线宽，用于绘制有一定线宽的矩形。

（6）面积（A）：绘制指定面积的矩形，需要指定矩形的面积、长度或者宽度。

（7）尺寸（D）：通过指定一个角点和矩形的长度、宽度绘制矩形。

（8）旋转（R）：绘制有一定旋转角度的矩形。

绘制的不同形式的矩形如图 2–5 所示。

图 2–5　绘制的不同形式的矩形

2.3.2　绘制正多边形

在 AutoCAD 中，可以绘制边数范围在 3～1 024 的正多边形。

1. 正多边形命令的调用

（1）“绘图”菜单→“正多边形”命令。

（2）“绘图”工具栏→“正多边形”按钮。

（3）在命令行窗口输入“Polygon”或“POL”命令。

命令行窗口提示如下：

```
命令: _polygon 输入边的数目 <4>:                 //指定正多边形的边数
指定正多边形的中心点或 [边(E)]:                 //指定正多边形的中心点
输入选项 [内接于圆(I)/外切于圆(C)] <I>:          //确认绘制多边形的方式
指定圆的半径:                                    //输入圆半径
```

2. 正多边形命令的选项说明

（1）边（E）：按指定的边长绘制正多边形。

（2）内接于圆（I）：绘制内接于圆的正多边形，需要指定正多边形的边数和内接圆的圆心、半径。

（3）外切于圆（C）：绘制外切于圆的正多边形，需要指定正多边形的边数和外切圆的圆心、半径。

分别用指定边长和指定中心点的方法绘制的正多边形如图 2–6 所示。

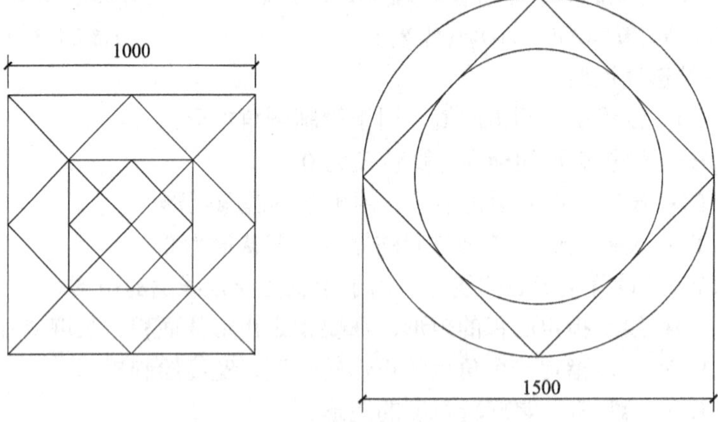

图 2–6　分别用指定边长和指定中心点的方法绘制的正多边形

2.4　绘制圆和圆弧

在建筑制图中，圆和圆弧是绘图过程中经常用到的基本图形。AutoCAD 提供了六种画圆和十种画圆弧的方法。

2.4.1　绘制圆

1. 圆命令的调用

（1）“绘图”菜单→“圆”命令。

（2）“绘图”工具栏→“圆”按钮。

（3）在命令行窗口输入“Circle”或“C”命令。

命令行窗口提示如下：

命令: _circle 指定圆的圆心或 [三点(3P)/两点(2P)/相切、相切、半径(T)]:

2. 圆的绘制方法

（1）圆心、半径画圆：此为系统默认画圆的方法，通过指定圆心位置和半径大小绘制圆。

（2）圆心、直径画圆：通过指定圆心位置和直径大小绘制圆。

（3）三点画圆：通过指定圆上任意三点绘制圆。

（4）两点画圆：通过指定圆上任意一条直径的两个端点画圆。

（5）相切、相切、半径画圆：绘制和两个对象相切并指定圆半径的圆。

（6）相切、相切、相切画圆：该方法只能通过菜单命令执行，绘制和三个对象都相切的圆。

圆的六种绘制方法如图 2–7 所示。

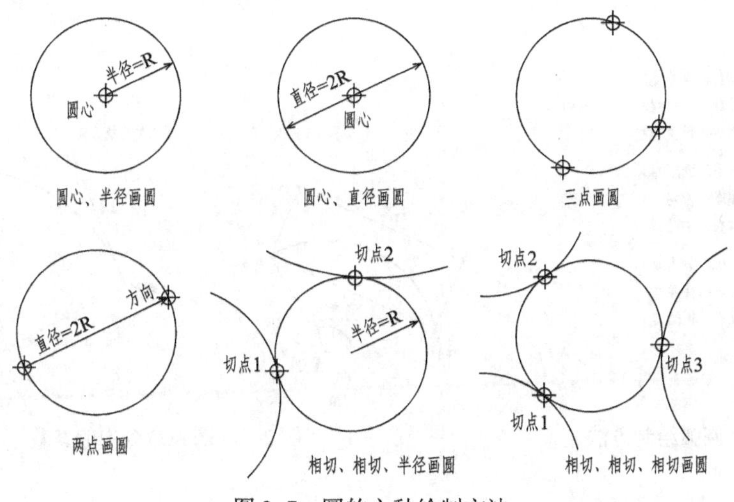

图 2–7　圆的六种绘制方法

2.4.2　绘制圆弧

1. 圆弧命令的调用

（1）“绘图”菜单→“圆弧”命令，圆弧绘制方法如图 2–8 所示。

（2）“绘图”工具栏→“圆弧”按钮。

（3）在命令行窗口输入“Arc”或“A”命令。

命令行窗口提示如下：

命令: _arc 指定圆弧的起点或[圆心(C)]:

2. 圆弧的绘制方法

（1）三点：指定圆弧的三个点（起点、端点和中间任意点）绘制圆弧，此为系统默认画圆弧的方法。

（2）指定起点、圆心、端点：指定起点、圆心后，按逆时针方向由起点向端点画圆弧。

（3）指定起点、圆心、角度：指定起点、圆心后，当角度为正时，按逆时针方向从起点绘制指定角度的圆弧。当角度为负时，按顺时针方向从起点绘制指定角度的圆弧。

（4）指定起点、圆心、长度：长度指圆弧起点和端点的连线，即弦长，见图 2-9（a）。指定起点、圆心后，当长度为正时，绘制小圆弧，否则是大圆弧。

（5）指定起点、端点、角度：指定起点、端点后，如果角度为正则按逆时针方向从起点向端点绘制圆弧，否则按顺时针方向从起点向端点绘制圆弧。

（6）指定起点、端点、方向：方向指起点处切线的方向，见图 2-9（b）。切线的方向用角度指定时，角度为正则按逆时针方向从起点向端点绘制圆弧，角度为负时则按顺时针方向从起点向端点绘制圆弧。

（7）指定起点、端点、半径：指定起点、端点后，半径为正时画小圆弧，为负时画大圆弧。

（8）继续：按照前面的画弧方式继续绘制圆弧，同时新的圆弧与上一次绘制的圆弧相切。

另外三种画圆弧的方法和前面介绍的几种操作方法类似，不再介绍。

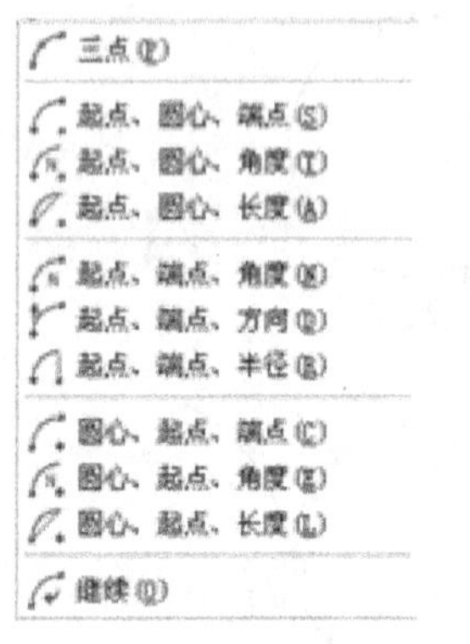

图 2–8　圆弧绘制方法

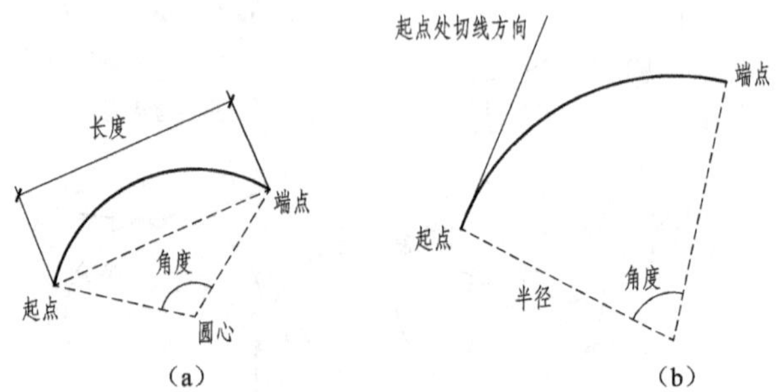

图 2–9　圆弧命令中的参数

2.5　绘制椭圆、椭圆弧和圆环

2.5.1　绘制椭圆

1. 椭圆命令的调用

（1）“绘图”菜单→“椭圆”命令。

（2）“绘图”工具栏→“椭圆”按钮。

（3）在命令行窗口输入“Ellipse”或“EL”命令。

命令行窗口提示如下：

命令: _ellipse

指定椭圆的轴端点或 [圆弧(A)/中心点(C)]:

2. 椭圆的绘制方法

（1）指定椭圆的中心点、一个轴端点、另一个轴半径（如图 2–10（a）所示）。

（2）指定椭圆一个轴的两个端点，另一个轴半径（如图 2–10（b）所示）。

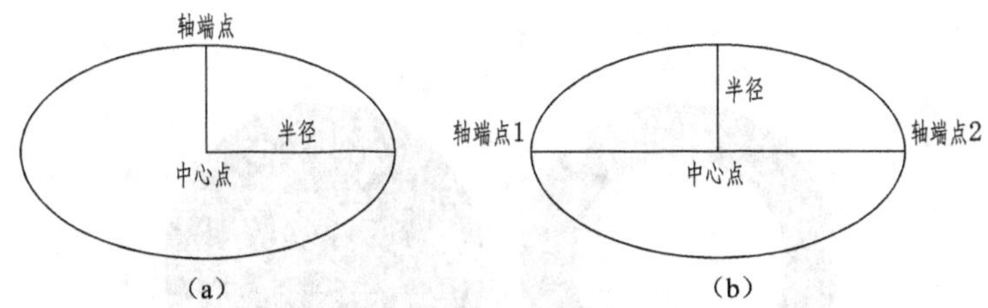

图 2–10　绘制椭圆的两种方法

2.5.2　绘制椭圆弧

椭圆弧是椭圆的一部分。绘制椭圆弧要先绘制椭圆，然后指定椭圆弧的起点和终点位置。

1. 椭圆弧命令的调用

（1）“绘图”菜单→“椭圆”→“圆弧”命令。

（2）“绘图”工具栏→“椭圆弧”按钮。

（3）在命令行窗口输入“Ellipse”或“EL”命令。

2. 椭圆弧的绘制方法

执行椭圆命令后，命令行窗口提示如下：

```
命令: _ellipse
指定椭圆的轴端点或 [圆弧(A)/中心点(C)]: _a          //输入字母 a 绘制椭圆弧
指定椭圆弧的轴端点或 [中心点(C)]:                   //以下三步和绘制椭圆相同
指定轴的另一个端点:
指定另一条半轴长度或 [旋转(R)]:
指定起点角度或 [参数(P)]:60                         //输入椭圆弧的起始角度
指定端点角度或 [参数(P)/包含角度(I)]:90             //输入椭圆弧的终止角度
```

椭圆弧的角度方向和长轴、短轴有关。如果先定义长轴，则椭圆中心点与长轴第一端点的连线为 0° 起始方向，逆时针为正。如果先定义短轴，则椭圆中心点与短轴第一端点连线逆时针旋转 90° 后的方向为 0° 起始方向。

2.5.3　绘制圆环

圆环是直径不同的两个同心圆。当圆环的内圆直径为 0 时，绘制的圆环成为实心圆。

1. 圆环命令的调用

（1）“绘图”菜单→“圆环”命令。

（2）在命令行窗口输入“Donut”或“DO”命令。

2. 圆环的绘制方法

执行圆环命令后，命令行窗口提示如下：

```
命令: _donut
指定圆环的内径 <0.5000>:100                  //输入内圆的直径
指定圆环的外径 <1.0000>:150                  //输入外圆的直径
指定圆环的中心点或 <退出>:                   //指定圆环中心点的位置
```

圆环和实心圆如图 2–11 所示。

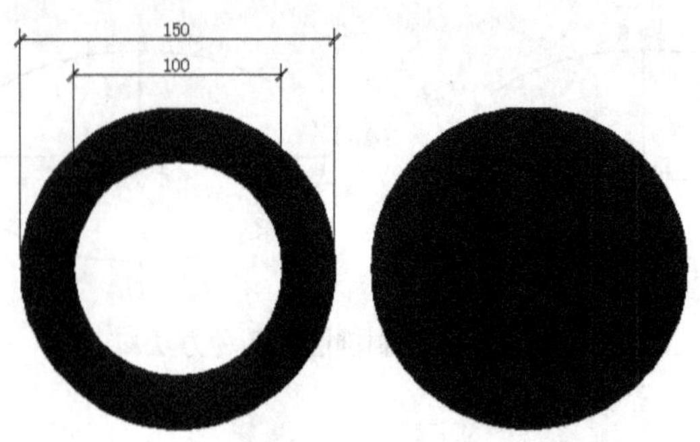

图 2–11　圆环和实心圆

2.6　绘制多线和多段线

2.6.1　绘制多线

多线是由多条相互平行的直线构成的组合图形。在建筑制图中，它多用于墙体、窗等对象的绘制。多线使用前要先设置多线样式，然后再绘制多线。

1. 设置多线样式

多线样式的设置通过“多线样式”对话框完成，打开“多线样式”对话框的方法：

（1）“格式”菜单→“多线样式”命令。

（2）在命令行窗口输入“Mlstype”或“MLST”命令。

如图 2–12 所示的“多线样式”对话框，显示当前正在使用的多线样式。其各项含义如下：

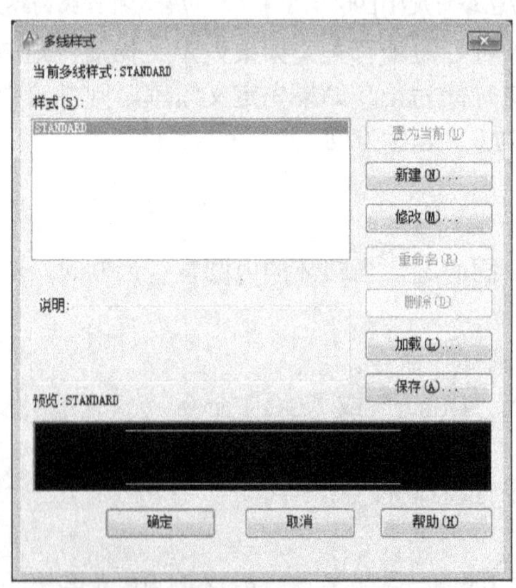

图 2–12　“多线样式”对话框

- “样式”列表框：显示已经创建好的多线样式。
- “置为当前”按钮：用于将选中的样式作为当前使用的多线样式。

- “新建”按钮：用于创建新的多线样式。
- “修改”按钮：用于修改多线样式，已经使用过的多线样式不能被修改。
- “重命名”按钮：更改选定的多线样式名称。
- “删除”按钮：删除“样式”列表框中选中的多线样式。
- “加载”按钮：从多线样式库中加载多线样式。
- “保存”按钮：保存设定的多线样式。

2. 新建多线样式

在“多线样式”对话框中单击“新建”按钮，弹出如图 2–13 所示的“创建新的多线样式”对话框。输入新样式名“S240”，单击“继续”按钮，弹出如图 2–14 所示的“新建多线样式：S240”对话框。

图 2–13　“创建新的多线样式”对话框

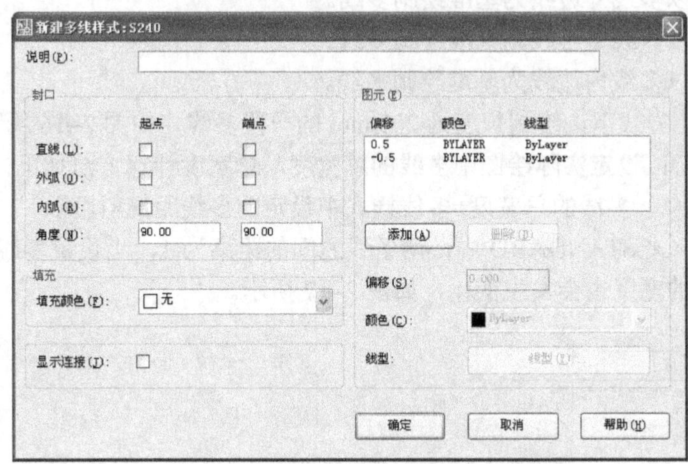

图 2–14　“新建多线样式：S240”对话框

“新建多线样式：S240”对话框各项含义如下：

（1）“说明”文本框：用于设置多线样式的简单说明和描述。

（2）“封口”选项组：用于设置多线起点和终点的封闭形式，分别为直线、外弧、内弧和角度，多线封口样式如图 2–15 所示。

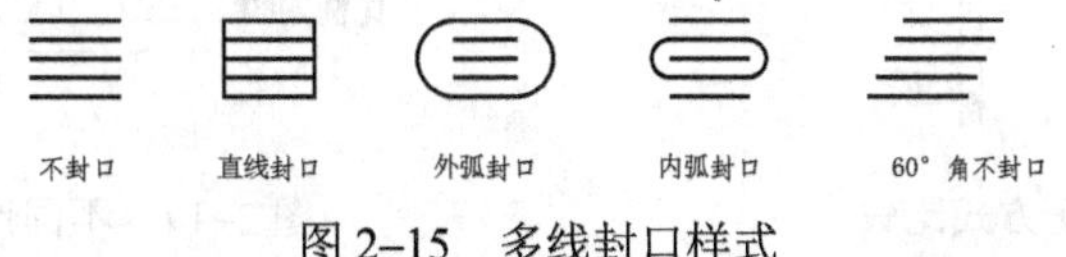

图 2–15　多线封口样式

（3）“填充”选项组：设置多线背景的填充颜色。

（4）“显示连接”复选框：设置是否显示平行线间的连接线。

（5）“添加”按钮：添加直线到多线样式中。

（6）“删除”按钮：删除不需要的直线元素。

（7）“偏移”文本框：设置各条直线和多线中心位置（偏移量为 0 的位置）的距离。偏移量可以是正值，也可以是负值。

（8）“颜色”下拉列表框：设置直线的颜色。

（9）“线型”按钮：设置直线的线型。

3. 多线命令的调用

（1）“绘图”菜单→“多线”命令。

（2）在命令行窗口输入“Mline”或“ML”命令。

命令行窗口提示如下：

命令: _mline

当前设置: 对正=上，比例=20.00，样式=STANDARD

指定起点或 [对正(J)/比例(S)/样式(ST)]:

4. 多线命令的选项说明

（1）对正（J）：指定多线对齐的基准位置。

- 上（T）：以多线外边线为基准绘制多线。
- 无（Z）：以多线中心线为基准绘制多线。
- 下（B）：以多线内边线为基准绘制多线。

在不同的对正方式下，绘制长度为 200 mm 的一段多线，如图 2–16 所示。

（2）比例（S）：设定实际绘图中多线的总宽度，总宽度计算方法如下：

多线的总宽度=多线样式中设定的多线距离×比例

在默认多线样式 STANDARD 中，两条线之间的距离为 1，当设置多线比例分别为 20、40 时，多线之间的宽度也会发生变化，如图 2–17 所示。

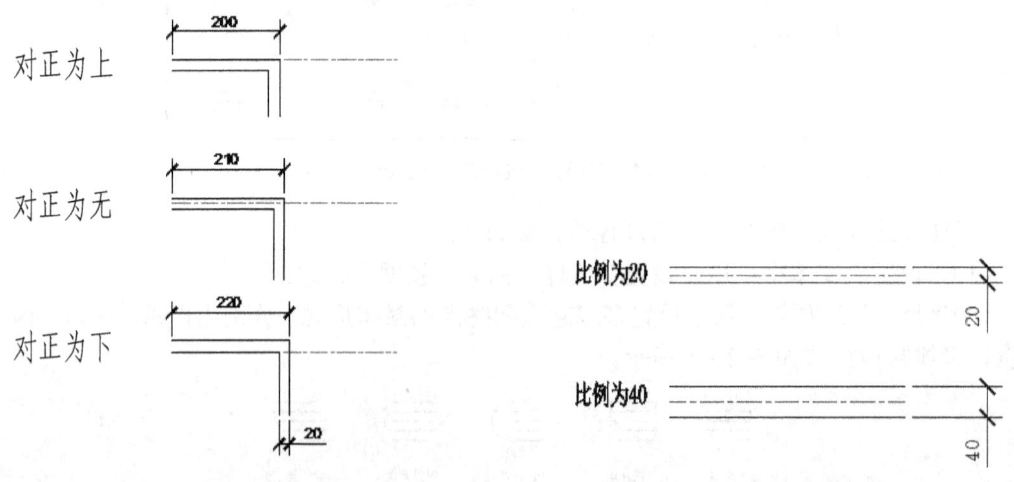

图 2–16　不同对正方式比较

图 2–17　不同比例的多线

（3）样式（ST）：指定选用的多线样式。默认多线样式为 STANDARD。

5. 多线编辑命令的调用

（1）“修改”菜单→“对象”→“多线”命令。

（2）在命令行窗口输入“Mledit”命令。

（3）直接在需要编辑的多线上双击。

执行多线编辑命令后，弹出如图 2–18 所示的“多线编辑工具”对话框。在此对话框中，可以对十字形、T 形及有拐角和顶点的多线相交时的连接方式进行编辑修改，还可以截断和连接多线。

图 2–18 “多线编辑工具”对话框

2.6.2 绘制多段线

多段线是由不同宽度的直线或弧线组成的作为一个整体出现的对象，在建筑制图中多用于绘制箭头、指北针等。

1. 多段线命令的调用

（1）“绘图”菜单→“多段线”命令。

（2）“绘图”工具栏→“多段线”按钮。

（3）在命令行窗口输入“Pline”或“PL”命令。

命令行窗口提示如下：

```
命令: _pline
指定起点:                    //通过坐标方式或者光标拾取方式确定多段线第一点
当前线宽为 0.0000            //系统提示当前线宽，默认线宽为 0，
指定下一个点或 [圆弧(A)/半宽(H)/长度(L)/放弃(U)/宽度(W)]: L
指定直线的长度：100
指定下一个点或[圆弧(A)/闭合(C)/半宽(H)/长度(L)/放弃/(U)/宽度(W)]:
```

2. 多段线命令的选项说明

（1）圆弧（A）：多段线转入圆弧绘制。

（2）半宽（H）：设置多段线宽度的一半值。

（3）长度（L）：设置直线线段的长度。

（4）宽度（W）：设置多段线的线宽，起点和终点可以设置不同的线宽。

（5）闭合（C）：连接多段线的起点和终点并结束多段线命令。

（6）放弃（U）：撤消最近一次绘制的一段多段线。

多段线示例如图 2–19 所示。

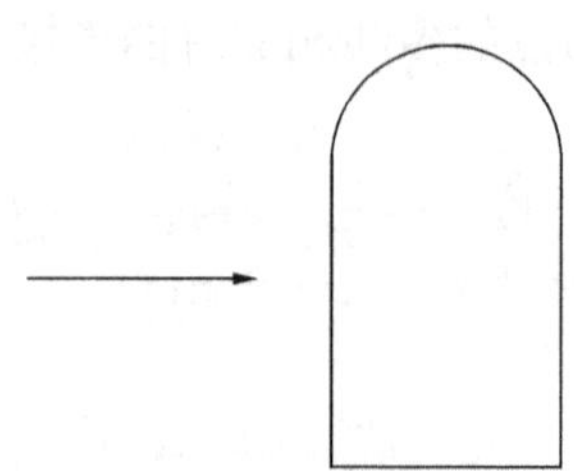

图 2–19　多段线示例

3. 多段线编辑

多段线编辑的功能非常强大，它可以闭合一条非闭合的多段线，或打开一条已闭合的多段线，可以改变多段线的宽度，可以将一条多段线分段成为两条多段线，也可以将多条相邻的直线、圆弧和二维多段线连接组成一条新的多段线，还可以移去两顶点间的曲线，移动多段线的顶点，或增加新的顶点。

多段线编辑命令的调用：

（1）“修改”菜单→“对象”→“多段线”命令。

（2）在命令行窗口输入“Pedit”命令。

命令行窗口提示如下：

命令: _pedit 选择多段线或 [多条(M)]:

输入选项 [闭合(C)/合并(J)/宽度(W)/编辑顶点(E)/拟合(F)/样条曲线(S)/非曲线化(D)/线型生成(L)/反转(R)/放弃(U)]:

4. 多段线编辑命令的选项说明

（1）多条（M）：可以选择多条多段线。

（2）合并（J）：把直线、圆弧、多段线连接成一个整体，成为一条非闭合的多段线。

（3）宽度（W）：指定多段线的新宽度。

（4）编辑顶点（E）：编辑多段线的顶点。

（5）拟合（F）：将多段线转变为一条平滑的曲线。

（6）样条曲线（S）：将多段线拟合为样条曲线。

（7）非曲线化（D）：将拟合或样条曲线化的多段线恢复原样。

（8）线型生成（L）：控制非连续多段线的显示方式。

2.7 本章小结

本章主要学习 AutoCAD 常用图形绘制命令及参数的用法。通过上机操作练习，能够在绘图过程中，选择合适的绘图命令，灵活运用各种辅助绘图工具，掌握用点、直线、构造线、射线、矩形、正多边形、圆、圆弧、椭圆、椭圆弧和圆环命令绘制简单图形，用多线、多段线命令绘制复杂图形。

2.8　上机操作习题

【习题 1】选择合适的命令，绘制如图 2–20、图 2–21 所示图形。

图 2–20　五角星

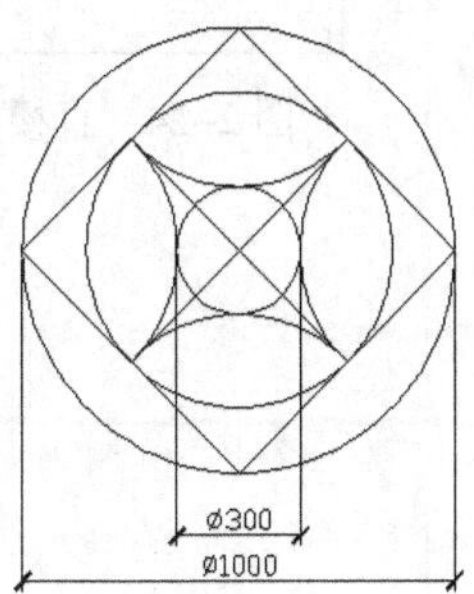

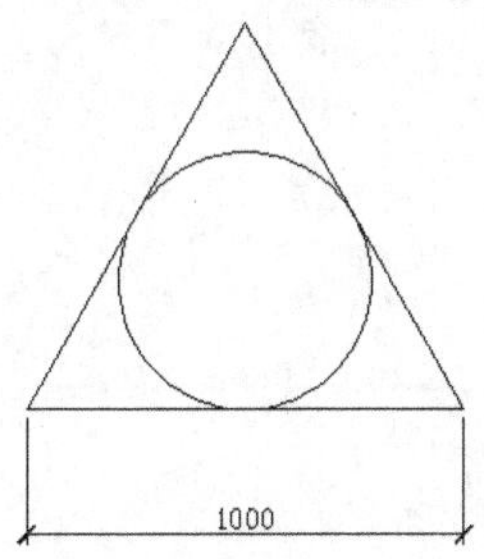

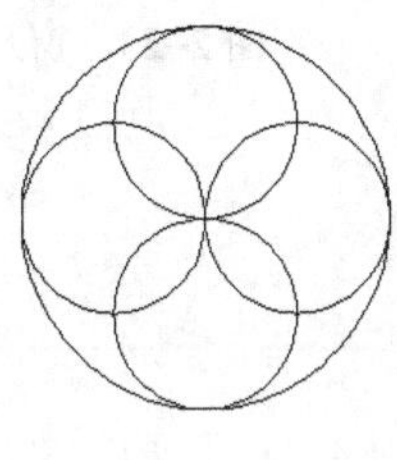

图 2–21　复杂图形

【习题 2】绘制如图 2–22、图 2–23 所示图形。

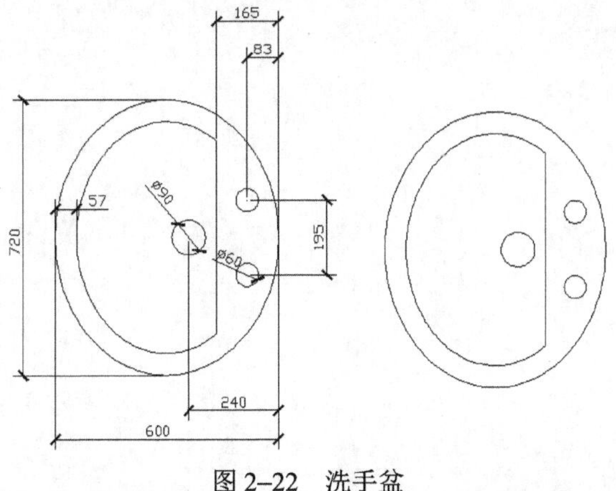

图 2–22　洗手盆

【习题 3】绘制如图 2–24 所示图形。

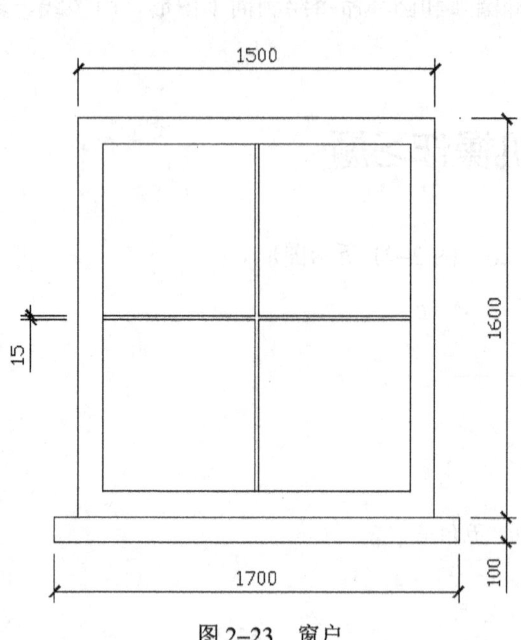

图 2–23　窗户

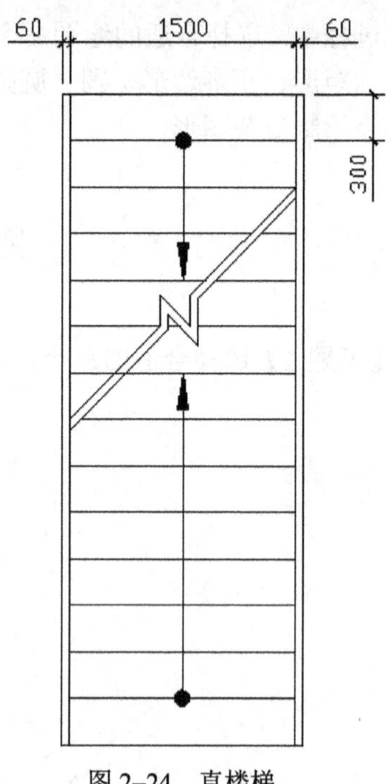

图 2–24　直楼梯

第3章
常用图形编辑命令

内容导读

◎ **删除与复制**：介绍图形对象的删除和复制操作。
◎ **镜像与阵列**：介绍图形对象的镜像和阵列操作。
◎ **移动与偏移**：介绍图形对象的移动和偏移操作。
◎ **旋转、拉伸与缩放**：介绍图形对象的旋转、拉伸与缩放操作。
◎ **修剪与延伸**：介绍图形对象的修剪和延伸操作。
◎ **打断与合并**：介绍图形对象的打断和合并操作。
◎ **倒角与圆角**：介绍图形对象的倒角和圆角操作。
◎ **图案填充**：介绍图形对象的图案填充操作。
◎ **图块**：介绍图块的创建、编辑与插入操作。

3.1 删除与复制

3.1.1 删除

在绘图过程中，有时需要将部分对象擦掉，这时就要用到 AutoCAD 提供的删除命令。删除命令的调用方法：

（1）“修改”菜单→“删除”命令。

（2）“绘图”工具栏→“删除”按钮。

（3）在命令行窗口输入“Erase”或“E”命令。

命令行窗口提示如下：

```
命令: _erase
选择对象:            //在绘图区选择需要删除的对象
选择对象:            //按 Enter 键完成对象选择，并同时删除选中的对象
```

删除横线前后效果对比如图 3–1 所示。

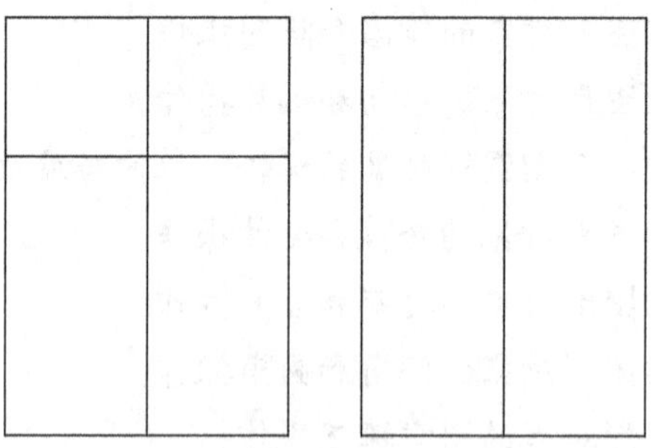

图 3–1　删除横线前后效果对比

3.1.2 复制

在绘图过程中，为了得到一个或多个与原对象完全一样的图形，就要用到复制命令。

1. 复制命令的调用

（1）“修改”菜单→“复制”命令。

（2）“绘图”工具栏→“复制”按钮。

（3）在命令行窗口输入“Copy”或“CO”命令。

命令行窗口提示如下：

```
命令: _copy
选择对象:                                //在绘图区选择需要复制的对象
选择对象:                                //按 Enter 键，完成对象选择
当前设置: 复制模式=多个
指定基点或[位移(D)/模式(O)]<位移>:         //在绘图区拾取或输入坐标确认复制对象的基点
```

指定第二个点或[阵列(A)]<使用第一个点作为位移>:

//第二点的位置可以在绘图区拾取或输入相对于基点的坐标确定复制对象的位置

指定第二个点或[阵列(A)/退出(E)/放弃(U)]<退出>:

2. 复制命令的选项说明

（1）位移（D）：按指定的位移将对象复制到新位置。

（2）模式（O）：设置复制模式为单个或多个，默认为多个复制。

（3）阵列（A）：以线性阵列的方式按指定位移或指定距离快速大量复制对象。

复制的示例如图 3–2 所示。

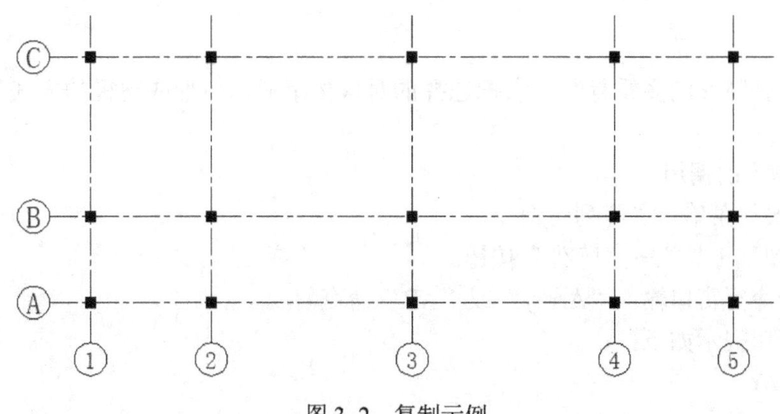

图 3–2　复制示例

3.2　镜像与阵列

3.2.1　镜像

在绘图过程中，如果两个对象按指定轴线对称时，用镜像命令绘图非常方便。镜像命令的调用方法：

（1）“修改”菜单→“镜像”命令。

（2）“绘图”工具栏→“镜像”按钮。

（3）在命令行窗口输入“Mirror”或“MI”命令。

命令行窗口提示如下：

命令: _mirror

选择对象: 找到 1 个　　//在绘图区选择需要镜像的对象

选择对象:　　//按 Enter 键，完成对象选择

指定镜像线的第一点:　　//在绘图区拾取或者输入坐标确定镜像线第一点

指定镜像线的第二点:　　//在绘图区拾取或者输入坐标确定镜像线第二点

要删除源对象吗?[是(Y)/否(N)]<N>:　　//输入 N 保留源对象，输入 Y 则删除源对象

镜像的示例如图 3–3 所示。

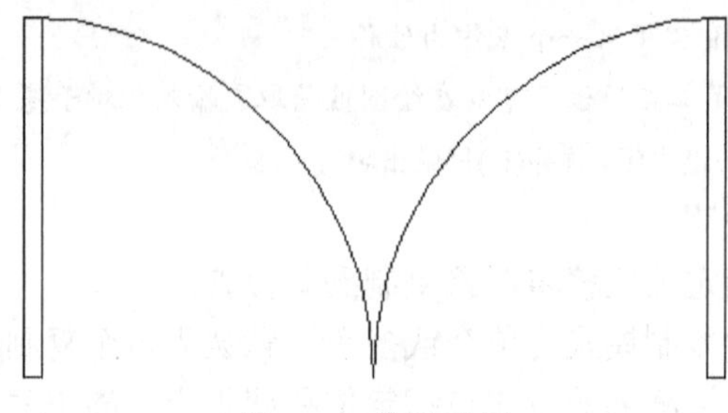

图 3–3 镜像示例

3.2.2 阵列

阵列是一种特殊的多重复制，它把选择的对象按矩形、环形或路径的方式进行多重复制排列。

1. 阵列命令的调用

（1）“修改”菜单→“阵列”命令。

（2）“绘图”工具栏→“阵列”按钮。

（3）在命令行窗口输入“Array”或“AR”命令。

命令行窗口提示如下：

命令: ARRAY

选择对象: 找到 1 个　　　　//选择需要阵列的对象

选择对象:　　　　//按 Enter 键，完成对象选择

输入阵列类型[矩形(R)/路径(PA)/极轴(PO)]<路径>:

2. 阵列命令的选项说明

（1）矩形（R）：矩形阵列，按指定的行数、列数及行间距、列间距复制得到多个相同对象。

命令行窗口提示如下：

选择对象:

类型=矩形　关联=是

为项目数指定对角点或[基点(B)/角度(A)/计数(C)]<计数>: c

输入行数或[表达式(E)]<4>: 3　　　　//输入矩形阵列的行数

输入列数或[表达式(E)]<4>: 5　　　　//输入矩形阵列的列数

指定对角点以间隔项目或[间距(S)]<间距>: s　　　　//选择输入间距

指定行之间的距离或[表达式(E)]<264.8291>: 270　　　　//输入行间距

指定列之间的距离或[表达式(E)]<726.5536>: 500　　　　//输入列间距

按 Enter 键接受或[关联(AS)/基点(B)/行(R)/列(C)/层(L)/退出(X)]<退出>:

（2）路径（PA）：路径阵列，沿指定的路径（路径可以是直线、多段线、样条曲线、圆、圆弧、椭圆等）均匀复制得到多个相同对象。

命令行窗口提示如下：

选择对象:

类型=路径　关联=是

选择路径曲线:

输入沿路径的项目数或[方向(O)/表达式(E)]<方向>: 5

指定沿路径的项目之间的距离或[定数等分(D)/总距离(T)/表达式(E)]<沿路径平均定数等分(D)>: t

//输入起点和端点项目之间的总距离

按 Enter 键接受或[关联(AS)/基点(B)/项目(I)/行(R)/层(L)/对齐项目(A)/Z 方向(Z)/退出(X)]<退出>:

（3）极轴（PO）：环形阵列，复制得到多个按指定的中心点进行环形排列的相同对象。命令行窗口提示如下：

选择对象:

类型=极轴　关联=是

指定阵列的中心点或[基点(B)/旋转轴(A)]:　　//确定环形阵列的中心点

输入项目数或[项目间角度(A)/表达式(E)]<4>:　　//输入环形阵列的项目数

指定填充角度(+=逆时针、-=顺时针)或[表达式(EX)]<360>: 270　　//输入环形阵列的角度

按 Enter 键接受或[关联(AS)/基点(B)/项目(I)/项目间角度(A)/填充角度(F)/行(ROW)/层(L)/旋转项目(ROT)/退出(X)]<退出>:

阵列示例如图 3–4 所示。

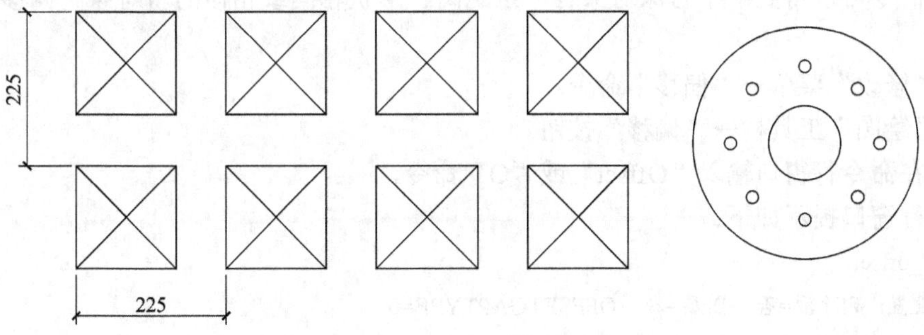

图 3–4　阵列示例

3.3　移动与偏移

3.3.1　移动

移动是把选中的对象从一个位置移到另一个位置。移动命令的调用方法：

（1）“修改”菜单→“移动”命令。

（2）“绘图”工具栏→“移动”按钮。

（3）在命令行窗口输入“Move”或“M”命令。

命令行窗口提示如下：

命令: _move

选择对象: 指定对角点: 找到 31 个　　//选择需要移动的对象

选择对象:　　//按 Enter 键，完成选择

指定基点或[位移(D)]<位移>:　　　　　　//输入绝对坐标或者在绘图区拾取一点作为基点
指定第二个点或<使用第一个点作为位移>:
　　　　　　//输入相对坐标或绝对坐标，或者拾取一点，确定移动的目标位置点

花瓣移动示例如图 3–5 所示。

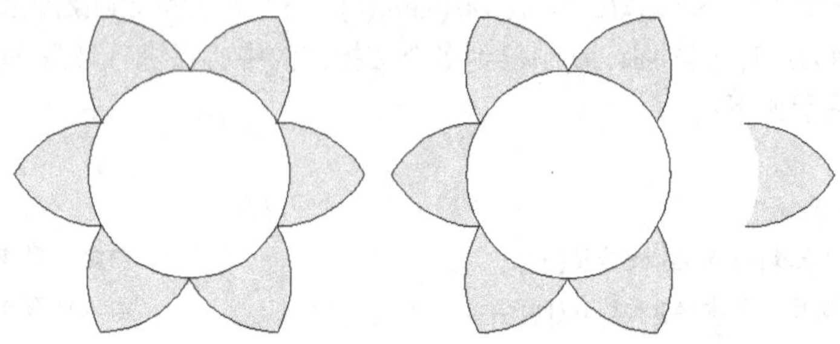

图 3–5　花瓣移动示例

3.3.2　偏移

偏移命令可以得到一个与原对象有一定距离、形状相同或相似的新对象。偏移命令的调用方法：

（1）“修改”菜单→“偏移”命令。

（2）“绘图”工具栏→“偏移”按钮。

（3）在命令行窗口输入“Offset”或“O”命令。

命令行窗口提示如下：

命令: _offset
当前设置: 删除源=否　图层=源　OFFSETGAPTYPE=0
指定偏移距离或[通过(T)/删除(E)/图层(L)]<通过>:100　　　　//设置需要偏移的距离
选择要偏移的对象，或[退出(E)/放弃(U)]<退出>:　　　　//在绘图区选择要偏移的对象
指定要偏移的那一侧上的点，或[退出(E)/多个(M)/放弃(U)]<退出>:
　　　　　　//以偏移对象为基准，选择偏移的方向

矩形、圆、圆弧、直线的偏移效果如图 3–6 所示。

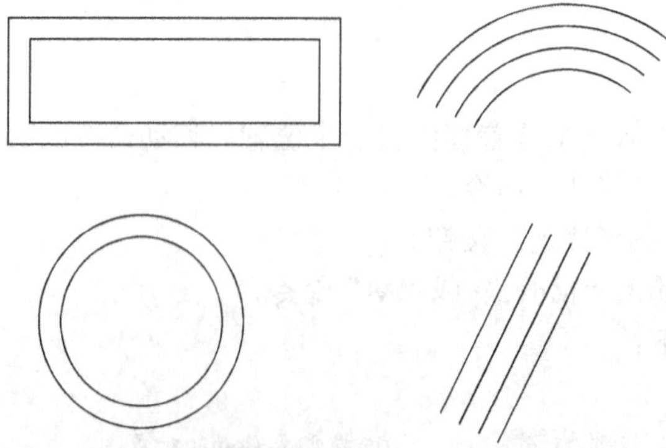

图 3–6　矩形、圆、圆弧、直线的偏移效果

3.4　旋转、拉伸与缩放

3.4.1　旋转

旋转命令可以将选中的对象按照需要旋转一定的角度。

1. 旋转命令的调用

（1）“修改”菜单→“旋转”命令。

（2）“修改”工具栏→“旋转”按钮。

（3）在命令行窗口输入“Rotate”或“RO”命令。

命令行窗口提示如下：

```
命令: _rotate
UCS 当前的正角方向:ANGDIR=逆时针　ANGBASE=0
选择对象: 找到 1 个                                  //选择需要旋转的对象，按 Enter 键，完成选择
指定基点:                                            //输入绝对坐标或者绘图区拾取点作为基点
指定旋转角度，或[复制(C)/参照(R)]<0>: –60             //输入需要旋转的角度，按 Enter 键完成旋转
```

2. 旋转命令的选项说明

（1）复制（C）：旋转对象的同时，保留原对象。

（2）参照（R）：将对象从指定的角度旋转到新的绝对角度。

此时，命令行窗口提示如下：

```
指定参照角度<上一个参照角度>:                          //通过输入值或指定两点来指定角度
指定新角度或[点(P)]<上一个新角度>:                     //通过输入值或指定两点来指定新的绝对角度
```

旋转示例如图 3–7 所示。

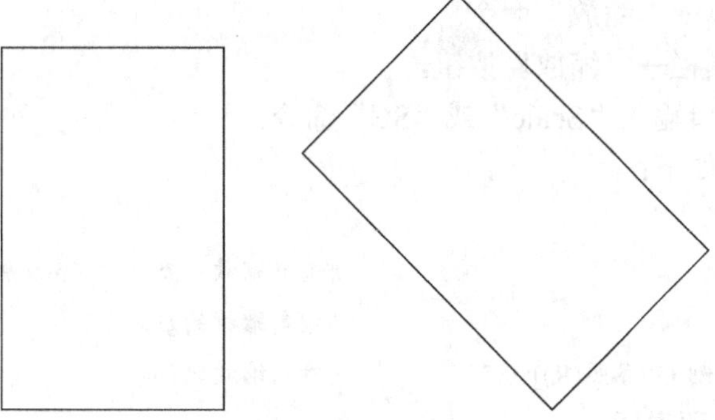

图 3–7　旋转示例

3.4.2　拉伸

拉伸命令可以将对象中选定的部分在某个方向上进行拉伸，使其形状发生变化，没有选定的部分形状保持不变。拉伸命令的调用方法：

（1）“修改”菜单→“拉伸”命令。

（2）“修改”工具栏→“拉伸”按钮。

（3）在命令行窗口输入“Stretch”或“S”命令。

命令行窗口提示如下：

```
命令: _stretch
以交叉窗口或交叉多边形选择要拉伸的对象...
选择对象: 指定对角点: 找到 4 个            //选择需要拉伸的对象，要使用交叉窗口选择
选择对象:                                //按 Enter 键，完成对象选择
指定基点或[位移(D)]<位移>:                 //输入绝对坐标或者在绘图区拾取点作为基点
指定第二个点或<使用第一个点作为位移>:        //输入相对或绝对坐标或者在绘图区拾取点以确定第二点
```

拉伸命令必须用交叉窗口方式选择对象。拉伸示例如图 3–8 所示。

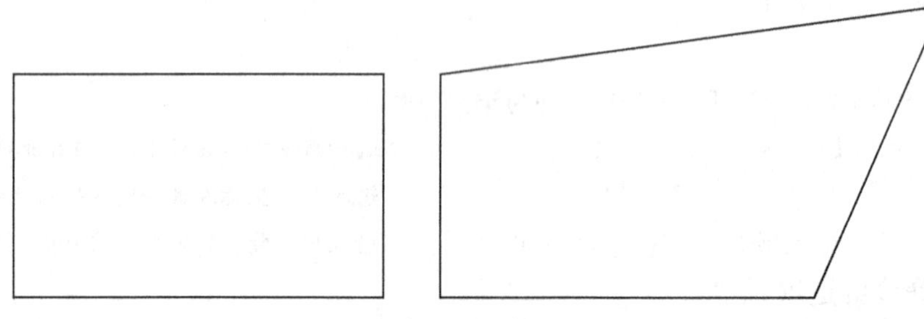

图 3–8 拉伸示例

3.4.3 缩放

缩放命令可以将选中的对象按指定的比例放大或缩小。当比例大于 1 时放大对象，比例小于 1 时缩小对象。

1. 缩放命令的调用

（1）“修改”菜单→“缩放”命令。

（2）“修改”工具栏→“缩放”按钮。

（3）在命令行窗口输入“Scale”或“SC”命令。

命令行窗口提示如下：

```
命令: _scale
选择对象:                                //选择缩放对象，按 Enter 键，完成选择
指定基点:                                //指定缩放的基点
指定比例因子或[复制(C)/参照(R)]: 0.5        //输入缩放比例
```

2. 缩放命令的选项说明

（1）复制（C）：缩放对象时，原对象保留。

（2）参照（R）：按参照长度和指定的新长度进行缩放，如果新长度大于参照长度则放大对象，否则缩小对象。

此时，命令行窗口提示如下：

选择对象:
指定基点:
指定比例因子或[复制(C)/参照(R)]: r　　　　//输入参数 r
指定参照长度<507.6087>: 100　　　　//输入参照长度
指定新的长度或[点(P)]<1.0000>: 50　　　　//输入新长度

缩放示例如图 3–9 所示。

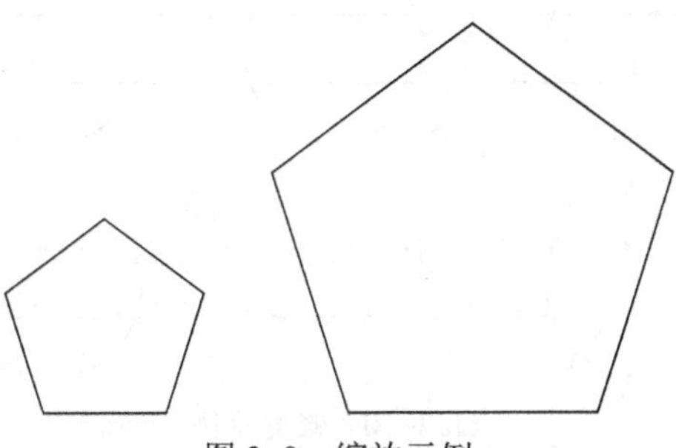

图 3–9　缩放示例

3.5 修剪与延伸

3.5.1 修剪

修剪命令可以将直线、圆、圆弧或多段线等对象的某一部分根据需要剪掉。

1. 修剪命令的调用

（1）“修改”菜单→“修剪”命令。

（2）“修改”工具栏→“修剪”按钮。

（3）在命令行窗口输入“Trim”或“TR”命令。

命令行窗口提示如下：

命令: _trim
当前设置: 投影=UCS，边=无
选择剪切边...
选择对象或<全部选择>: 找到 1 个　　　　//选择第一个剪切边
选择对象: 找到 1 个，总计 2 个　　　　//选择第二个剪切边
选择对象:　　　　//按 Enter 键，完成对象选择
选择要修剪的对象，或按住 Shift 键选择要延伸的对象，或
[栏选(F)/窗交(C)/投影(P)/边(E)/删除(R)/放弃(U)]:　　　　//选择要修剪的对象，光标选定部分被修剪

2. 部分修剪命令的选项说明

（1）栏选（F）/窗交（C）：选择修剪对象的两种方法。

（2）投影（P）：用于三维空间中两个对象的修剪。

（3）边（E）：选择该选项后，命令行窗口提示：

输入隐含边延伸模式[延伸(E)/不延伸(N)]<不延伸>:

默认是不延伸，即只有相交的对象才能被修剪。如果选择延伸，则被修剪对象如果延伸后和修剪对象相交，也能被修剪。

（4）删除（R）：在修剪命令执行过程中，删除选中的对象而无须退出修剪命令。

修剪示例如图 3–10 所示。

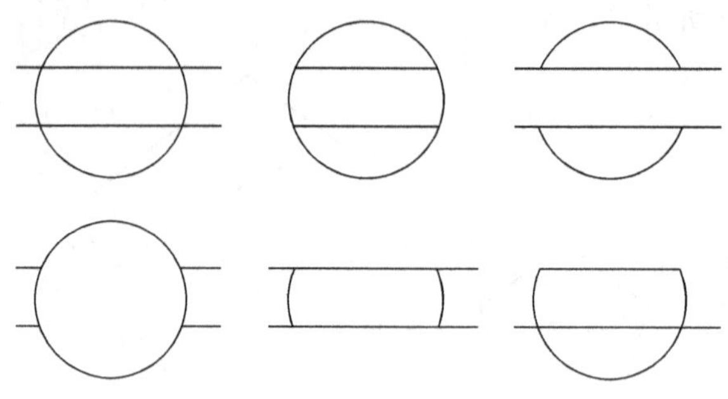

图 3–10　修剪示例

3.5.2　延伸

延伸命令可以将选定的对象延伸到指定的边界上。延伸命令的调用方法：

（1）“修改”菜单→“延伸”命令。

（2）“修改”工具栏→“延伸”按钮。

（3）在命令行窗口输入“Extend”或“EX”命令。

命令行窗口提示如下：

```
命令: _extend
当前设置: 投影=UCS，边=无
选择边界的边...
选择对象或<全部选择>: 找到 1 个                          //选择指定的边界
选择对象:                                               //按 Enter 键，完成边界选择
选择要延伸的对象，或按住 Shift 键选择要修剪的对象，或
[栏选(F)/窗交(C)/投影(P)/边(E)/放弃(U)]:                 //选择需要延伸的对象
选择要延伸的对象，或按住 Shift 键选择要修剪的对象，或
[栏选(F)/窗交(C)/投影(P)/边(E)/放弃(U)]:                 //按 Enter 键，结束延伸命令
```

延伸示例如图 3–11 所示。

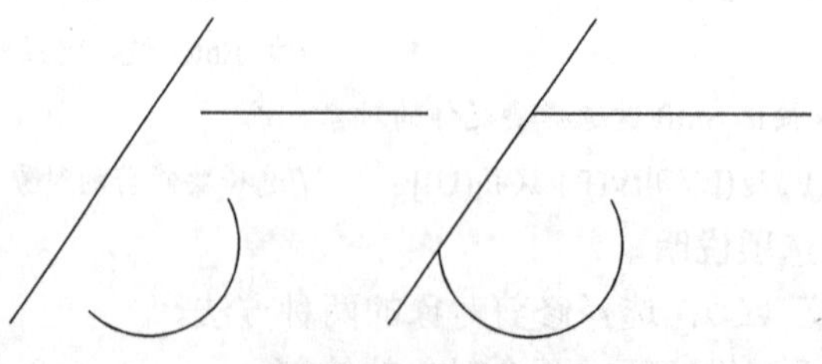

图 3–11　延伸示例

3.6　打断与合并

3.6.1　打断

打断命令用于将所选的对象打断。打断命令的调用方法：

（1）“修改”菜单→“打断”命令。

（2）“修改”工具栏→“打断”按钮。

（3）在命令行窗口输入“Break”或“BR”命令。

命令行窗口提示如下：

```
命令: _break 选择对象:
指定第二个打断点　或[第一点(F)]: f
                    //重新指定打断点，否则系统默认选择对象时的选择点为第一个打断点
指定第一个打断点:
指定第二个打断点:
```

打断的方式有以下两种：

（1）打断于点。即将所选的对象在某一点处断开，使其一分为二而不删除其中的任何部分。操作时将第一个断点和第二个断点指定为同一点，或在指定第二个断点时利用相对坐标只输入“@”即可。

（2）断开。即将所选对象某一部分删除打断。打断方式的比较如图 3–12 所示。

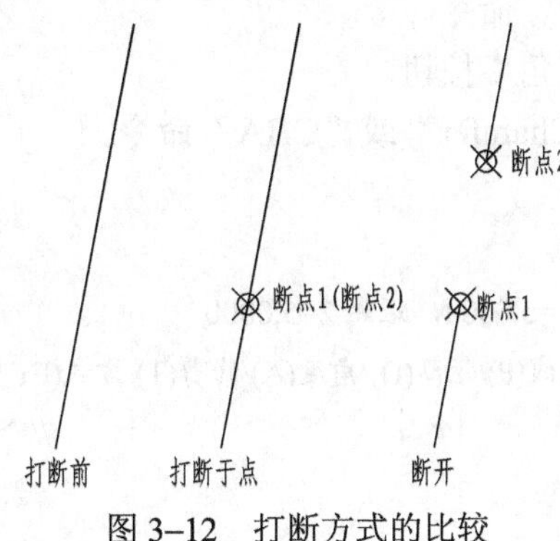

图 3–12　打断方式的比较

3.6.2　合并

合并命令能够把在某一点断开的两个对象合并成一个整体，还可以将直线合并为多段线，也可以将圆弧合并为一个圆。合并命令的调用方法：

（1）“修改”菜单→“合并”命令。

（2）“修改”工具栏→“合并”按钮。

（3）在命令行窗口输入“Join”或“J”命令。

```
命令: _join 选择源对象或要一次合并的多个对象:找到 1 个　　　//选择第一个合并对象
```

选择要合并的对象：找到 1 个，总计 2 个　　//选择第二个合并对象

选择要合并的对象：　　//按 Enter 键，完成选择，合并完成

2 条直线已合并为 1 条直线　　//系统提示信息

直线、圆弧的合并示例如图 3–13 所示。

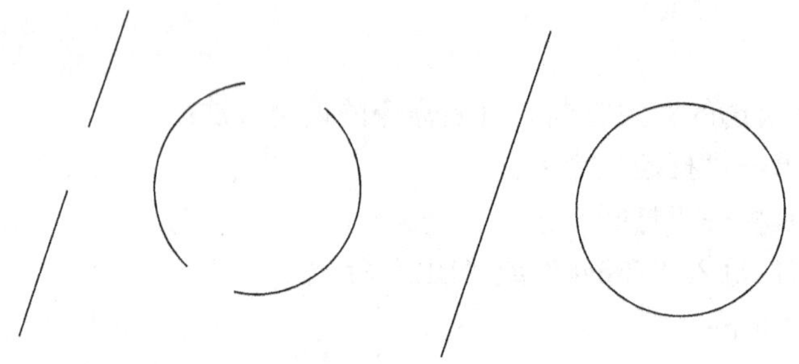

图 3–13　直线、圆弧的合并示例

3.7　倒角与圆角

3.7.1　倒角

倒角命令将两条相交的直线或多段线用一条斜线相连。

1. 倒角命令的调用

（1）“修改”菜单→“倒角”命令。

（2）“修改”工具栏→“倒角”按钮。

（3）在命令行窗口输入“Chamfer”或“CHA”命令。

命令行窗口提示如下：

命令: _chamfer

(“修剪”模式)当前倒角距离 1=5.0000，距离 2=5.0000

选择第一条直线或[放弃(U)/多段线(P)/距离(D)/角度(A)/修剪(T)/方式(E)/多个(M)]: d

//输入 d，设置倒角距离

指定第一个倒角距离<5.0000>:5　　//设置第一个倒角距离

指定第二个倒角距离<5.0000>:5　　//设置第二个倒角距离

选择第一条直线或[放弃(U)/多段线(P)/距离(D)/角度(A)/修剪(T)/方式(E)/多个(M)]:

//选择第一条倒角直线

选择第二条直线，或按住 Shift 键选择直线以应用角点或[距离(D)/角度(A)/方法(M)]:

//选择第二条倒角直线

2. 部分倒角命令的选项说明

（1）多段线（P）：用于多段线倒角。

（2）距离（D）：设置倒角距离。如果两个距离都为零，倒角命令将延伸或修剪两条直线，有时可以替代修剪和延伸命令。

（3）角度（A）：用第一条线的倒角距离和角度设置倒角。

（4）修剪（T）：是否采用修剪模式执行倒角命令，默认是修剪模式。修剪和不修剪倒角模式比较如图 3–14 所示。

（5）多个（M）：对多个对象进行倒角。

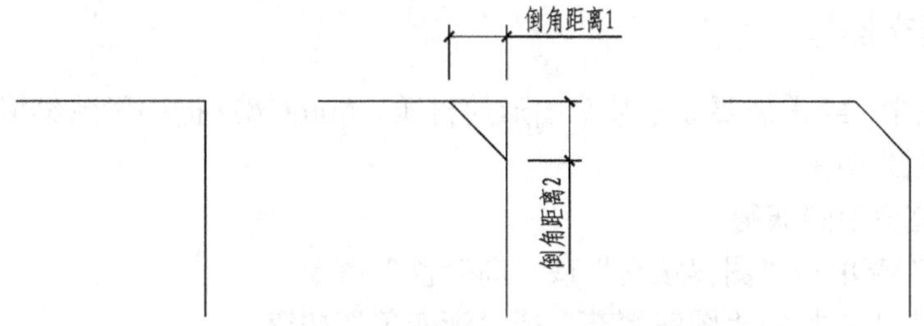

图 3–14　修剪和不修剪倒角模式比较

3.7.2　圆角

圆角命令将两个相交的对象用圆弧连接起来。圆角命令的调用方法：

（1）“修改”菜单→“圆角”命令。

（2）“修改”工具栏→“圆角”按钮。

（3）在命令行窗口输入“Fillet”或“F”命令。

命令行窗口提示如下：

```
命令: _fillet
当前设置: 模式=修剪，半径=0.0000
选择第一个对象或[放弃(U)/多段线(P)/半径(R)/修剪(T)/多个(M)]:r          //输入 r 设置圆角半径
指定圆角半径<0.0000>:5                                                    //输入圆角半径
选择第一个对象或[放弃(U)/多段线(P)/半径(R)/修剪(T)/多个(M)]:             //选择第一个圆角对象
选择第二个对象，或按住 Shift 键选择对象以应用角点或[半径 R]:              //选择第二个圆角对象
```

圆角命令中除“半径（R）”选项外，其他选项含义与倒角命令相同，而“半径（R）”选项用于控制圆角半径大小。

相交直线、矩形、平行线的圆角示例如图 3–15 所示。

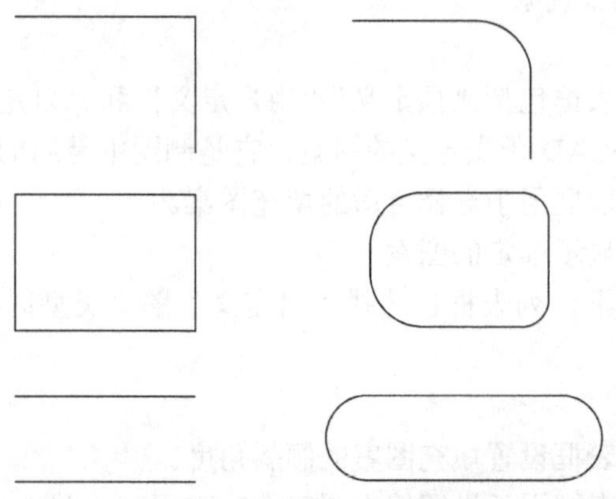

图 3–15　相交直线、矩形、平行线的圆角示例

3.8 图案填充

3.8.1 图案填充操作

在建筑制图中，经常需要显示某个图形的材质。AutoCAD 提供了图案填充命令将相应的材质图案填充到图形中。

1. 图案填充命令的调用

（1）“绘图”菜单→“图案填充”或“渐变色”命令。

（2）“修改”工具栏→“图案填充”或“渐变色”按钮。

（3）在命令行窗口输入“Hatch”或“Gradient”命令。

启动命令后弹出如图 3–16 所示“图案填充和渐变色”对话框。

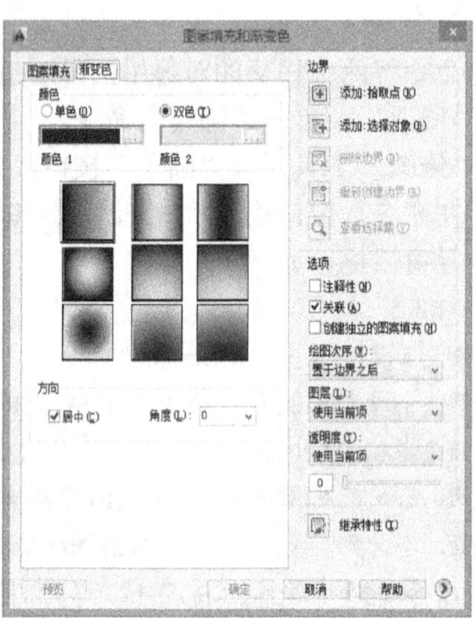

图 3–16 “图案填充和渐变色”对话框

2.“图案填充”选项卡说明

1）类型和图案

（1）“类型”下拉列表框包括“预定义”“用户定义”和“自定义”三种图案类型。其中“预定义”类型是指 AutoCAD 预先定义的图案，它是制图中常用的类型。

（2）“图案”下拉列表框用于选择合适的填充图案。

（3）“样例”列表框显示选定的图案。

（4）“自定义图案”下拉列表框在选择“自定义”图案类型时可用，列出可用的自定义图案。

2）角度和比例

（1）“角度”下拉列表框设置填充图案的倾斜角度。

（2）“比例”下拉列表框用于设置填充图案的疏密程度。图 3–17 为选择 AR–BRSTD 填充图案进行不同角度和比例填充的效果。

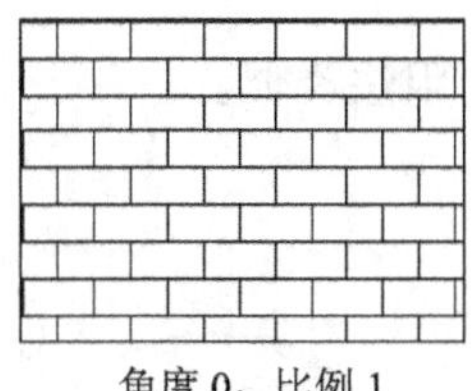
角度 0，比例 1

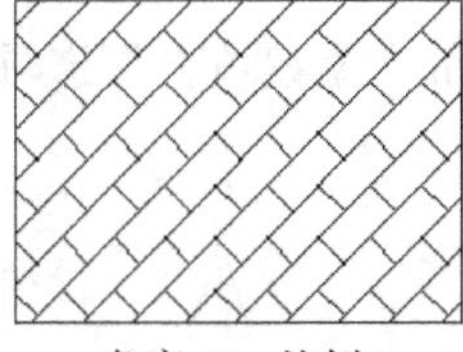
角度 45，比例 1

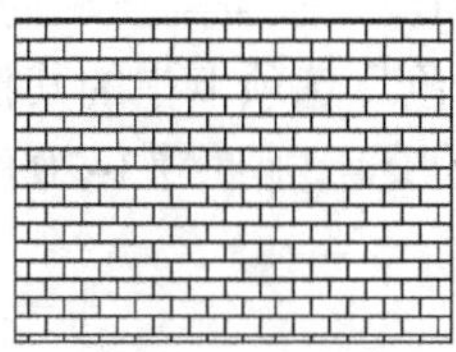
角度 0，比例 0.5

图 3–17　选择 AR–BRSTD 填充图案进行不同角度和比例填充的效果

3）边界

边界是用户确定图案填充的界限，通常通过“添加：拾取点”按钮和“添加：选择对象”按钮两种方法确定。

（1）“添加：拾取点”按钮：单击该按钮切换到绘图窗口，在需要填充的区域内任意拾取一点，系统会自动确定包围该点的填充边界，并且高亮度显示。

（2）“添加：选择对象”按钮：单击该按钮切换到绘图窗口，用户通过选择对象确定填充图案的边界。

4）图案填充原点

（1）使用当前原点：使用默认的图案填充原点。

（2）指定的原点：指定新的图案填充原点。

以砖形图案填充为例，使用默认图案填充原点和指定新的图案填充原点（按图 3–18 所示改变填充原点），填充对比效果如图 3–19 所示。

按新的图案填充原点填充的砖形图案，左下角以完整的砖块开始填充。

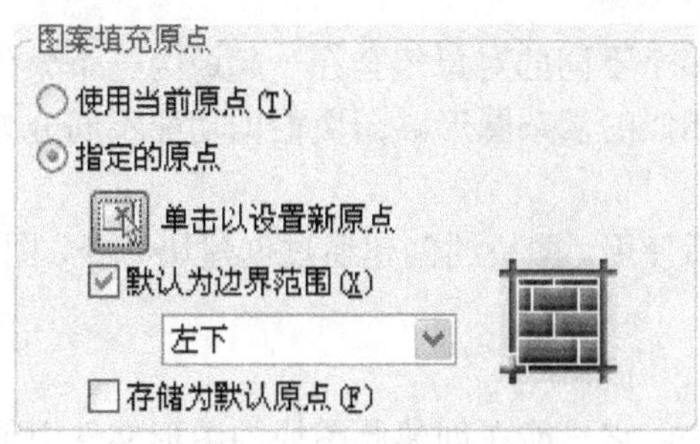

图 3–18　改变填充原点

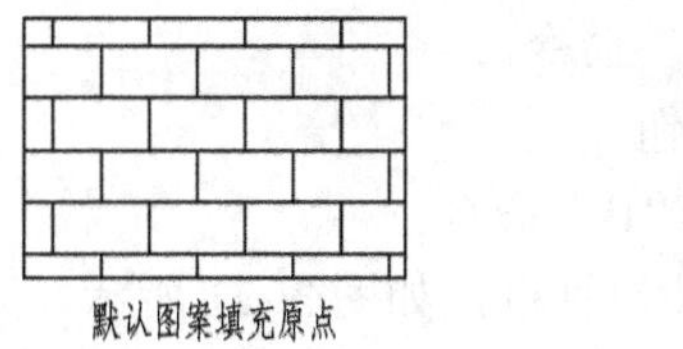
默认图案填充原点

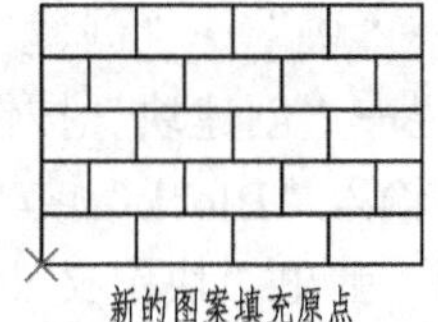
新的图案填充原点

图 3–19　填充对比效果

3.“渐变色”选项卡说明

可以用单色或双色渐变色对图形进行图案填充。

（1）单色/双色：使用一种或两种颜色产生的渐变色填充图形。

（2）居中：渐变色为均匀渐变。

（3）角度：设置渐变色的角度。

“渐变色”选项卡中的其他参数和“图案填充”选项卡中的用法类似。

图案填充示例如图 3–20 所示。

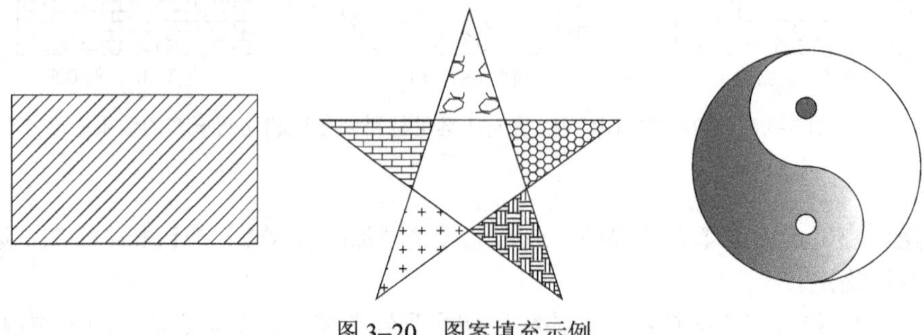

图 3–20　图案填充示例

3.8.2　编辑图案填充

填充图案的编辑可以通过“修改”菜单→“对象”→“图案填充”命令或者在已经填充的图案上用鼠标左键双击，弹出“图案填充和渐变色”对话框，对图案填充的材质、比例、颜色进行修改。

3.9　图　　块

在 AutoCAD 中，将多个不同的对象组合在一起成为一个整体，这样的一个整体称为图块。它多用于绘制重复或相似的复杂图形。图块根据功能不同分为内部图块、外部图块、属性图块和动态图块。

图块的操作要先创建后使用。图块的创建通过创建块命令，图块的使用通过插入块命令。

3.9.1　内部图块

内部图块也称为内部块，它只能在创建此图块的图形文件中使用。

1. 创建块命令的调用

（1）“绘图”菜单→“块”→“创建”命令。

（2）“绘图”工具栏→“创建块”按钮。

（3）在命令行窗口输入“Block”或“B”命令。

执行创建块命令后，弹出“块定义”对话框，如图 3–21 所示。

2. 创建块命令的选项说明

（1）“名称”下拉列表框：可输入要创建块的名字。

（2）“对象”选项组：选择组成块的图形对象。选择对象的方法有两种：

● 在屏幕上指定：选择“在屏幕上指定”复选框，单击“确定”按钮，“块定义”对话框关闭，在绘图区选择组成块的对象，结束后按 Enter 键，完成创建块操作。

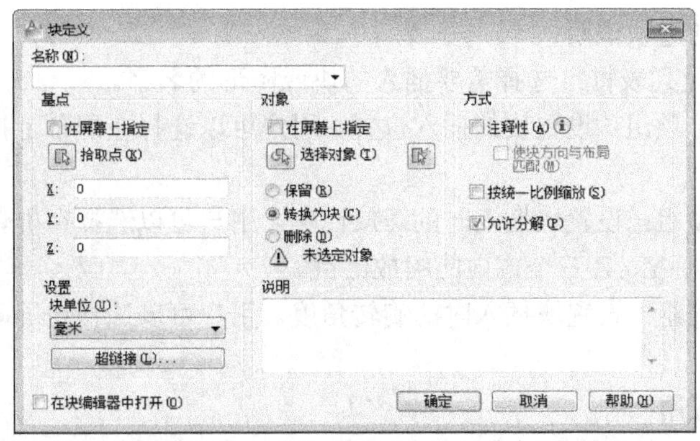

图 3–21 “块定义”对话框

● 选择对象：单击“选择对象”按钮，“块定义”对话框暂时关闭，在绘图区选择组成块的对象后，按 Enter 键返回“块定义”对话框。

创建为块后，组成块的图形对象有三种处理方式：保留、转换为块、删除。

● 保留：指创建块后在绘图区仍保留组成块的各个图形对象。

● 转换为块：指创建块后将组成块的图形对象在绘图区保留并把它们转换为块。

● 删除：指创建块后组成块的图形对象在绘图窗口删除。

CAD 默认方式为转换为块。

（3）“基点”选项组：指定块的基点位置。指定基点的方法有以下两种：

● 在屏幕上指定：选择“在屏幕上指定”复选框，单击“确定”按钮，“块定义”对话框关闭，在绘图区选择基点位置，按 Enter 键，完成创建块操作。

● 拾取点：单击“拾取点”按钮，“块定义”对话框暂时关闭，在绘图区选择基点位置后，按 Enter 键返回“块定义”对话框。

3. 插入块命令的调用

插入块操作可以将创建的图块或图形文件插入到当前图形中。插入块有以下三种方法：

（1）“插入”菜单→“块”命令。

（2）“绘图”工具栏→“插入块”按钮。

（3）在命令行窗口输入“Insert”或“I”命令。

执行插入块命令后，弹出“插入”对话框，如图 3–22 所示。

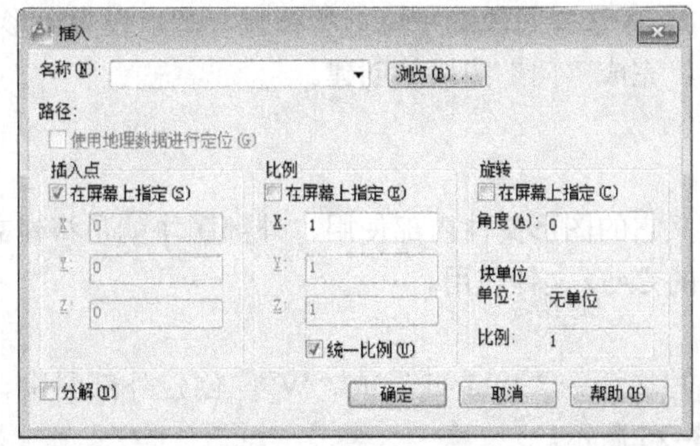

图 3–22 “插入”对话框

4. 插入块命令的选项说明

（1）“名称”下拉列表框：选择需要插入的块或图形的名字。

（2）“插入点”选项组：设置块的插入位置。用户可以选择在屏幕上指定，也可以直接输入插入点的坐标。

（3）“比例”选项组：设置块插入时的缩放比例。用户可以选择在屏幕上指定，也可以直接输入块插入时在 X、Y、Z 三个方向的缩放比例。

（4）“旋转”选项组：设置块插入时的旋转角度。用户可以选择在屏幕上指定，也可以直接输入旋转的角度。

5. 内部图块的应用

创建一个门图块，方便绘图过程中门图形的插入。操作步骤如下。

（1）设置绘图环境。

- 设置图形界限：左下角点为（0，0），右上角点为（42 000，29 700）。
- 选择“视图”菜单→“缩放”→“全部”命令。

（2）绘制单扇平开门。

在绘图区适当位置拾取一点绘制如图 3–23 所示门图形。

（3）创建门图块。

选择“绘图”菜单→“块”→“创建”命令，弹出“块定义”对话框，如图 3–24 所示。

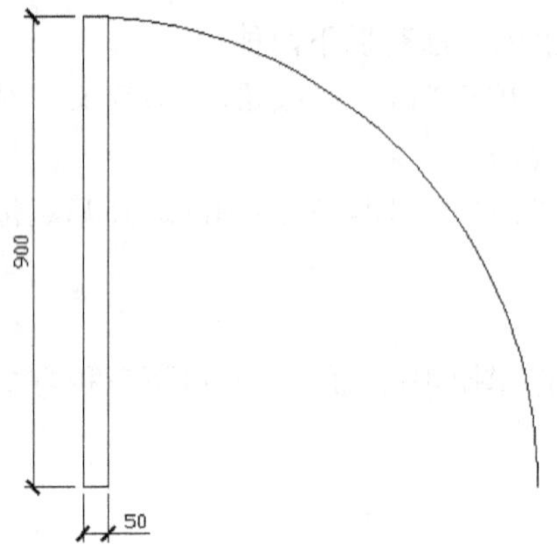

图 3–23　门图形

图 3–24　“块定义”对话框

设置图块名称为“门”，选择对象选中矩形和圆弧，基点设为矩形的左下角点。

单击“确定”按钮，完成“门”图块的创建。

3.9.2　外部图块

内部图块仅能在定义它的图形文件内部使用，外部图块就是将建立的图块以“.dwg”文件的形式保存，供所有的 CAD 文件使用。

1. 创建外部图块

在命令行窗口输入写块命令“Wblock”或“W”，创建外部图块。执行写块命令后弹出“写块”对话框，如图 3–25 所示。

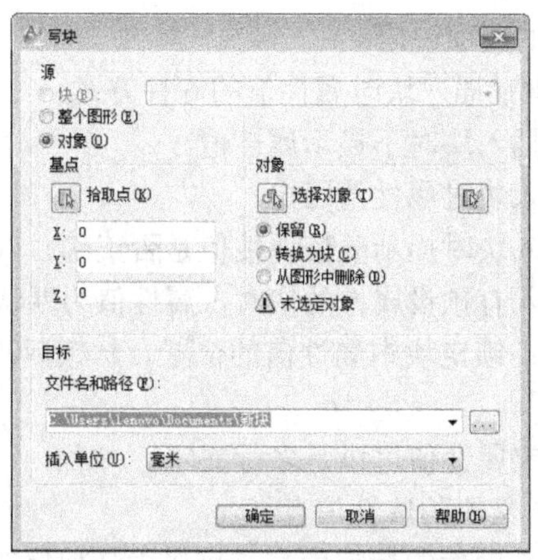

图 3–25　“写块”对话框

2.“写块”对话框的选项说明

（1）“源”选项组：选择组成外部块的图形对象。可以是已定义好的块，也可以是绘图区的全部图形对象或者指定的图形对象。

（2）“基点”选项组：指定块的基点位置，方法和创建块相同。

（3）“对象”选项组：选择组成块的图形对象，方法和创建块相同。

（4）“目标”选项组：指定外部图块文件的保存位置和文件名。

3. 插入外部图块

外部图块的插入方法和内部图块中插入块操作方法相同。

3.9.3　属性图块

给已经定义的图块附加上一些非图形信息，这些信息称为属性。属性是图块的一部分，具有属性的图块称为属性图块。

1. 创建属性图块命令的调用

（1）“绘图”菜单→“块”→“定义属性”命令。

（2）在命令行窗口输入“Attdef”或“ATT”命令。

执行创建属性图块命令后，弹出“属性定义”对话框，如图 3–26 所示。

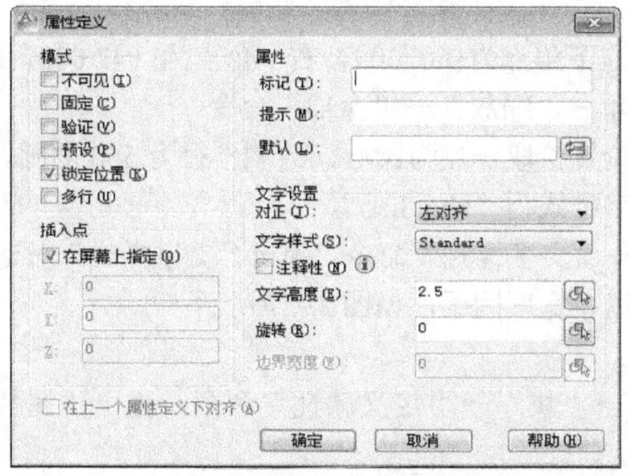

图 3–26　“属性定义”对话框

2.“属性定义”对话框的选项说明

（1）“模式”选项组：指定插入块时属性值的 6 种方式。

- “不可见”复选框：插入块时不显示属性值。
- “固定”复选框：插入块时属性值固定。
- “验证”复选框：插入块时提示验证属性值是否正确。
- “预设”复选框：插入有预设属性的块时，属性值为默认值。
- “锁定位置”复选框：锁定块中属性值的位置。解锁后，属性值可以在夹点编辑的块中移动。
- “多行”复选框：指定属性值可以是多行文字。

（2）“属性”选项组：定义块的属性信息。

- “标记”文本框：定义属性的标记信息，可以由任何字符（空格除外）组成，此项为必填内容。
- “提示”文本框：定义属性输入时的提示信息。
- “默认”文本框：指定默认的属性值，此项可不填。

（3）“插入点”选项组：指定属性值的位置。

属性值的插入点位置可以在屏幕上指定，也可以直接输入位置的坐标值。

（4）“文字设置”选项组：设置属性值中文字的对齐方式、文字样式、文字高度等参数。

3. 属性图块的创建和使用步骤

（1）绘制定义图块的图形对象。

（2）定义属性。

（3）创建属性图块。

（4）插入块时确定属性值。

4. 编辑属性图块命令的调用

（1）“修改”菜单→“对象”→“属性”→“单个”或“块属性管理器”命令。

（2）“修改 II”工具栏→“编辑属性 ”或“块属性管理器”按钮。

（3）在命令行窗口输入“Attedit”或“ATTE”命令。

5. 属性图块的应用

创建一个属性块：横向轴线编号，方便横向轴线编号的插入。操作步骤如下。

（1）设置绘图环境。

- 设置图形界限：左下角点为（0，0），右上角点为（42 000，29 700）。
- 执行“视图”菜单→“缩放”→“全部”命令。

（2）在绘图区适当位置拾取一点为圆心，绘制半径为 500 的圆。

（3）创建轴号的文字样式为“zhouhao”。

选择“格式”菜单→“文字样式”命令，弹出“文字样式”对话框，创建“zhouhao”文字样式，设置字体、高度、宽度因子，如图 3–27 所示。

（4）创建属性图块。

选择“绘图”菜单→“块”→“定义属性”命令，弹出“属性定义”对话框，设置如图 3–28 所示。

单击“确定”按钮，在提示“指定起点：”时，用鼠标拾取圆心，如图 3–29 所示。

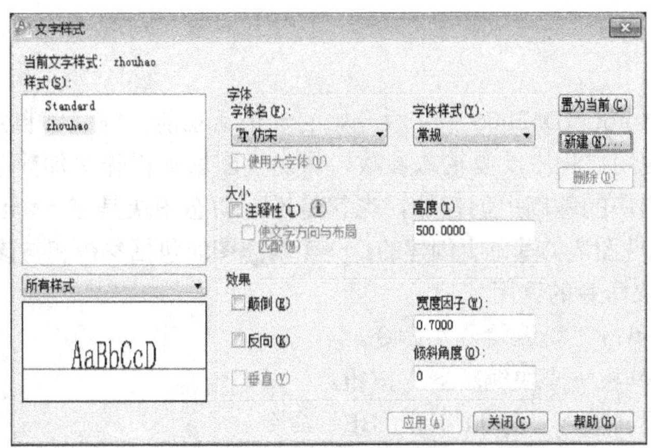

图 3–27 “文字样式”对话框

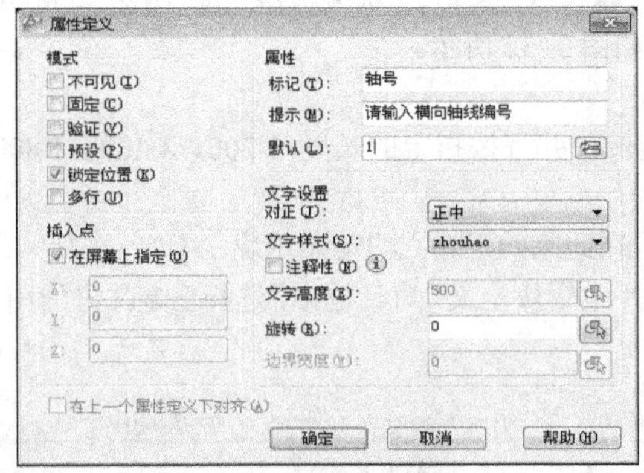

图 3–28 “属性定义”对话框

图 3–29 定义属性图块

选择“绘图”菜单→“块”→“创建”命令，弹出“块定义”对话框。在名称处输入“横向轴线编号”，选择对象选中图 3–29 所示图形，基点捕捉圆的上象限点，设置如图 3–30 所示。

单击“确定”按钮，出现“编辑属性”对话框，如图 3–31 所示。

图 3–30 “块定义”对话框

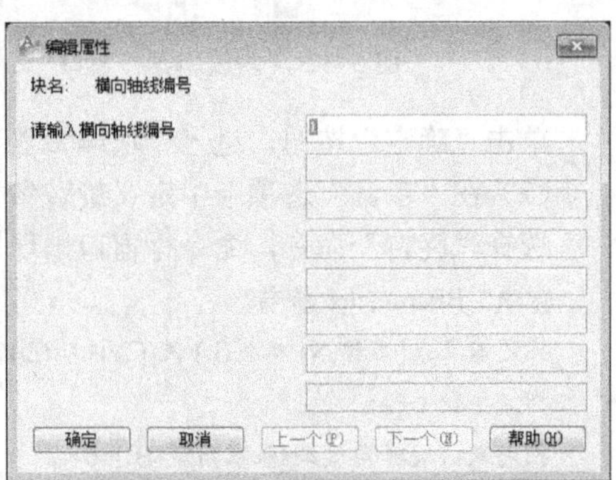

图 3–31 “编辑属性”对话框

单击“确定”按钮，完成横向轴线编号图块的创建。

3.9.4 动态图块

动态图块是从 AutoCAD 2006 中文版开始的一个新功能，它能够自定义图块的夹点和特性，避免了图块在使用过程中反复输入参数，从而使图块的操作更加简单、方便。

动态图块是在图块的基础上创建的，也就是说，动态图块是在一个已经创建好的内部图块、外部图块或者属性图块的基础上创建的。一个动态图块包括参数和与该参数相关联的动作。

1. 创建动态图块命令的调用

（1）“工具”菜单→“块编辑器”命令。

（2）“标准”工具栏→“块编辑器”按钮。

（3）在命令行窗口输入“Bedit”或“BE”命令。

（4）在选中的图块上双击。

执行创建动态图块命令后，进入“块编辑器”窗口。“块编辑器”窗口由块编辑器工具栏、块编写选项板和编写区域三部分组成，如图 3–32 所示。

2. 动态图块的应用

创建一个门动态图块，使之能够旋转，并且按指定的长度 1 200、1 500、1 800、2 100 拉伸。操作步骤如下：

以 3.9.1 节已创建好的门图块为例，在此基础上建立门动态图块。

（1）双击已打开的门图块，在打开的“编辑块定义”对话框中，选择已定义好的图块“门”，如图 3–33 所示。

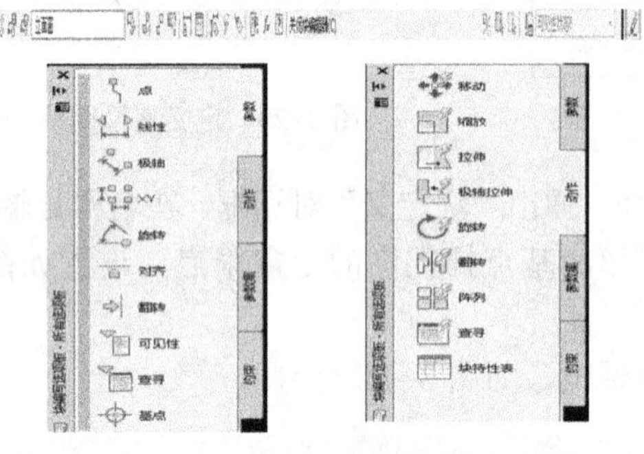

图 3–32 “块编辑器”窗口

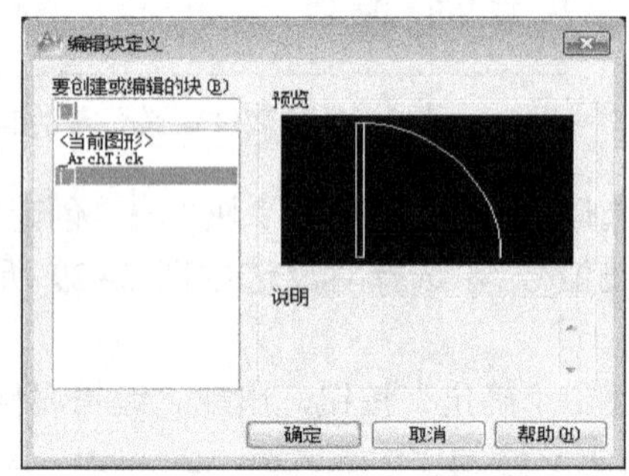

图 3–33 “编辑块定义”对话框

单击“确定”按钮，进入“块编辑器”窗口。

（2）在“参数”选项卡中定义旋转参数。

选择“旋转”命令，命令行窗口出现以下提示：

命令: _BParameter 旋转

指定基点或[名称(N)/标签(L)/链(C)/说明(D)/选项板(P)/值集(V)]: //选择矩形左下角点为基点

指定参数半径: //半径大小可以任意指定

指定默认旋转角度或[基准角度(B)]<0>: //直接按 Enter 键，默认旋转角度为 0

创建好的旋转参数如图 3–34 所示。

（3）在“参数”选项卡中定义线性参数。

选择“线性”命令，命令行窗口出现以下提示：

命令: _BParameter 线性

指定起点或[名称(N)/标签(L)/链(C)/说明(D)/基点(B)/选项板(P)/值集(V)]:

//选择矩形左下角点为起点

指定端点:　　　　　　　　　　//选择圆弧的右下角点为端点

指定标签位置:　　　　　　　　//指定如图 3–35 所示"距离 1"的标签位置

创建好的线性参数如图 3–35 所示。

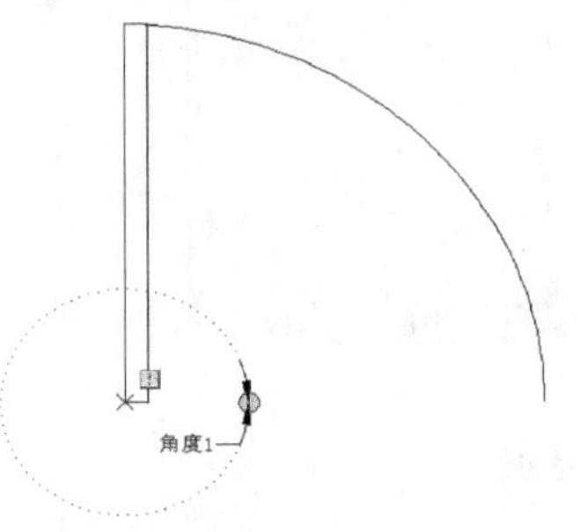

图 3–34　创建好的旋转参数

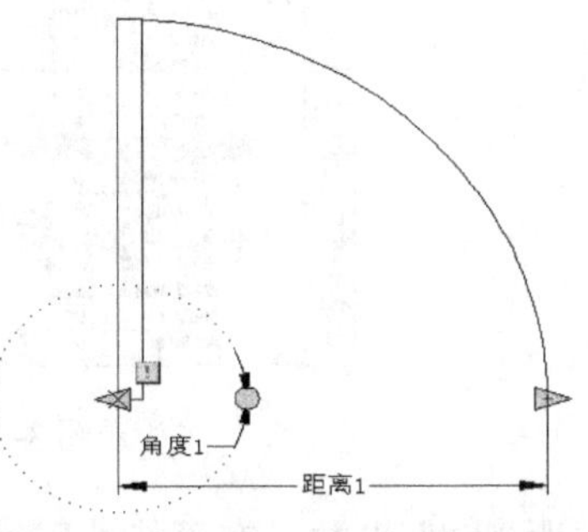

图 3–35　创建好的线性参数

（4）在"动作"选项卡中定义旋转动作。

选择"旋转"命令，命令行窗口出现以下提示:

命令: _BActionTool 旋转

选择参数:　　　　　　　　　　//选择"角度 1"旋转参数

指定动作的选择集

选择对象:　　　　　　　　　　//选择对象和参数

与旋转参数相关联的旋转动作创建完成，如图 3–36 所示。

（5）在"动作"选项卡中定义缩放动作。

选择"缩放"命令，命令行窗口出现以下提示:

命令: _BActionTool 缩放

选择参数:　　　　　　　　　　//选择"距离 1"线性参数

指定动作的选择集

选择对象: 找到 2 个　　　　　//选择门图形

与线性参数相关联的缩放动作创建完成，如图 3–37 所示。

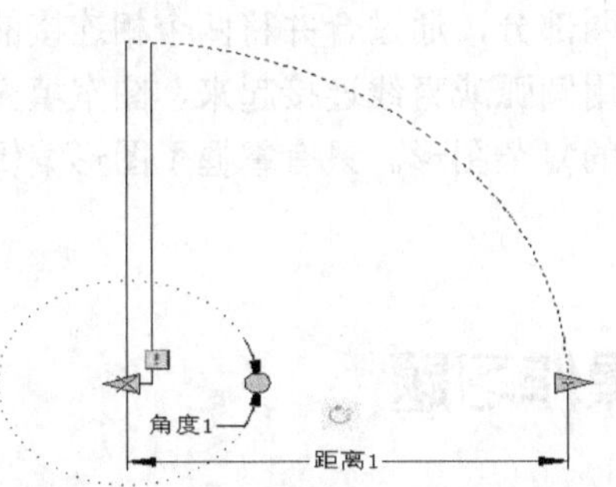

图 3–36　与旋转参数相关联的旋转动作的创建

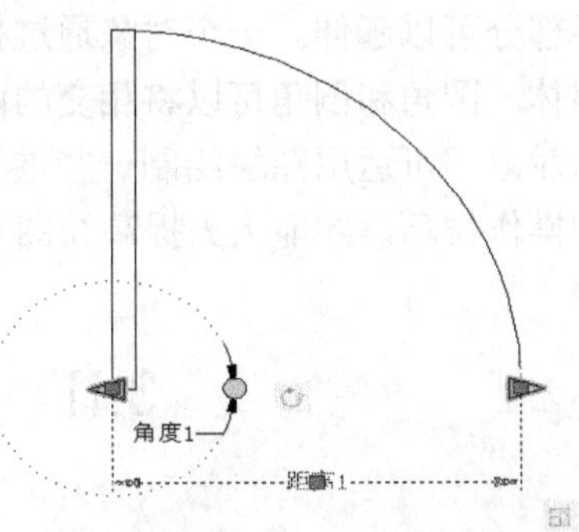

图 3–37　与线性参数相关联的缩放动作的创建

单击“标准”工具栏中的“特性”按钮，打开“特性”对话框，如图 3–38 所示。

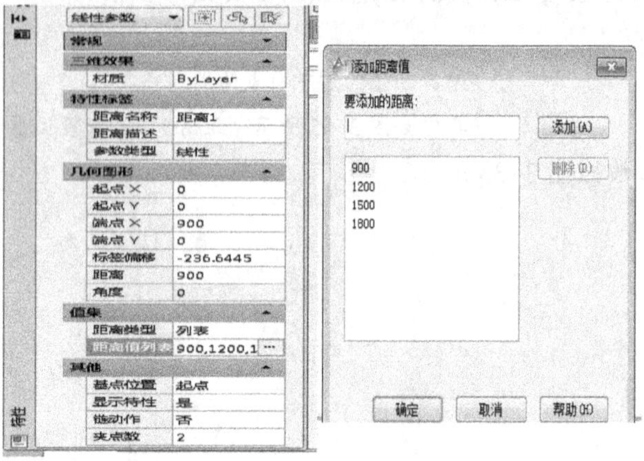

图 3–38 “特性”对话框

选中“距离 1”参数，在“特性”对话框的“值集”中，设置“距离类型”为“列表”。单击“距离值列表”栏中的按钮，打开“添加距离值”对话框，分别添加“1 200”“1 500”“1 800”。

（6）单击“块编辑器”工具栏中的“保存块”按钮，保存当前块定义，然后单击“关闭块编辑器”按钮，关闭当前窗口。

（7）执行插入块命令，选择“门”图块，插入绘图区。选中“门”图块，可以看到其夹点。单击中间的旋转夹点，可以将门绕基点旋转任意角度。单击缩放夹点，可以按列表数值对“门”图块进行缩放。

3.10 本 章 小 结

本章主要学习 AutoCAD 常用图形编辑命令及其参数的用法。通过上机操作练习，能够根据所要绘制的图形熟练地选择合适的编辑命令。如要得到相同的图形，可以进行复制、阵列操作，对称的图形可以通过镜像得到，形状相似、大小不同的图形可以通过偏移、缩放得到。局部尺寸不同可以拉伸，位置不同可以移动，角度不同可以旋转，图形多余部分可以修剪，不足部分可以延伸。一个对象通过打断分为两部分，通过合并将两个相连接的对象合并为一个整体。圆角和倒角可以将相交的两个对象用圆弧或直线连接起来，图案填充将材质填充到图形对象，可运用图块绘制一些重复或相似的复杂图形。只有掌握了图形编辑命令的使用方法和操作技巧，才能大大提高绘图效率。

3.11 上机操作习题

【习题 1】绘制如图 3–39 所示图形。

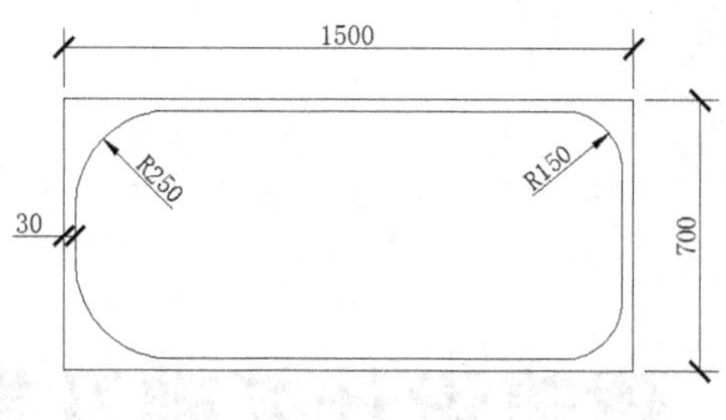

图 3–39　浴盆

【习题 2】按要求绘制如图 3–40、图 3–41 所示图形。

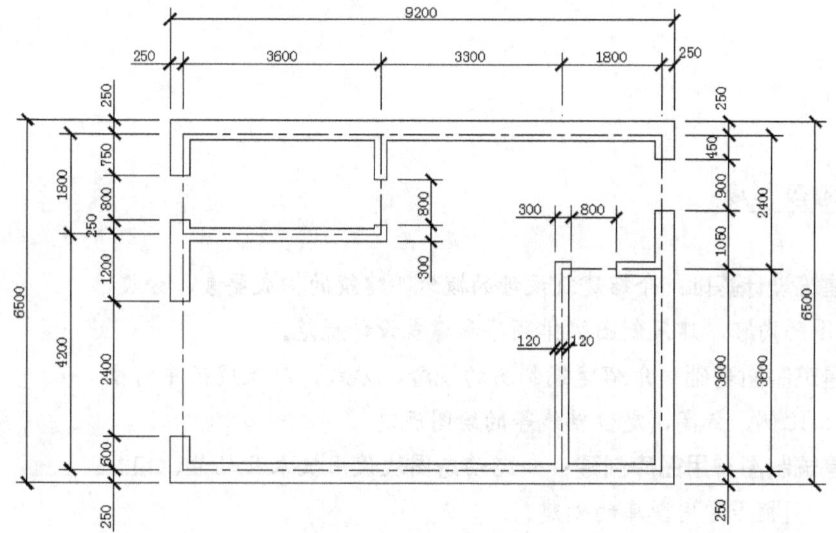

图 3–40　平面图

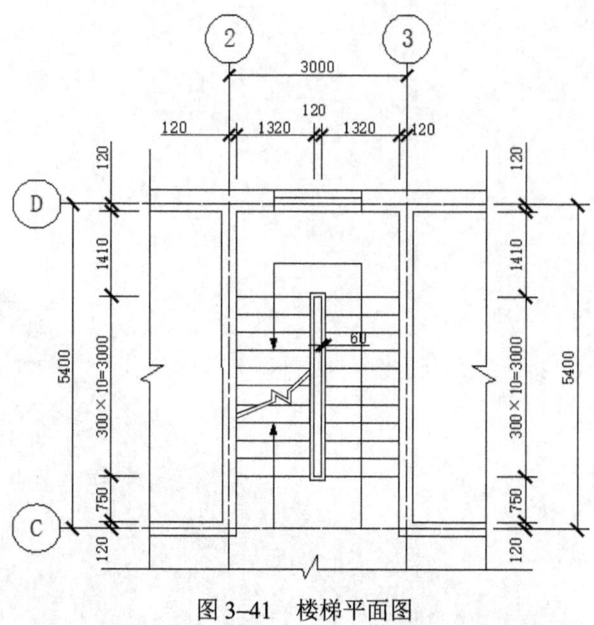

图 3–41　楼梯平面图

第4章
建筑设计基础及常用图库创建

内容导读

◎ **建筑设计基础**：介绍建筑设计的概念，建筑的构成要素、分类，建筑施工图的内容，建筑制图编排顺序和建筑设计规范。

◎ **建筑制图基础**：介绍建筑制图的概念、方式，以及规范中对图幅、图线、比例、标高、定位轴线等的绘图规定。

◎ **建筑制图常用图库创建**：介绍动态图块使用技术及轴号、门、窗、标高、图框等常用图库的创建。

4.1　建筑设计基础

建筑一般是指供人们进行生产、生活或活动的房屋、场所、设施，通常认为是建筑物和构筑物的总称。建筑物是指直接供人们使用的建筑，如住宅、学校、办公楼、影剧院、体育馆等。构筑物是指间接供人们使用的建筑，如水塔、蓄水池、烟囱、贮油罐等。本节将简要地介绍建筑设计的概念、构成要素、分类，建筑施工图的内容，建筑制图编排顺序及其设计规范等内容。

4.1.1　建筑设计概述

1. 建筑设计的概念

建筑设计是指建筑物在建造之前，设计者按照建筑任务，把施工过程和使用过程中所存在的或可能发生的问题，事先做好通盘的设想，拟订好解决这些问题的办法、方案，用图纸和文件表达出来，作为备料、施工组织工作和各工种在制作、建造工作中互相配合协作的共同依据，便于整个工程得以在预定的投资限额范围内，按照周密考虑的预定方案，统一步调，顺利进行，并使建成的建筑物充分满足使用者和社会所期望的各种要求。

2. 建筑的构成要素

建筑都是由三个基本要素构成的，即建筑功能、建筑技术条件和建筑形象。建筑功能是指建筑物在物质和精神方面必须满足的使用要求，就是建筑的目的，它是主导因素；建筑技术条件是建造房屋的手段，包括建筑材料与制品技术、结构技术、施工技术、设备技术等，建筑不可能脱离技术而存在，建筑技术条件是实现目的的手段，依靠它以达到建筑功能的要求；建筑形象的构成要素有建筑的体型、内外部的空间组合、立体构面、细部与重点装饰处理、材料的质感与色彩、光影变化等，在相同功能要求和物质条件下，可以创造出不同的建筑形象。

3. 建筑的分类

（1）按建筑的使用性质，建筑通常分为工业建筑和民用建筑两大类。工业建筑主要是指生产厂房、辅助生产厂房等生产性建筑；民用建筑主要指学校、医院、商场等公共建筑和居住建筑（住宅与宿舍），如图 4–1 所示。

图 4–1　乡间别墅

（2）按建筑结构使用的材料可以分为砖混结构建筑、钢筋混凝土结构建筑和钢结构建筑。

（3）按施工方法分为装配式建筑、现浇式建筑和装配整体式建筑。

（4）按建筑层数可分为低层建筑（1～3 层）、多层建筑（4～6 层）、小高层建筑（7～11 层）和高层建筑（12 层及以上）。

4. 建筑施工图的内容

（1）平面图。为了表达房屋建筑的平面形状、大小和布置，假想用一水平面经过门窗洞将房屋剖开，移去上部，由上向下投射所得的剖面图，称为建筑平面图，简称平面图。

（2）立面图。为了反映房屋的外形、高度，在与房屋立面平行的投影面上所作出的房屋的正投影图，称为建筑立面图，简称立面图。

（3）剖面图。为表明房屋内部垂直方向的主要结构，假想用侧平面或正平面将房屋垂直剖开，移去处于观察者或剖切面之间的部分，把余下的部分向投影面投射所得的投影图，称为建筑剖面图，简称剖面图。

（4）详图。由于房屋形体庞大，而平面图、立面图、剖面图选用的比例一般比较小，很多细部构造无法表达清楚，所以还要选用较大比例画出建筑物局部构造及构件细部的图样，这种图样称为建筑详图，简称详图。

5. 建筑制图编排顺序

工程图纸应按专业顺序编排。一般顺序为图纸目录、总图、建筑图、结构图、给水排水图、暖通空调图、电气图等。对于建筑施工图而言，顺序一般为目录、施工图设计说明、附表、总平面图、平面图、立面图、剖面图、详图等。

4.1.2 建筑设计规范

在建筑设计中，需按国家规范和标准进行设计，以确保建筑安全、经济、适用。

主要的建筑设计规范有以下几种：

《建筑工程设计文件编制深度规定》（2008 年版）

《房屋建筑制图统一标准》（GB/T 50001—2010）

《建筑制图标准》（GB/T 50104—2010）

《民用建筑设计通则》（GB 50352—2005）

《总图制图标准》（GB/T 50103—2010）

《建筑模数协调标准》（GB/T 50002—2013）

《建筑设计防火规范》（GB 50016—2014）

《建筑内部装修设计防火规范》（GB 50222—1995）（2001 年修订版）

注意：建筑设计规范中的“GB”是指国家标准，此外还有行业规范和地方标准。

4.2 建筑制图基础

《房屋建筑制图统一标准》（GB/T 50001—2010）和《建筑制图标准》（GB/T 50104—2010）是目前我国建筑制图的主要标准，标准中对于建筑制图中的图幅、标题栏、文字大小和标注等做了严格的规定，因此，为了确保制图质量，提高效率，并做到统一规范、便于阅读，在实际绘图时，必须严格遵守国家标准中的规定。

4.2.1　建筑制图概述

1. 建筑制图的概念

建筑设计图纸是工程设计界的共同语言。在建筑工程中，为了正确地表达建筑物的形状、尺寸、材料和做法等内容，需要将建筑物按照投影的方法和国家制图统一标准表达在图纸上，称之为工程图样。设计人员要通过工程图样来表达设计思想和要求；施工人员则要以工程图样作为施工的依据。因此，在学习 AutoCAD 作图之前必须掌握建筑制图基本知识。

2. 建筑制图的方式

建筑制图有手工制图与计算机制图两种方式，手工制图是建筑设计师必须掌握的技能，是学习其他计算机辅助软件的基础，同时也能体现设计师的绘图素养，其素养的高低直接影响计算机绘图的质量和效果。

4.2.2　建筑制图的要求与规范

1. 图幅格式标准

图幅是指图纸幅面的大小规格。它分为横式幅面和立式幅面，常用图幅有 A0、A1、A2、A3 和 A4 五种规格，图幅与图框的大小有严格的规定。图纸以短边作为垂直边称为横式，以短边作为水平边称为立式。一般 A0～A3 图纸宜横式使用，必要时，也可立式使用，具体尺寸如表 4-1 所示。

表 4-1　图幅及图框尺寸　　单位：mm

<table>
<tr><th>幅面代号
尺寸代号</th><th>A0</th><th>A1</th><th>A2</th><th>A3</th><th>A4</th></tr>
<tr><td>$b×l$</td><td>841×1 189</td><td>594×841</td><td>420×594</td><td>297×420</td><td>210×297</td></tr>
<tr><td>c</td><td colspan="3">10</td><td colspan="2">5</td></tr>
<tr><td>a</td><td colspan="5">25</td></tr>
</table>

如果需要微缩复制的图纸，其一条边上应附有一段准确的米制尺度，四条边上均附有对中标志，米制尺度的总长应为 100 mm，分格应为 10 mm。对中标志应画在图纸各边长的中点处，线宽应为 0.35 mm，伸入框内应为 5 mm。

图纸的短边一般不应加长，长边可加长，但应符合表 4-2 所示的规定。一个工程设计中，所使用的图纸，一般不宜多于两种幅面，不含目录及表格所采用的 A4 幅面。

表 4-2　图纸长边加长尺寸　　单位：mm

幅面代号	长边尺寸	长边加长后的尺寸
A0	1 189	1 486、1 635、1 783、1 932、2 080、2 230、2 378
A1	841	1 051、1 261、1 471、1 682、1 892、2 102
A2	594	743、891、1 041、1 189、1 338、1 486、1 635、1 783、1 932、2 080
A3	420	630、841、1 051、1 261、1 471、1 682、1 892

注：有特殊需要的图纸，可采用 $b×l$ 为 841 mm×891 mm 与 1 189 mm×1 261 mm 的幅面。

图纸的标题栏、会签栏及装订边的位置，如图 4–2、图 4–3 和图 4–4 所示。

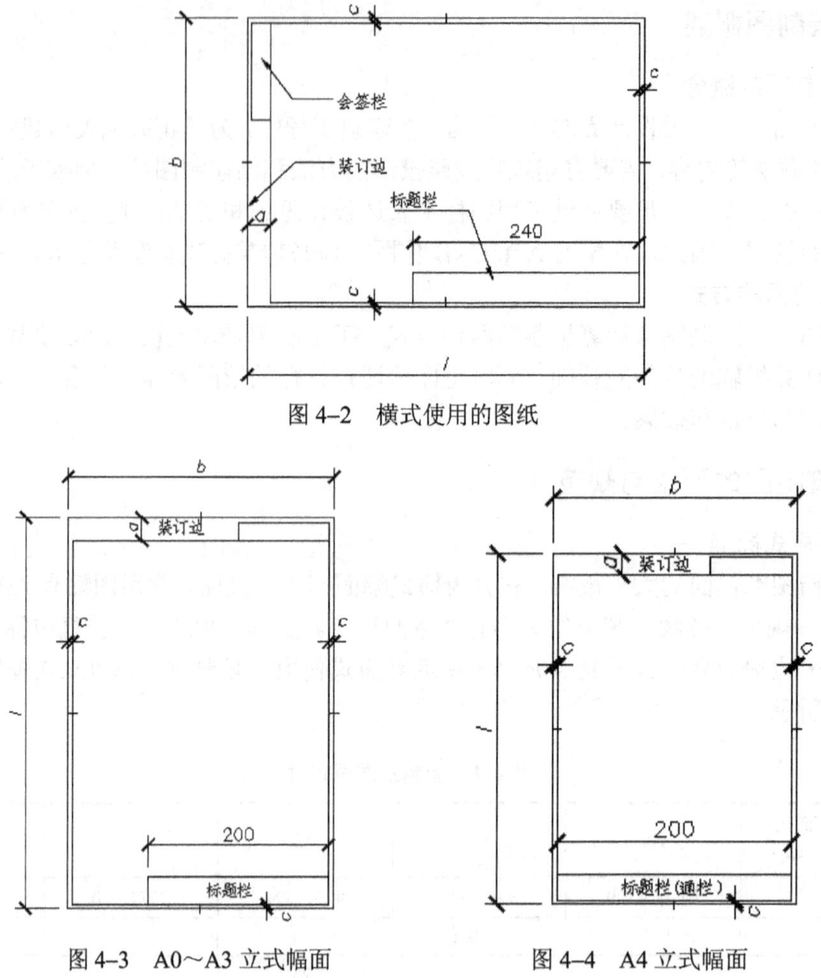

图 4–2　横式使用的图纸

图 4–3　A0～A3 立式幅面

图 4–4　A4 立式幅面

格式和具体尺寸还应符合下列规定：

（1）标题栏应按图 4–5 所示，根据工程需要选择、确定尺寸、格式及分区。签字区应包含实名列和签名列。涉外工程的标题栏内，各项主要内容的中文下方应附有译文，设计单位的上方或左方，应加“中华人民共和国”字样。

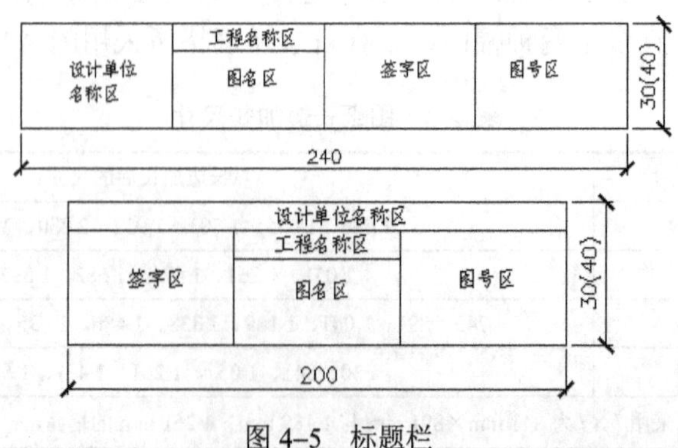

图 4–5　标题栏

学校制图作业的标题栏可选用图 4–6 所示格式。制图作业不需绘制会签栏。

（校名）		专业		图号	
				比例	
班级				日期	
姓名				成绩	
学号				审核	

尺寸：65　20　50　45；20　25　90　20　25；180；16　8　8　8；40

图 4–6　作业用标题栏

（2）会签栏应按图 4–7 所示的格式绘制，其尺寸应为 100 mm×20 mm，栏内应填写会签人员所代表的专业、姓名、日期（年、月、日）；一个会签栏不够时，可另加一个，两个会签栏应并列；不需会签的图纸可不设会签栏。

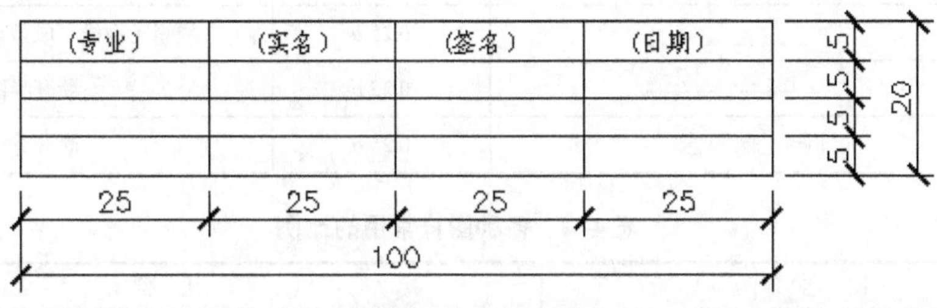

图 4–7　会签栏

（3）图框线、标题栏线和会签栏线的宽度。

A0 和 A1 图幅的图纸的图框线的线宽采用 1.4 mm，标题栏的外框线线宽采用 0.7 mm，标题栏的分格线和会签栏线线宽采用 0.35 mm。

A2、A3 和 A4 图幅的图纸的图框线的线宽采用 1.0 mm，标题栏的外框线线宽采用 0.7 mm，标题栏的分格线和会签栏线线宽采用 0.35 mm。

2. 图线

在建筑工程图中，须采用不同线型和线宽来表示不同的内容，并使图形层次分明、便于阅读。

图线线型有实线、虚线、点划线、折断线、波浪线等，一般在绘图时使用三种线宽，且互成一定的比例，即粗线、中线、细线，其比例规定为 b:0.5 b:0.25 b。因此，在绘图时应先根据结构的复杂程度和比例大小确立基线宽度 b，b 值可从 2.0 mm、1.4 mm、1.0 mm、0.7 mm、0.5 mm、0.35 mm、0.25 mm、0.18 mm 中选取。图线的线型、线宽及主要用途见表 4–3。

3. 比例

图形中所绘线段长度与实际线段长度的比值称为图样的比例。如 1:100 是指图形中线段 1 mm 表示实际 100 mm，图形中线段 5 mm 表示实际 500 mm。对于不同类型的建筑工程图对应的绘图比例也各不相同，各种图样常用的比例见表 4–4。

表 4–3　图线的线型、线宽及主要用途

名称		线型	线宽	一般用途
实线	粗		b	主要可见轮廓线
	中		0.5 b	可见轮廓线
	细		0.25 b	可见轮廓线、图例线
虚线	粗		b	见各有关专业制图标准
	中		0.5 b	不可见轮廓线
	细		0.25 b	不可见轮廓线、图例线
单点长划线	粗		b	见各有关专业制图标准
	中		0.5 b	见各有关专业制图标准
	细		0.25 b	中心线、对称线等
双点长划线	粗		b	见各有关专业制图标准
	中		0.5 b	见各有关专业制图标准
	细		0.25 b	假想轮廓线、成型前原始轮廓线
折断线			0.25 b	断开界限
波浪线			0.25 b	断开界限

表 4–4　各种图样常用的比例

图　名	比　例
总平面图	1:500、1:1 000、1:2 000
建筑物的平面图、立面图、剖面图	1:50、1:100、1:150、1:200、1:300
建筑物的局部放大图	1:10、1:20、1:25、1:30、1:50
构造详图	1:1、1:2、1:5、1:10、1:20、1:25、1:30、1:50

比例书写在图名的右方，字号应比图名字小一号或两号，如图 4–8 所示。

底层平面图 1:100

图 4–8　比例书写示例

4. 标高

标高表示建筑物某一部分相对于基准面（标高的零点）的竖向高度，它是竖向定位的依据。在总平面图、平面图、立面图和剖面图上，经常用标高符号表示某一部分的高度。标高按基准面选取的不同分为绝对标高和相对标高。标高的数值单位为米。

（1）绝对标高：以一个国家或地区统一规定的基准面作为零点的标高称为绝对标高，我国规定，以青岛附近黄海的平均海平面作为标高的零点。

（2）相对标高：以建筑物室内首层主要地面高度为零点作为标高的起点所计算的标高称为相对标高。

建筑制图标准规定，标高符号应以直角等腰三角形表示，正常情况下按图 4–9（a）所示形式用细实线绘制，如标注位置不够，也可按图 4–9（b）所示形式绘制。标高符号的具体画法如图 4–9（c）、（d）所示。L 取适当长度标注标高数字，h 根据需要取适当高度。

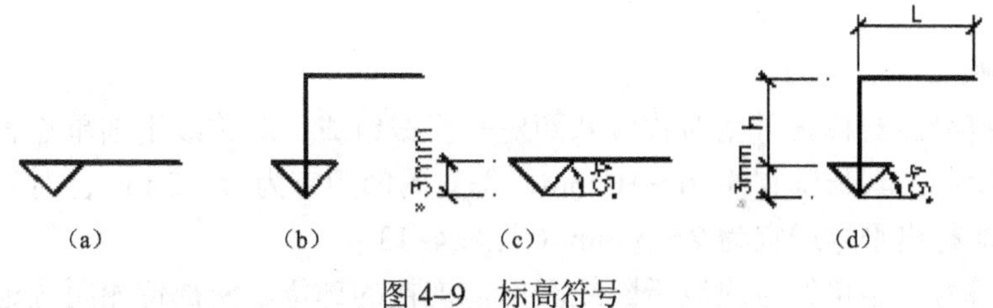

图 4–9　标高符号

总平面图室外地坪标高符号，宜用涂黑的三角形表示，如图 4–10（a）所示，具体画法如图 4–10（b）所示。

标高符号的尖端应指至被注高度的位置。尖端一般应向下，也可向上。标高数字应注写在标高符号的左侧或右侧，如图 4–11 所示。

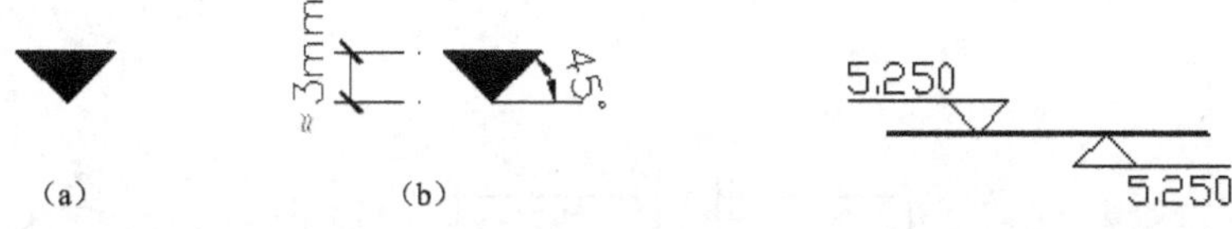

图 4–10　总平面图室外地坪标高符号　　图 4–11　标高的指向

标高数字应以米为单位，注写到小数点以后第三位。在总平面图中，可注写到小数点以后第二位。零点标高应注写成±0.000，正数标高不注“+”，负数标高应注“–”，例如 3.000、–0.600。

5. 定位轴线

定位轴线是确定建筑物的墙、柱等主要承重构件位置的基准线，是施工定位、放线的重要依据。在建筑平面中，与建筑物长轴方向平行的定位轴线称为纵向定位轴线，与建筑物短轴方向平行的定位轴线称为横向定位轴线，如图 4–12。

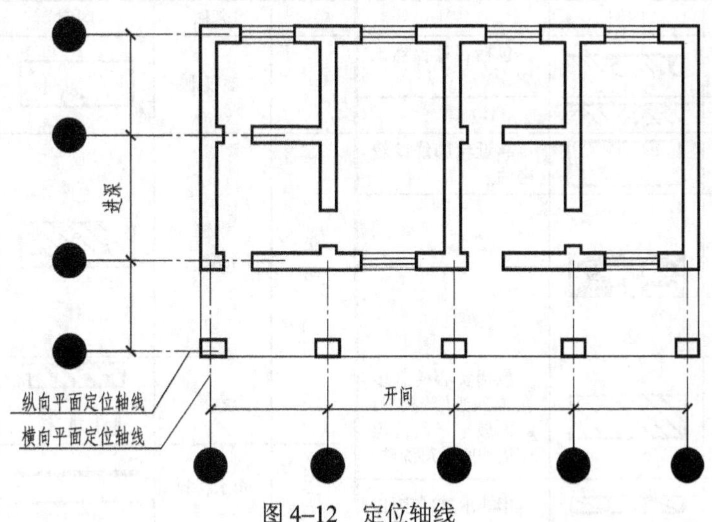

图 4–12　定位轴线

根据国标规定，定位轴线采用细单点长划线表示，并进行编号，以便于施工时定位放线和查阅图纸。轴线编号的圆圈用细实线绘制，直径为 8 mm。横向定位轴线的编号采用阿拉伯数字，从左至右顺序编写；纵向定位轴线应用大写拉丁字母，从下至上顺序编写。其中 I、O、

Z 不用。

6. 其他符号

（1）对称符号。对称符号由对称线和两对平行线组成。对称线用细单点长画线绘制；平行线用细实线绘制，其长度宜为 6～10 mm，每对的间距宜为 2～3 mm；对称线垂直平分两对平行线，两端超出平行线宜为 2～3 mm（见图 4–13）。

（2）连接符号。连接符号应以折断线表示需连接的部位。两部位相距过远时，折断线两端靠图样一侧应标注大写拉丁字母表示连接编号，两个被连接的图样必须用相同的字母编号（见图 4–14）。

（3）指北针。指北针的形状宜如图 4–15 所示，其圆的直径宜为 24 mm，用细实线绘制；指针尾部的宽度宜为 3 mm，指针头部应注“北”或“N”字。需用较大直径绘制指北针时，指针尾部的宽度宜为直径的 1/8。

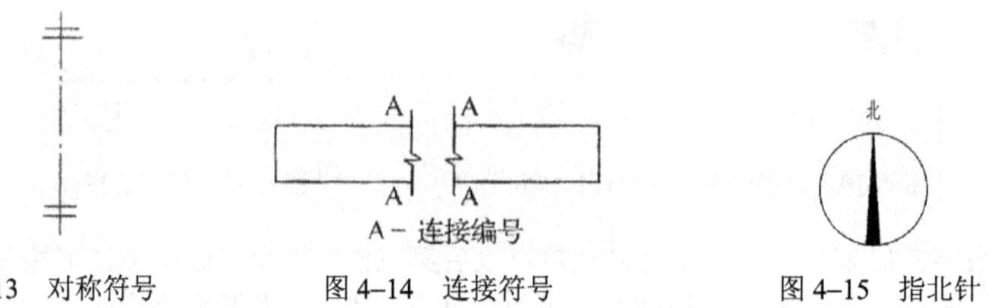

图 4–13　对称符号　　图 4–14　连接符号　　图 4–15　指北针

7. 常用建筑材料图例

建筑制图中，经常使用材料图例表示图中不同种类的材料，对于无法用图例表示的则用文字说明，材料图例是特定的简化图形。常用建筑材料图例如表 4–5 所示。

表 4–5　常用建筑材料图例

序号	名称	图例	备注	序号	名称	图例	备注
1	自然土壤		包括各种自然土壤	8	混凝土		1. 本图例指能承重的混凝土及钢筋混凝土 2. 包括各种强度等级、骨料、添加剂的混凝土 3. 在剖面图上画出钢筋时，不画图例线 4. 断面图形小，不易画出图例线时，可涂黑
2	夯实土壤						
3	砂、灰土		靠近轮廓线绘较密的点	9	钢筋混凝土		
4	毛石						
5	普通砖		包括实心砖、多孔砖、砌块等砌体。断面较窄不易绘出图例线时，可涂红	10	金属		1. 包括各种金属 2. 图形小时，可涂黑
6	空心砖		指非承重砖砌体	11	防水材料		构造层次多或比例大时，采用上面图例
7	木材		1. 上图为横断面，上左图为垫木、木砖或木龙骨； 2. 下图为纵断面	12	胶合板		应注明为×层胶合板
				13	液体		应注明具体液体名称

4.3　创建建筑制图常用图库

建筑制图中，有很多的符号，建筑制图标准都规定了具体的尺寸和形状，在每一幅图纸中都是完全一样的，譬如标高、轴线编号、折断线、剖切符号、对称符号、连接符号、指北针等。同时在建筑工程图中，有很多会重复使用的图形对象，譬如门窗的平面图、立面图，各种家具、洁具的平面图，对于这类图形，用户首先可以通过简单的二维图形绘制和编辑命令创建，然后保存为图块，以便在需要的时候直接调用。

4.3.1　图块使用技术

图块是一个或多个连接的对象，用于创建单个的对象，图块可以帮助用户在同一图形或其他图形中重复适用对象。在 3.9 节里已经介绍了基本图块的应用，本节我们将通过实例来了解属性图块和动态图块的创建。

1. 创建属性图块

图块的属性是图块的一个组成部分，它是图块的非图形的附加信息，包含图块中的文字对象。

选择“绘图”→“块”→“定义属性”命令，或者在命令行窗口中输入“Attdef”命令，弹出如图 4–16 所示的“属性定义”对话框。

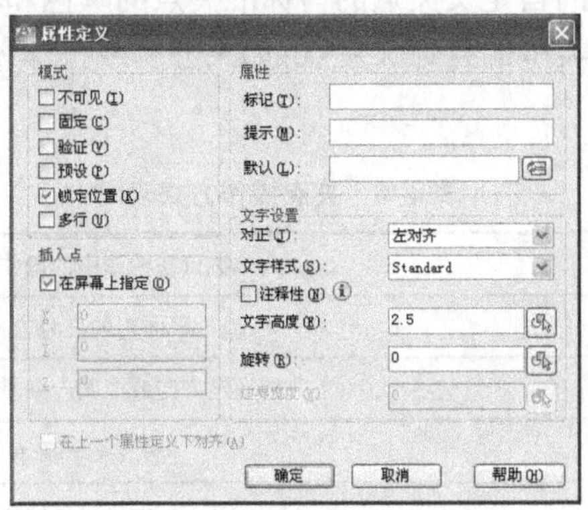

图 4–16 “属性定义”对话框

在“属性定义”对话框中，“模式”选项组用于设置属性模式；“属性”选项组用于设置属性数据，“标记”文本框用于标识图形中每次出现的属性，“提示”文本框指定在插入包含该属性定义的块时显示的提示，提醒用户指定属性值，“默认”文本框用于指定默认的属性值；“插入点”选项组用于指定图块属性的位置，选择“在屏幕上指定”复选框，则在绘图区中指定插入点；“文字设置”选项组用于设置属性文字的对正、样式、高度和旋转参数值。

当属性创建完毕之后，用户可以在命令行窗口中输入“Attedit”命令，命令行窗口提示如下：

```
命令: ATTEDIT
选择块参照:                //要求指定需要编辑属性值的图块
```

在绘图区选择需要编辑属性值的图块后，弹出“编辑属性”对话框，如图 4–17 所示，用户可以在定义的提示信息文本框中输入新的属性值，单击“确定”按钮对属性值进行修改。

用户选择相应的图块后，选择“修改”→“对象”→“属性”→“单个”命令，弹出如 4–18 所示的“增强属性编辑器”对话框。在“属性”选项卡中，用户可以在“值”文本框中修改属性值。

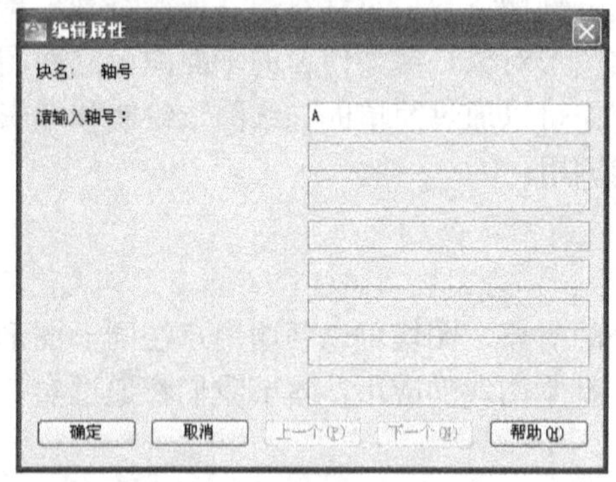

图 4–17 “编辑属性”对话框

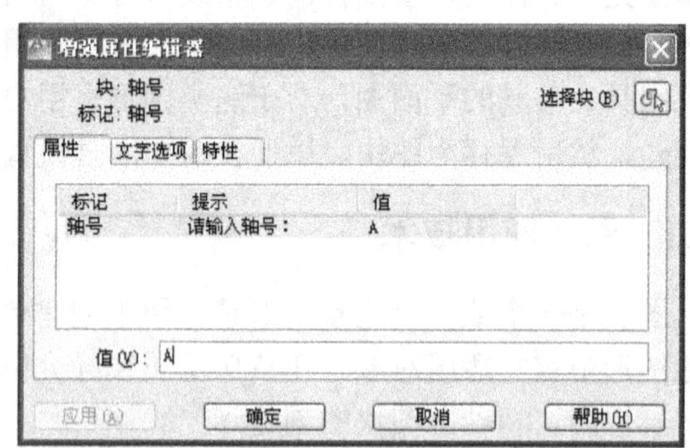

图 4–18 “增强属性编辑器”对话框

2. 动态图块

通过动态图块功能，用户可以自定义夹点或自定义特性来操作几何图形，这使得用户可以根据需要方便地调整图块参照，而不用搜索另一个图块以插入或重新定义现有的图块。

默认情况下，动态图块的自定义夹点的与标准夹点的颜色和样式不同。表 4–6 显示了可以包含在动态图块中的不同类型的自定义夹点。如果分解或按非统一缩放某个动态图块参照，它就会丢失其动态特性。

表 4–6 夹点操作方式表

夹点类型	图样	夹点在图形中的操作方式
标准	■	平面内的任意方向
线性	▷	按规定方向或沿某一条轴往返移动
旋转	●	围绕某一条轴
翻转	⇦	单击以翻转动态图块参照
对齐	⬠	平面内的任意方向；如果在某个对象上移动，则使动态图块参照与该对象对齐
查寻	▽	单击以显示项目列表

要成为动态图块的图块至少必须包含一个参数及一个与该参数关联的动作，这个工作可以由块编辑器完成，块编辑器是专门用于创建块定义并添加动态行为的编写区域。单击“标准”工具栏上的“块编辑器”按钮，或者选择“工具”→“块编辑器”命令，或者在命令行窗口输入“Bedit”命令，可以弹出如图 4–19 所示的“编辑块定义”对话框。在“要创建或编辑的块”文本框中可以选择已经定义的块，也可以选择当前图形创建的新动态块，如果选择“〈当前图形〉”，当前图形将在块编辑器中打开。在图形中添加动态元素后，可以保存图

形并将其作为动态图块参照插入到另一个图形中。

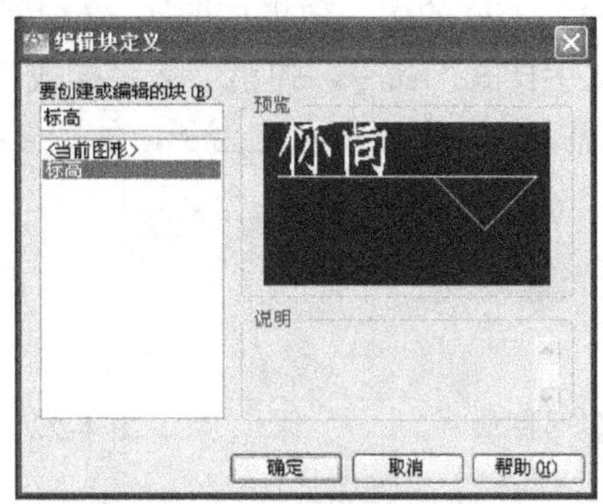

图 4–19 “编辑块定义”对话框

单击“编辑块定义”对话框的“确定”按钮，即可进入“块编辑器”窗口，如图 4–20 所示。“块编辑器”窗口由块编辑器工具栏、块编写选项板和编写区域三部分组成。

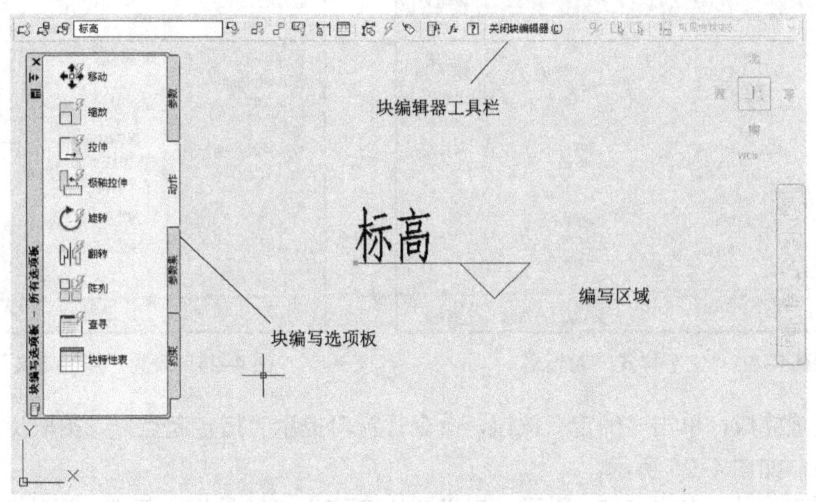

图 4–20 “块编辑器”窗口

在“块编辑器”中，块编辑器工具栏位于整个编辑区的正上方，提供了在块编辑器中使用、创建动态图块及设置可见性状态的工具。块编写选项板中包含用于创建动态图块的工具，它包含“参数”“动作”和“参数集”三个选项卡。“参数”选项卡用于向块编辑器中的动态图块添加参数，动态图块的参数包括点参数、线性参数、极轴参数、XY 参数、旋转参数、对齐参数、翻转参数、可见性参数、查询参数和基点参数；“动作”选项卡用于向块编辑器中的动态图块添加动作，包括移动动作、缩放动作、拉伸动作、极轴拉伸动作、旋转动作、翻转动作、阵列动作和查询动作；“参数集”选项卡，用于在块编辑器中向动态图块定义中添加一个参数和至少一个动作的工具，是创建动态图块的一种快捷方式。

4.3.2　建筑制图常用图库的创建

1. 创建轴号属性图块

本例创建如图 4–21 所示的轴号图块，该图块为属性图块，可以在插入时输入具体轴号。

具体操作步骤如下。

（1）使用圆命令绘制半径为 400 的圆，效果如图 4–22 所示。

（2）选择“格式”→“文字样式”命令，弹出“文字样式”对话框，单击“新建”按钮，创建“A400”文字样式，设置字体、高度和宽度因子，如图 4–23 所示。

图 4–21　轴号图块　　　　图 4–22　绘制轴号图形

（3）选择“绘图”→“块”→“定义属性”命令，弹出“属性定义”对话框，按如图 4-24 所示设置对话框的参数。

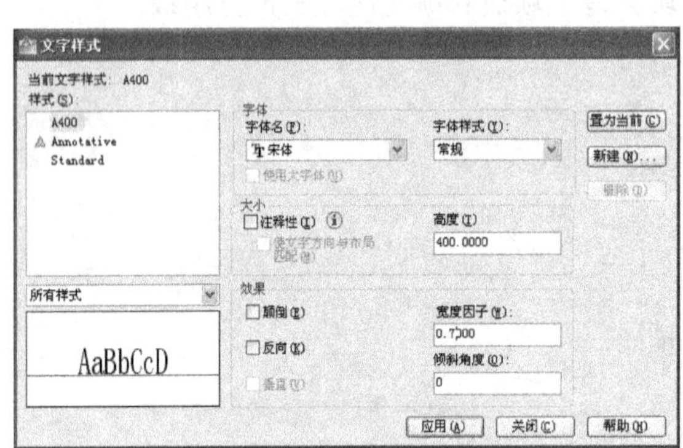

图 4–23　“文字样式”对话框

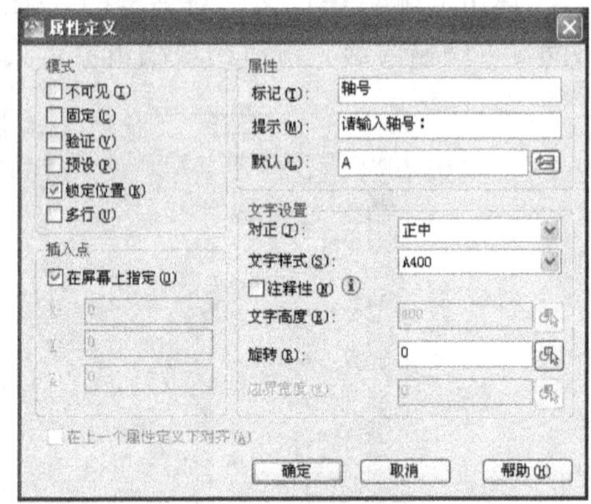

图 4–24　设置“属性定义”对话框

（4）设置完成，单击“确定”按钮，命令行窗口提示“指定起点:”，拾取步骤（1）绘制的圆的圆心，如图 4–25 所示。

（5）创建图块，如图 4–26 所示，定义图块名称为“轴号”，基点为直线右端点，选择图 4–25 所有的图形为定义对象。

图 4–25　创建属性

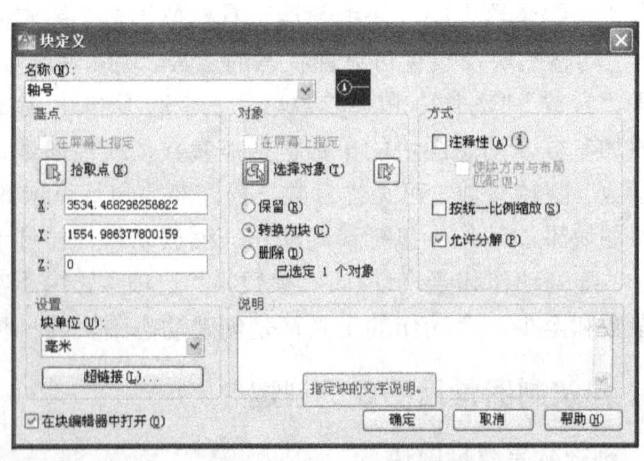

图 4–26　定义轴号图块

（6）单击“确定”按钮，弹出如图 4–27 所示的“编辑属性”对话框，输入属性“A”，单击“确定”按钮，完成图块的创建，效果如图 4–28 所示。

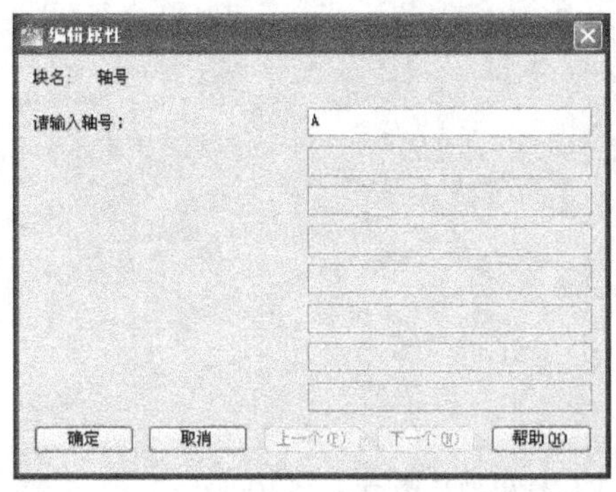

图 4–27　“编辑属性”对话框

图 4–28　编辑完成属性效果

2. 创建平面门动态图块

本例创建如图 4–29 所示的平面门图块，该图块为动态图块，在插入图块时带有自己的夹点，具有翻转及拉伸、缩放动作，可以改变门的开启方向和大小。

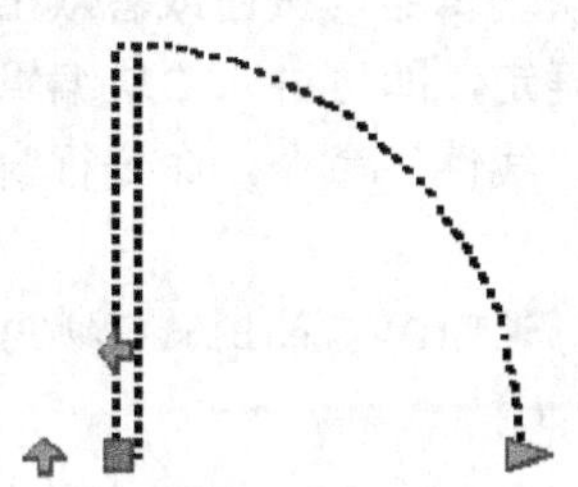

图 4–29　平面门图块

具体操作步骤如下。

（1）绘制基本图形，矩形尺寸 50×1 000，如图 4–30 所示。

（2）创建图块，定义图块名称为“平面门”，基点为矩形左下角点，选择图 4–30 所有的图形为块定义对象，在单击“确定”按钮之前，请选择“在块编辑器中打开”复选框，如图 4–31 所示。弹出“块编辑器”窗口，如图 4–32 所示，可以进入动态图块的创建，对图块进行编辑。

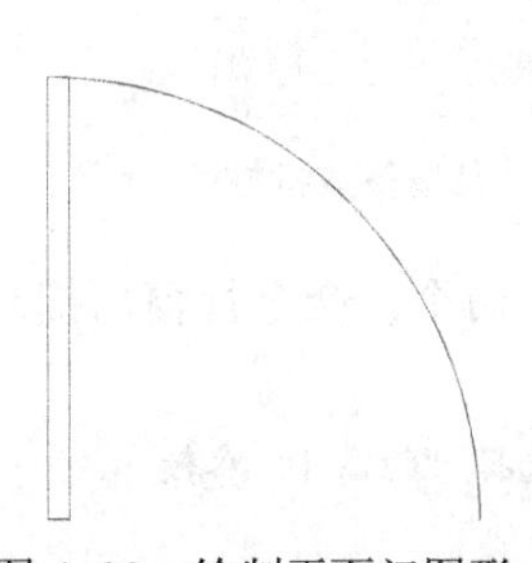

图 4–30　绘制平面门图形

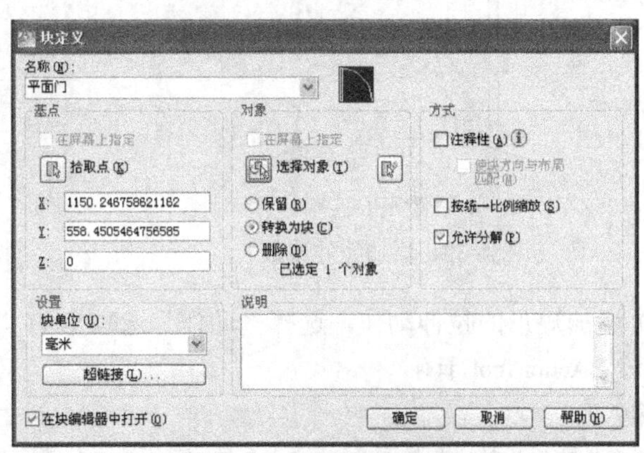

图 4–31　定义平面门图块

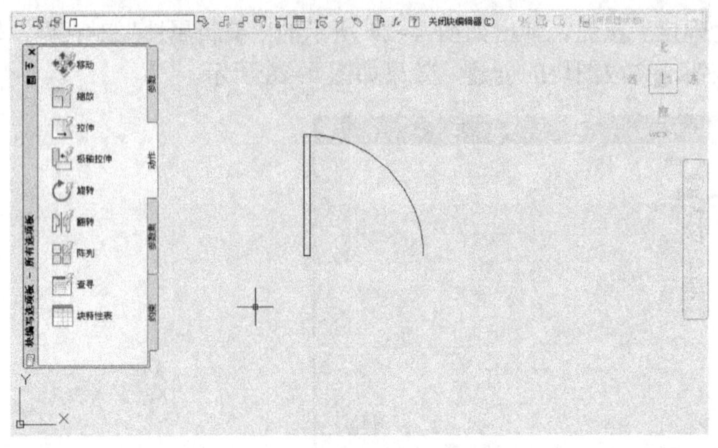

图 4–32 “块编辑器”窗口

注意：执行“B”创建块命令，在打开的“块定义”对话框中，依然按照三个步骤（文件名、基点、选择对象）进行操作，并选择“在块编辑器中打开”复选框；如果执行“W”写块命令，不能直接打开“块编辑器”，需要先执行插入块命令，将图块插入到当前图形中，然后选中块，单击工具栏中的“块编辑器”按钮或者双击该图块，弹出“编辑块定义”对话框，选择需要编辑的图块，单击确定，即可进入“块编辑器”窗口。

（3）选择“参数”选项卡的“线性”命令，命令行窗口提示如下：

命令: _BParameter 线性

指定起点或[名称(N)/标签(L)/链(C)/说明(D)/基点(B)/选项板(P)/值集(V)]: //捕捉矩形左下角点

指定端点: //捕捉圆弧的起点

指定标签位置: //指定如图 4–33 所示的标签位置

（4）选中参数标签，点击“标准”工具栏“特性”按钮或按快捷键 Ctrl+1，打开“特性选项板”，单击“夹点数”，修改为“1”，如图 4–34 所示。

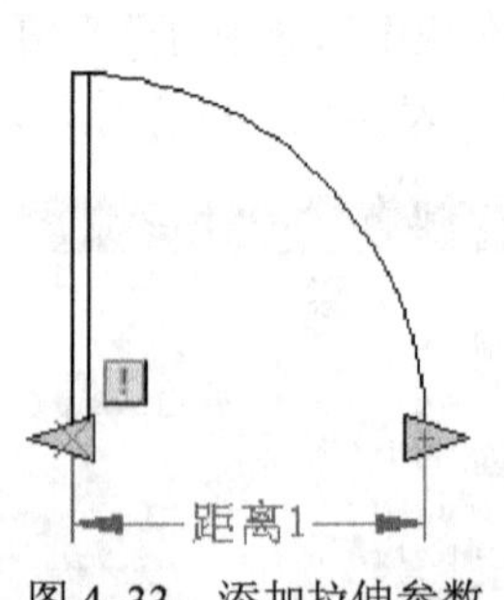

图 4–33 添加拉伸参数

几何图形	
起点 X	0
起点 Y	0
端点 X	1000
端点 Y	0
标签偏移	-234.0905
距离	1000
角度	0
值集	
距离类型	无
最小距离	0
最大距离	
其他	
基点位置	起点
显示特性	是
链动作	否
夹点数	1

图 4–34 调整参数特性

（5）添加矩形的拉伸动作，选择“动作”选项卡的“拉伸”命令，命令行窗口提示如下：

命令: _BActionTool 拉伸

选择参数: //选择“距离 1”参数

指定要与动作关联的参数点或输入[起点(T)/第二点(S)]<第二点>:

//选择“距离 1”参数的右侧夹点
指定拉伸框架的第一个角点或[圈交(CP)]:　　//如图 4–35 所示
指定对角点:　　//同上
指定要拉伸的对象
选择对象: 找到 1 个
选择对象:　　//选中如图 4–35 所示的一个矩形，创建的拉伸动作效果如图 4–36 所示

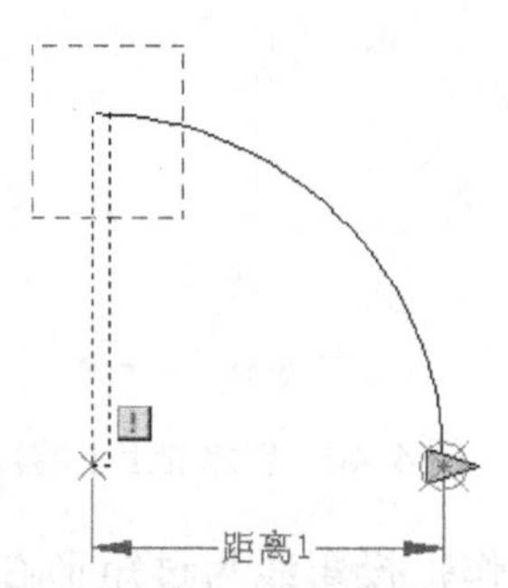

图 4–35　指定拉伸框架

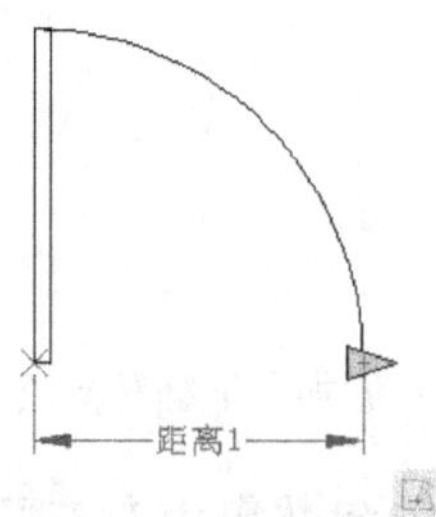

图 4–36　创建的拉伸动作效果

（6）单击拉伸图标，在“特性”对话框中修改“角度偏移”为“90”，如图 4–37 所示。
（7）添加圆弧的缩放动作，选择“动作”选项卡的“缩放”命令，命令行提示如下：
命令: _BActionTool 缩放
选择参数:　　//选择“距离 1”参数
指定动作的选择集
选择对象: 找到 1 个　　//选择圆弧，创建的拉伸动作效果如图 4–38 所示

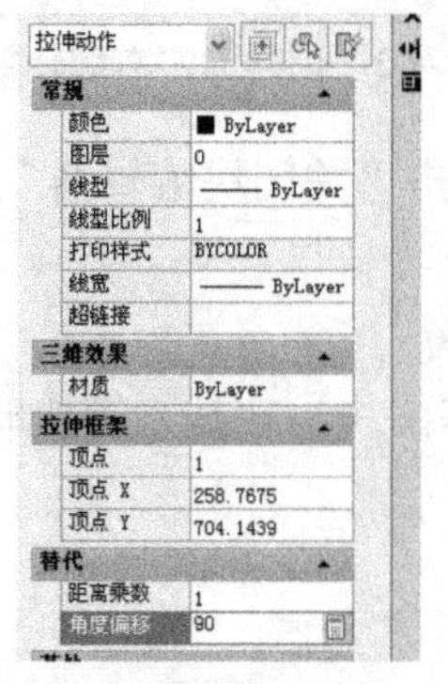

图 4–37　调整动作特性

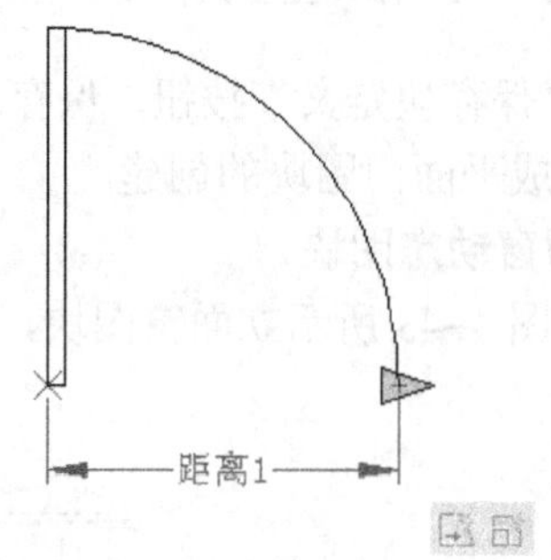

图 4–38　创建的拉伸动作效果

（8）选择“参数”选项卡的“翻转”命令，命令行窗口提示如下：
命令: _BParameter 翻转
指定投影线的基点或[名称(N)/标签(L)/说明(D)/选项板(P)]:
//捕捉矩形下边线水平线上左边一点，使用对象追踪
指定投影线的端点:　　//捕捉矩形下边线水平线上右边一点
指定标签位置:　　//指定如图 4–39 所示的标签位置
（9）选择“动作”选项卡的“翻转”命令，命令行窗口提示如下：

命令: _BActionTool 翻转

选择参数: //选择“翻转状态 1”参数

指定动作的选择集

选择对象: 指定对角点: 找到 4 个选择对象

//选择所有图形对象，创建的上下翻转动作效果如图 4–40 所示

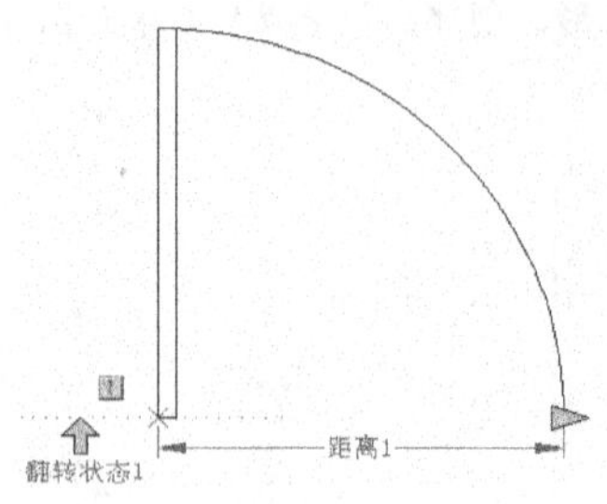

图 4–39 添加上下翻转参数

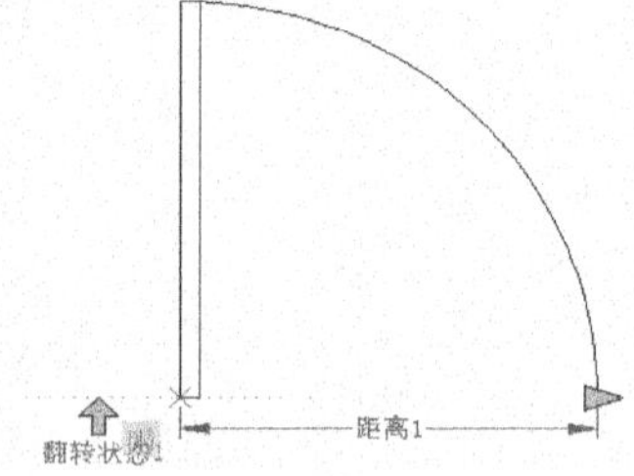

图 4–40 创建的上下翻转动作效果

（10）使用同样的参数集为左右翻转创建动作，投影线为过矩形右边线的竖直线，如图 4–41 所示，选择翻转对象，创建的左右翻转效果如图 4–42 所示。

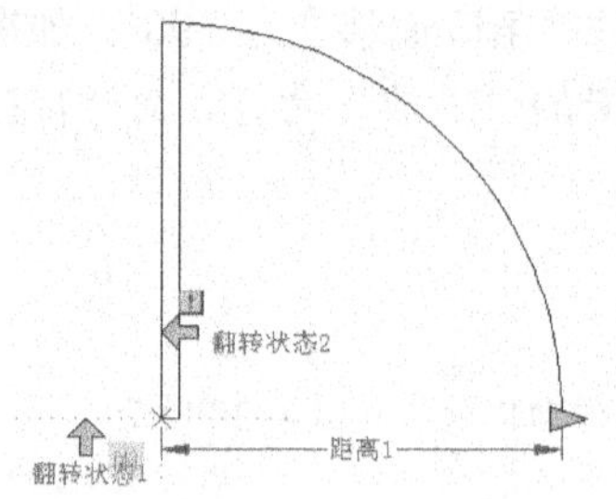

图 4–41 添加左右翻转参数

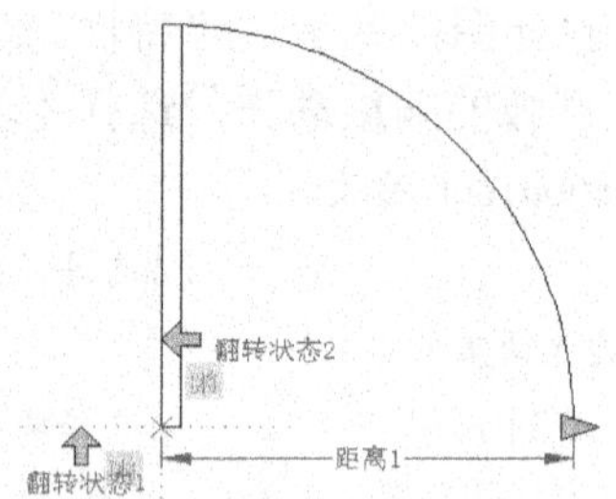

图 4–42 创建的左右翻转效果

（11）单击“保存块定义”按钮，保存动态图块，单击“关闭块编辑器”按钮关闭“块编辑器”窗口，完成平面门图块的创建。

3. 创建立面窗动态图块

本例创建如图 4–43 所示立面窗图块，该图块为动态图块，在插入图块时具有拉伸动作，可以改变窗大小。

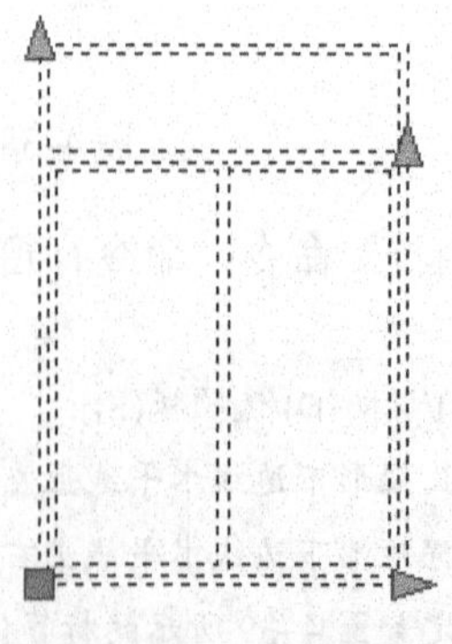

图 4–43 立面窗图块

具体操作步骤如下。

（1）绘制基本图形，具体尺寸参照图 4–44。

（2）创建图块，定义图块名称为“立面窗”，基点为窗左下角点，选择图 4–44 所示的所有的图形为块定义对象，在单击“确定”按钮之前，请选择“在块编辑器中打开”复选框，如图 4–45 所示。弹出“块编辑器”窗口，可以进入动态图块的创建，对图块进行编辑，如图 4–46 所示。

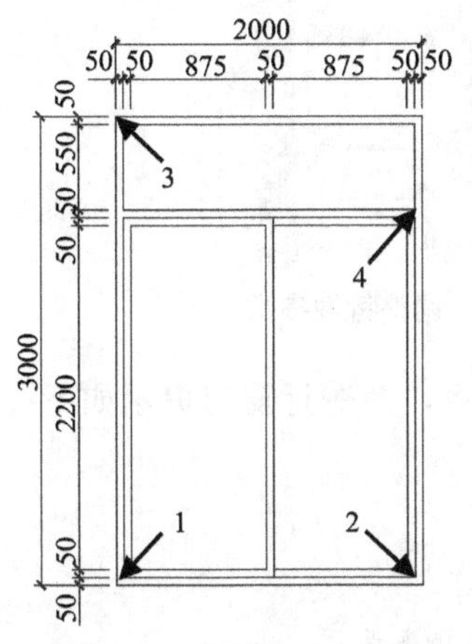

图 4–44　绘制立面窗图形

图 4–45　“块定义”对话框

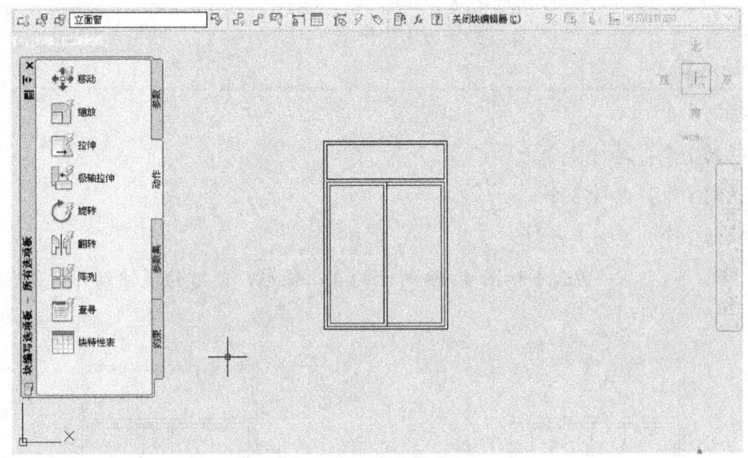

图 4–46　“块编辑器”窗口

（3）创建第一个拉伸动作——窗宽，选择“参数”选项卡的“线性”命令，命令行窗口提示如下：

命令: _BParameter 线性

指定起点或[名称(N)/标签(L)/链(C)/说明(D)/基点(B)/选项板(P)/值集(V)]:

//在窗户的水平位置捕捉 1 点

指定端点:　　　　//在窗户的水平位置捕捉 2 点

指定标签位置:　　　　//指定如图 4–47 所示的标签位置

（4）选中参数标签，单击“标准”工具栏“特性”按钮或按快捷键 Ctrl+1，打开“特性选项板”，单击“距离名称”，修改为“窗宽”，单击“夹点数”，修改为“1”，如图 4–48 所示。

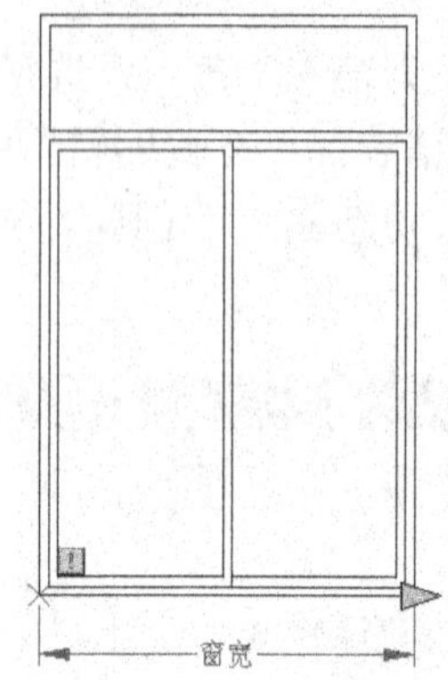

图 4–47　添加拉伸参数

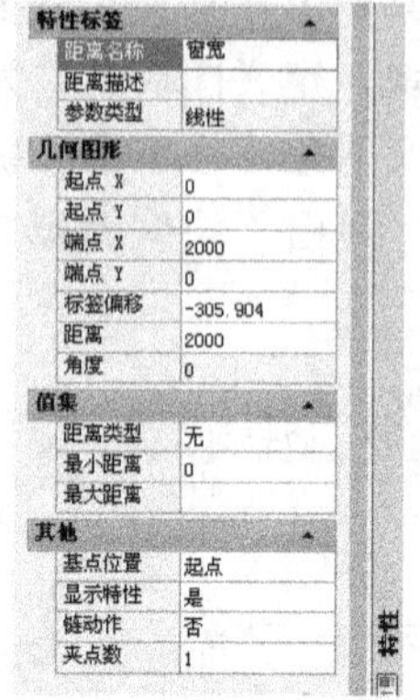

图 4–48　调整特性参数

（5）添加拉伸动作 1，选择“动作”选项卡的“拉伸”命令，命令行窗口提示如下：

命令: _BActionTool 拉伸

选择参数:　　　　　　　　　　　　　//选择“窗宽”参数

指定要与动作关联的参数点或输入[起点(T)/第二点(S)]<第二点>:

　　　　　　　　　　　　　　　　　　//选择“窗宽”参数的右侧夹点

指定拉伸框架的第一个角点或[圈交(CP)]:　//如图 4–49 所示

指定对角点:　　　　　　　　　　　　//同上

指定要拉伸的对象

选择对象: 找到 1 个

选择对象: 找到 1 个，总计 2 个

选择对象: 找到 1 个，总计 3 个

选择对象: 找到 1 个，总计 4 个

选择对象:　　　　　　//选中如图 4–49 所示的 4 个矩形，创建的拉伸动作效果如图 4–50 所示

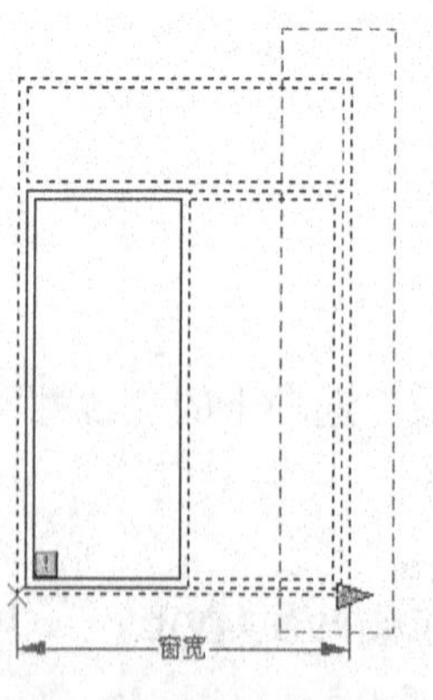

图 4–49　指定拉伸框架

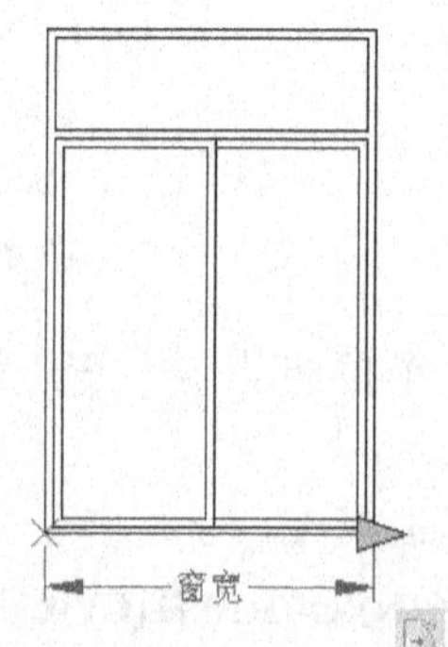

图 4–50　创建的拉伸动作效果

（6）继续添加拉伸动作 2，选择“动作”选项卡的“拉伸”命令，命令行窗口提示如下：

命令:_BActionTool 拉伸

选择参数:　　　　　　　　　　　　　　　　　　//选择“窗宽”参数
指定要与动作关联的参数点或输入[起点(T)/第二点(S)]<第二点>:
　　　　　　　　　　　　　　　　　　　　　　　//选择“窗宽”参数的右侧夹点
指定拉伸框架的第一个角点或[圈交(CP)]:　　　　//如图 4–51 所示
指定对角点:　　　　　　　　　　　　　　　　　//同上
指定要拉伸的对象
选择对象: 找到 1 个
选择对象: 找到 1 个，总计 2 个
选择对象: 找到 1 个，总计 3 个
选择对象: 找到 1 个，总计 4 个
选择对象:　　　　　　　　//选中如图 4–51 所示的 4 个矩形，创建的拉伸动作效果如图 4–52 所示

（7）单击图标，在“特性选项板”中修改“距离乘数”为“0.5”，如图 4–53 所示。

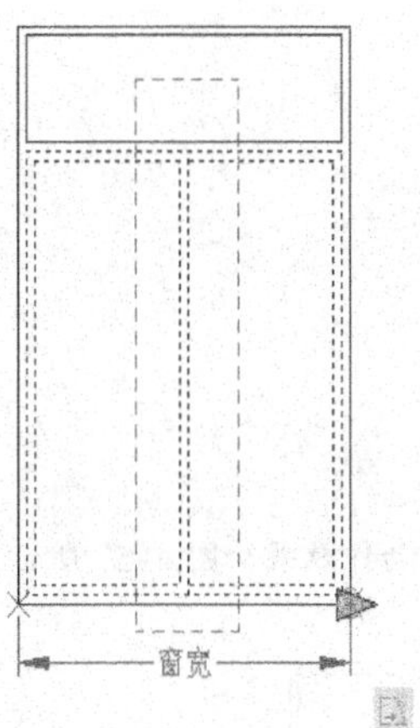

图 4–51　指定拉伸框架

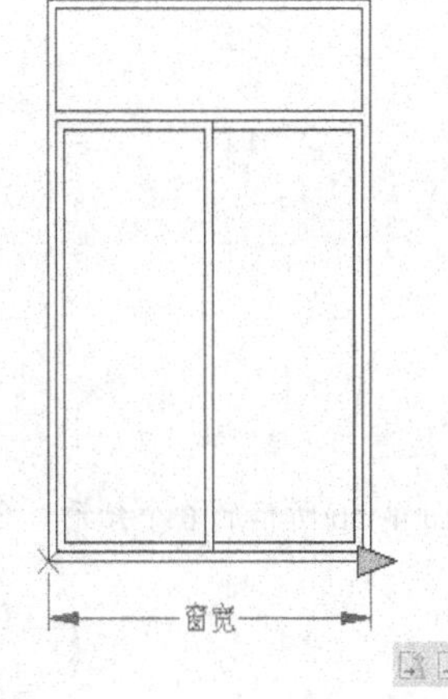

图 4–52　创建的拉伸动作效果

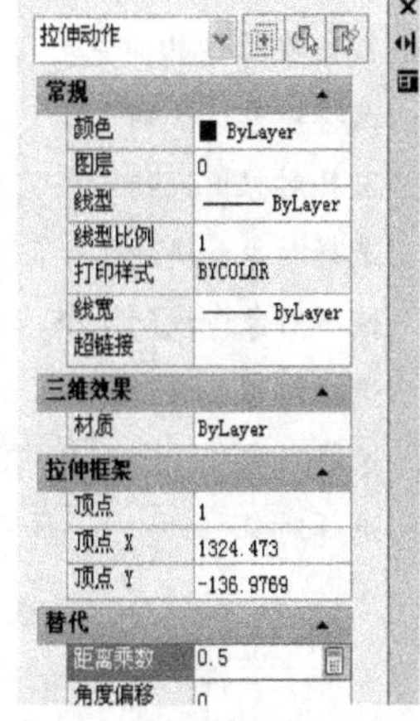

图 4–53　调整参数特性

（8）使用同样的方法创建第二个拉伸动作——窗高，选择“参数”选项卡的“线性”命令，命令行窗口提示如下：

命令: _BParameter 线性
指定起点或[名称(N)/标签(L)/链(C)/说明(D)/基点(B)/选项板(P)/值集(V)]:
　　　　　　　　　　　　　　　　　　　　　　　　　　　//在窗户的垂直位置捕捉 1 点
指定端点:　　　　　　　　//在窗户的垂直位置捕捉 3 点
指定标签位置:　　　　　　//指定如图 4–54 所示的标签位置

（9）选中参数标签，单击“标准”工具栏“特性”按钮或按快捷键 Ctrl+1，打开“特性选项板”，单击“距离名称”修改为“窗高”，单击“夹点数”，修改为“1”，如图 4–55 所示。

（10）添加拉伸动作，选择“动作”选项卡的“拉伸”命令，命令行窗口提示如下：

命令: _BActionTool 拉伸
选择参数:　　　　　　　　　　　　　　　　　　　　　　//选择“窗高”参数
指定要与动作关联的参数点或输入[起点(T)/第二点(S)]<第二点>:　　//选择“窗高”参数的上侧夹点

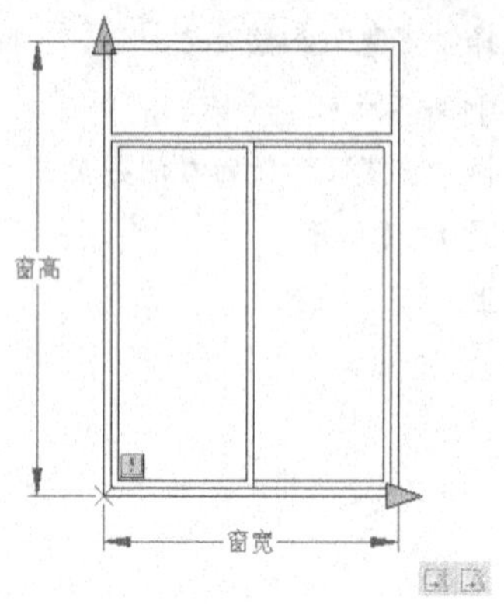

图 4–54　添加拉伸参数

图 4–55　调整参数特性

指定拉伸框架的第一个角点或[圈交(CP)]:　　　　　　//如图 4–56 所示
指定对角点:　　　　　　//同上
指定要拉伸的对象
选择对象: 找到 1 个
选择对象: 找到 1 个，总计 2 个
选择对象: 找到 1 个，总计 3 个
选择对象: 找到 1 个，总计 4 个
选择对象: 找到 1 个，总计 5 个
选择对象: 找到 1 个，总计 6 个
选择对象:　　　　　　//选中如图 4–56 所示的 6 个矩形，创建的拉伸动作效果如图 4–57 所示

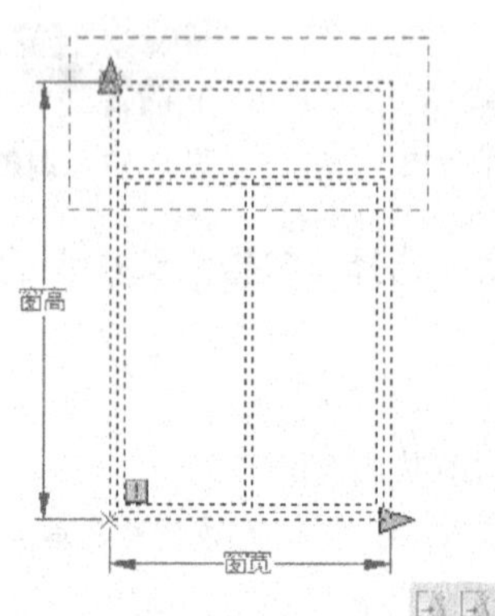

图 4–56　指定拉伸框架

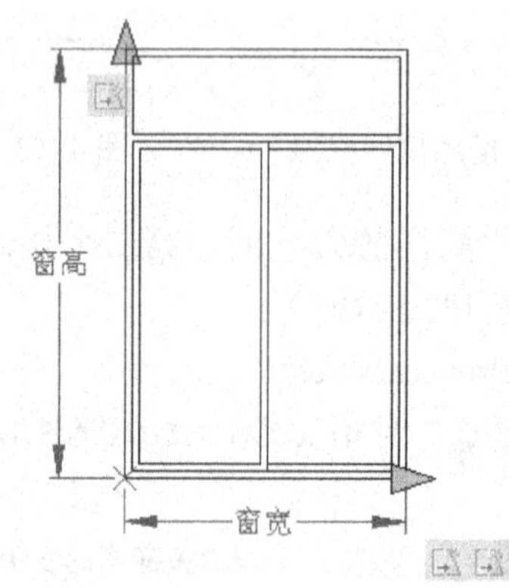

图 4–57　创建的拉伸动作效果

（11）使用同样的方法创建第三个拉伸动作——窗扇高，选择“参数”选项卡的“线性”命令，命令行窗口提示如下：

命令: _BParameter 线性
指定起点或[名称(N)/标签(L)/链(C)/说明(D)/基点(B)/选项板(P)/值集(V)]:
//在窗户的垂直位置捕捉 2 点
指定端点:　　　　　　//在窗户的垂直位置捕捉 4 点
指定标签位置:　　　　　　//指定如图 4–58 所示的标签位置

（12）选中参数标签，单击“标准”工具栏“特性”按钮或按 Ctrl+1 快捷键，打开“特性选项板”，单击“距离名称”，修改为“窗扇高”，单击“夹点数”，修改为“1”，如图 4–59 所示。

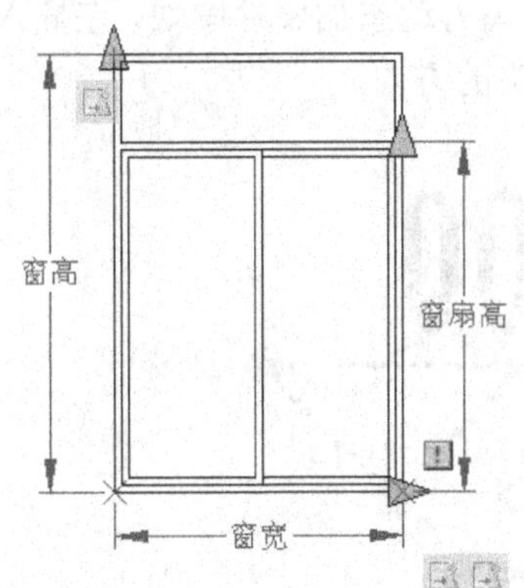

图 4–58　添加拉伸参数

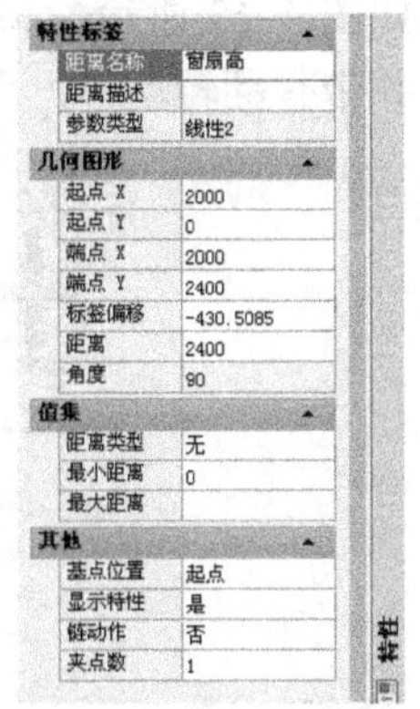

图 4–59　调整特性参数

（13）添加拉伸动作，选择“动作”选项卡的“拉伸”命令，命令行窗口提示如下：

命令: _BActionTool 拉伸

选择参数:　　//选择“窗扇高”参数

指定要与动作关联的参数点或输入[起点(T)/第二点(S)]<第二点>:　　//选择“窗扇高”参数的上侧夹点

指定拉伸框架的第一个角点或[圈交(CP)]:　　//如图 4–60 所示

指定对角点:　　//同上

指定要拉伸的对象

选择对象: 找到 1 个

选择对象: 找到 1 个，总计 2 个

选择对象: 找到 1 个，总计 3 个

选择对象: 找到 1 个，总计 4 个

选择对象: 找到 1 个，总计 5 个

选择对象:　　//选中如图 4–60 所示的 5 个矩形，创建的拉伸动作效果如图 4–61 所示

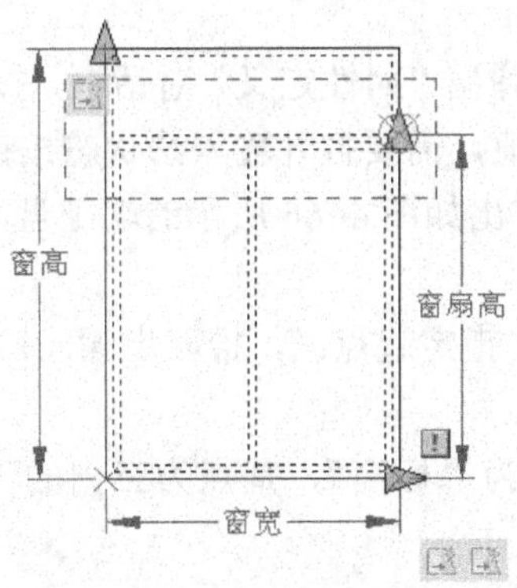

图 4–60　指定拉伸框架

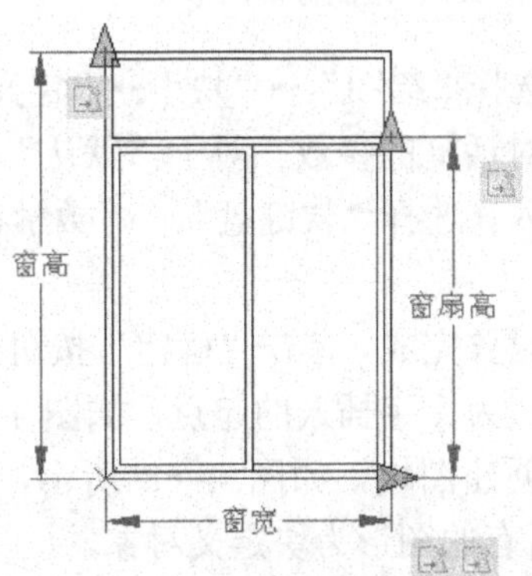

图 4–61　创建的拉伸动作效果

（14）单击“保存块定义”按钮，保存动态块，单击“关闭编辑器”按钮关闭“块编辑器”窗口，完成立面窗图块的创建。

4. 创建标高属性动态图块

本例创建如图 4–62 所示标高图块，该标高图块为动态加属性图块，在插入图块时可输入具体标高值，并带有翻转动作，可以改变标高箭头的方向。

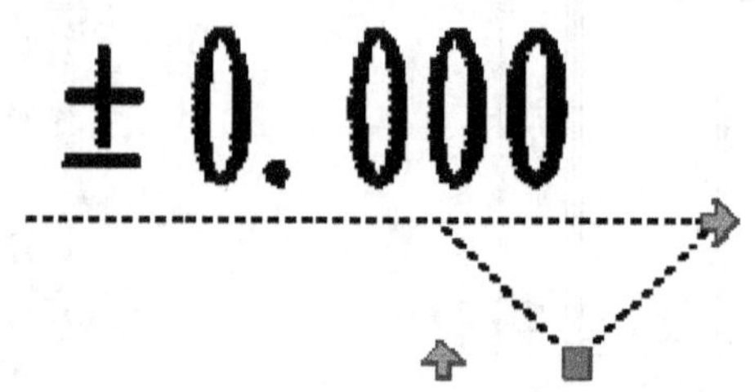

图 4–62　标高图块

具体操作步骤如下。

（1）使用多段线命令绘制标高符号，等腰直角三角形的底边为 600 mm，高为 300 mm，效果如图 4–63 所示。

（2）选择“格式”→“文字样式”命令，弹出“文字样式”对话框，单击“新建”按钮，创建“A350”文字样式，设置字体、高度和宽度因子，如图 4–64 所示。

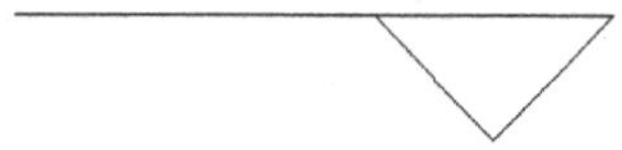

图 4–63　绘制标高图形

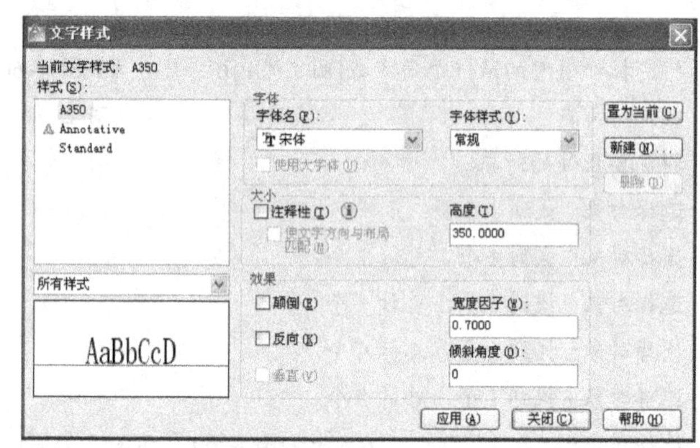

图 4–64　“文字样式”对话框

（3）选择“绘图”→“块”→“定义属性”命令，弹出“属性定义”对话框，按如图 4–65 所示设置对话框的参数。对于“默认”文本框中的数值，需要打开输入法状态按钮组的软键盘进行输入。选择“软键盘”→“数学符号”命令，弹出如图 4–66 所示的软键盘，单击正负号键±。

（4）设置完成，单击“确定”按钮，命令行提示“指定起点:”，拾取步骤（1）绘制的多段线的起点为文字插入的起点，如图 4–67 所示。

（5）创建图块，如图 4–68 所示，定义图块名称为“标高”，基点为三角的下点，选择图 4–67 所有的图形为块定义对象。

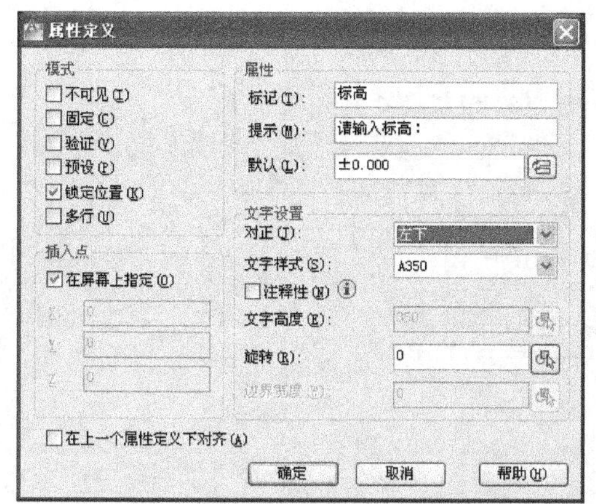

图 4–65 “属性定义”对话框

图 4–66 软键盘

图 4–67 创建属性

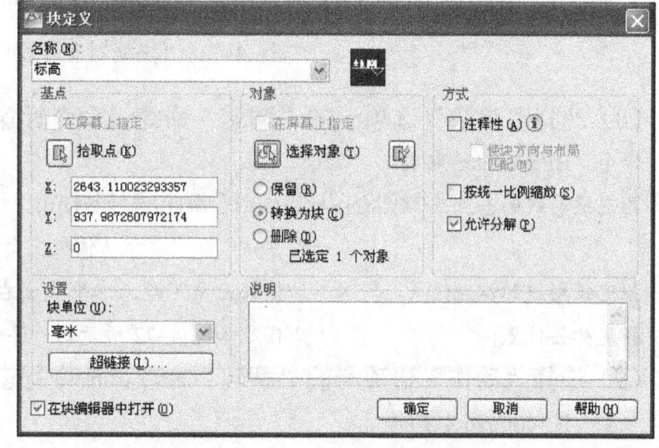

图 4–68 “块定义”对话框

（6）单击“确定”按钮，弹出如图 4–69 所示的“编辑属性”对话框，输入标高“±0.000”，单击“确定”按钮，完成图块的创建，效果如图 4–70 所示。

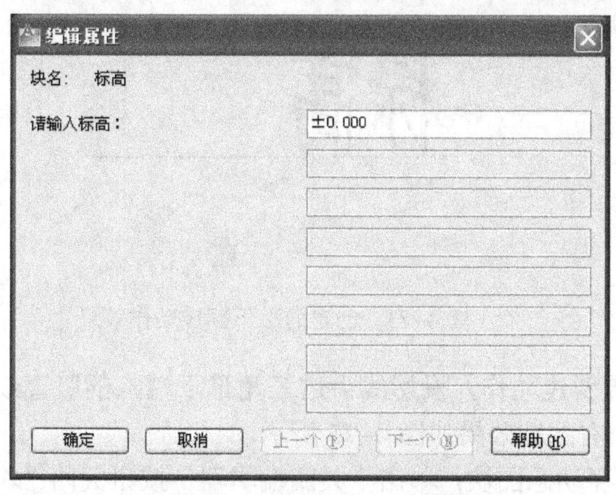

图 4–69 “编辑属性”对话框

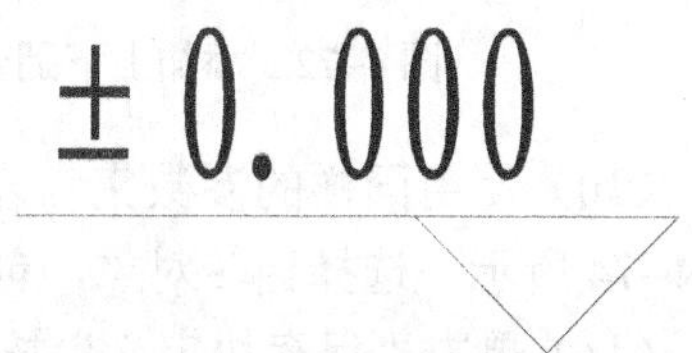

图 4–70 编辑完成效果

（7）右击图块，在快捷菜单中选择“块编辑器”命令，弹出“块编辑器”窗口，如图 4–71

所示，对图块进行编辑。

图 4–71 “块编辑器”窗口

（8）选择“参数”选项卡的“翻转”命令，命令行窗口提示如下：

命令: _BParameter 翻转

指定投影线的基点或[名称(N)/标签(L)/说明(D)/选项板(P)]:

//捕捉三角下端点水平线上左边一点，使用对象追踪

指定投影线的端点: //捕捉三角下端点水平线上右边一点

指定标签位置: //指定如图 4–72 所示的标签位置

（9）选择“动作”选项卡的“翻转”命令，命令行窗口提示如下：

命令: _BActionTool 翻转

选择参数: //选择“翻转状态 1”参数

指定动作的选择集

选择对象: 指定对角点: 找到 4 个选择对象

//选择所有图形对象，包括属性文字，创建的上下翻转动作效果如图 4–73 所示

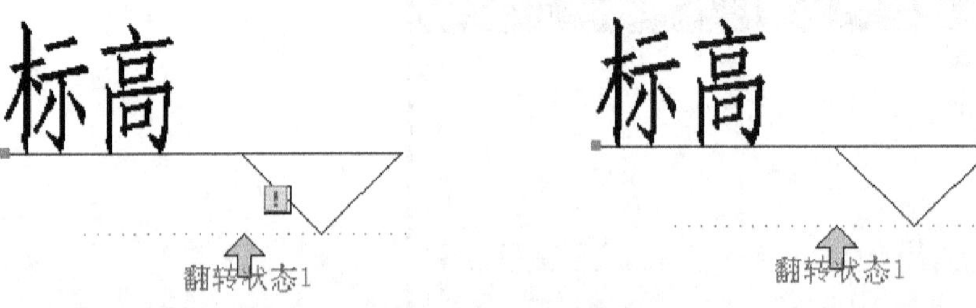

图 4–72 添加上下翻转参数　　　　图 4–73 创建的上下翻转动作效果

（10）使用同样的参数集为左右翻转创建动作，投影线为过三角形下端点的竖直线，如图 4–74 所示，选择翻转对象，创建的左右翻转效果如图 4–75 所示。

（11）单击“保存块定义”按钮，保存动态图块，单击“关闭编辑器”按钮关闭“块编辑器”窗口，完成标高图块的创建。

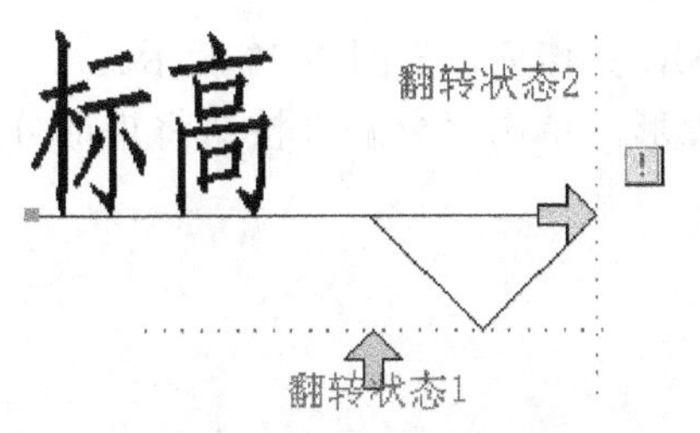

图 4–74　添加左右翻转参数

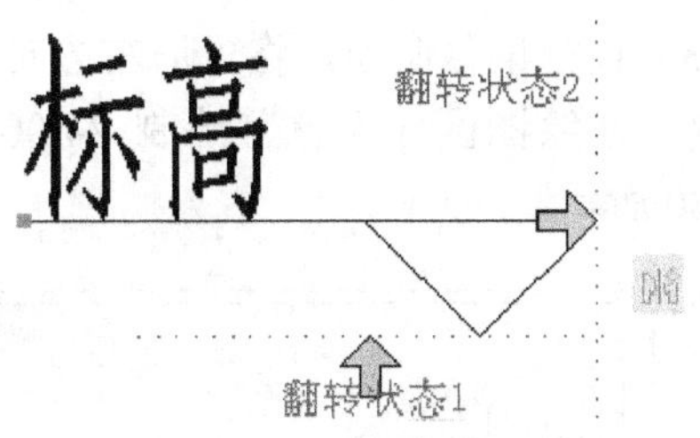

图 4–75　创建左右翻转效果

5. 创建 A2 图幅和图框属性图块

创建如图 4–76 所示的 A2 图幅和图框。

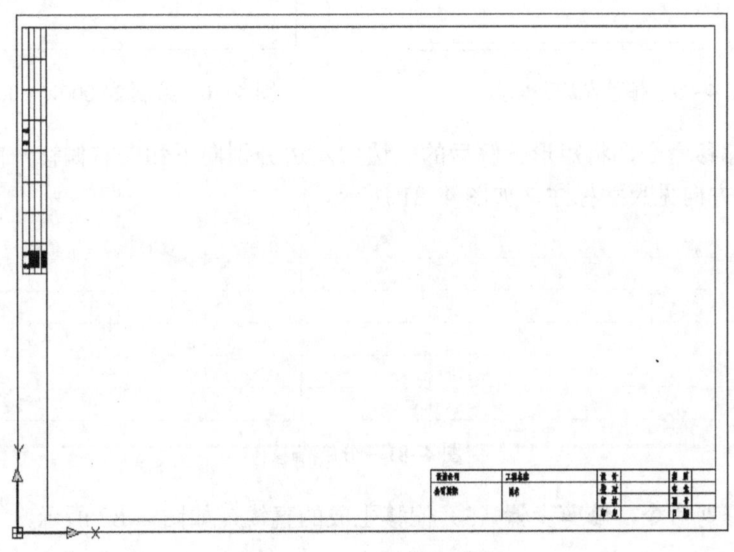
图 4–76　A2 图幅和图框

具体操作步骤如下。

（1）执行矩形命令，绘制 59 400×42 000 的矩形，单击“分解”按钮，将矩形分解，如图 4–77 所示。

（2）执行偏移命令，将矩形的上、下、右边向内偏移 1 000，如图 4–78 所示。

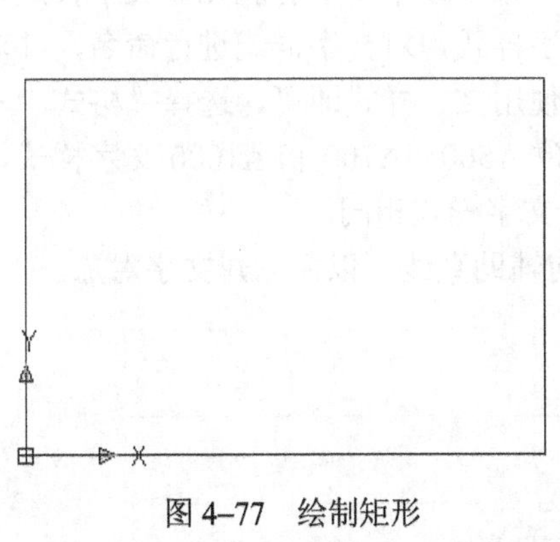
图 4–77　绘制矩形

图 4–78　偏移上、下、右边

（3）执行偏移命令，将矩形左边向右偏移 2 500，并修剪，如图 4–79 所示。

（4）在绘图区任意位置绘制 24 000×4 000 矩形，单击“分解”按钮将矩形分解，如图 4–80 所示。

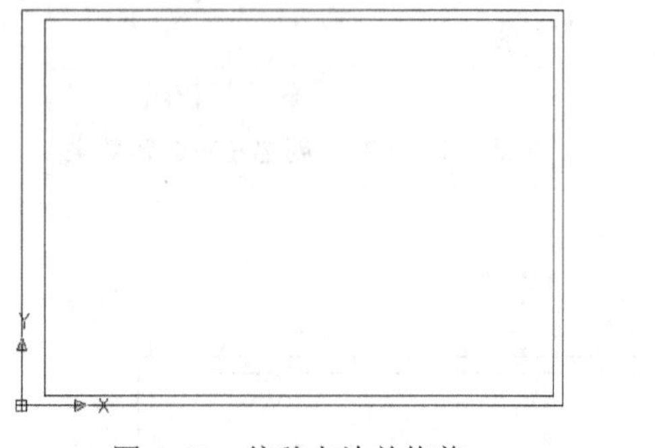

图 4–79　偏移左边并修剪

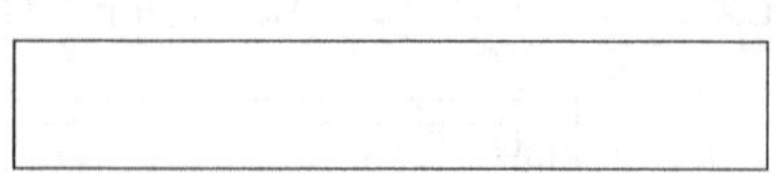

图 4–80　绘制 24 000×4 000 矩形

（5）使用偏移命令，将矩形分解后的上边和左边分别向下和向右偏移，向下偏移的距离为 1 000，水平方向见尺寸标注，如图 4–81 所示。

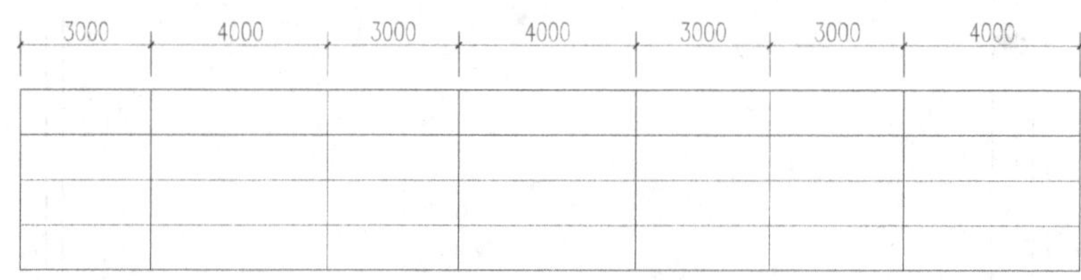

图 4–81　分解偏移

（6）执行修剪命令，修剪步骤（5）偏移生成的直线，如图 4–82 所示。

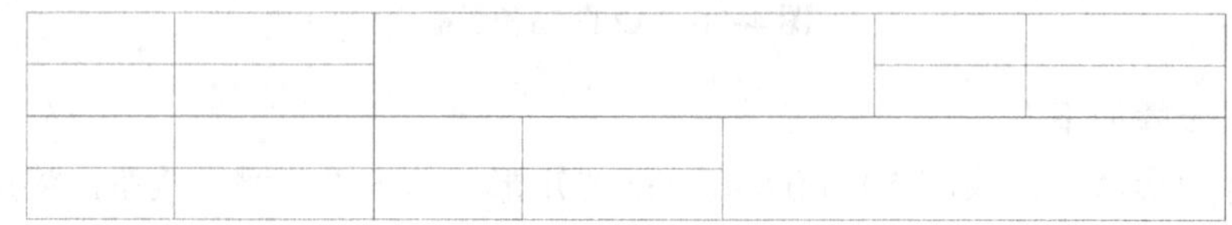

图 4–82　修剪偏移线

（7）建筑制图中对于文字是有严格规定的，在一幅图纸中一般也就几种文字样式，为了使用方便，制图人员通常预先创建可能会用到的文字样式，对文字样式进行命名，并对每种文字样式设置参数，制图人员在制图的时候，直接使用文字样式即可。选择“格式”→“文字样式”命令，弹出“文字样式”对话框，分别创建 A500、A700 和 A1000 文字样式，其文字高度分别为 500、700、1 000，其他参数与 A350 文字样式相同。

（8）使用直线命令，绘制如图 4–83 所示的斜向辅助直线，以便创建文字对象。

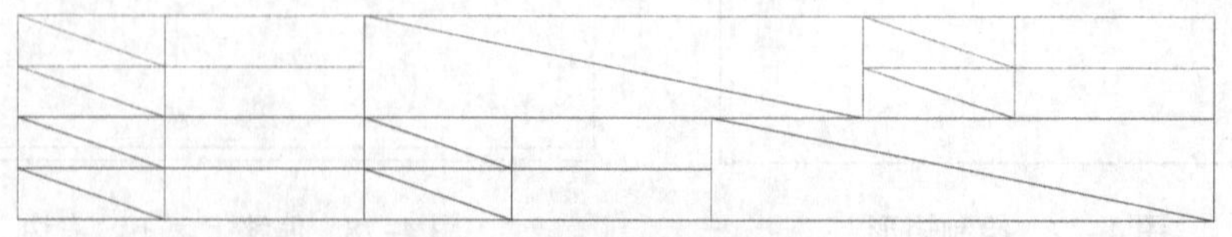

图 4–83　创建斜向辅助直线

（9）选择“绘图”→“文字”→“单行文字”命令，命令行窗口提示如下：

命令: _text

当前文字样式: “A500”　文字高度: 500.0000　注释性: 否

指定文字的起点或[对正(J)/样式(S)]: j　//输入 j，指定对正样式

输入选项[对齐(A)/布满(F)/居中(C)/中间(M)/右对齐(R)/左上(TL)/中上(TC)/右上(TR)/左中(ML)/正中(MC)/右中(MR)/左下(BL)/中下(BC)/右下(BR)]:mc

//输入 mc，表示正中对正

指定文字的中间点:　//捕捉所在单元格的斜向辅助直线的中点

指定文字的旋转角度<0>:　//按 Enter 键，弹出单行文字动态输入框

（10）在单行文字动态输入框中输入文字，“设”和“计”中间插入两个空格，使用同样的方法，捕捉步骤（9）的斜向辅助直线的中点为文字对正点，输入其他文字，如图 4–84 所示。

制　图				图　别	
设　计				阶　段	
审　核		比　例			
批　发		时　间			

图 4–84　创建标题栏文字

（11）执行移动命令，选择图 4–84 所示标题栏的全部图形和文字，指定基点为标题栏的右下角点，插入点为图框的右下角点，移动标题栏到图框中的效果如图 4–85 所示。

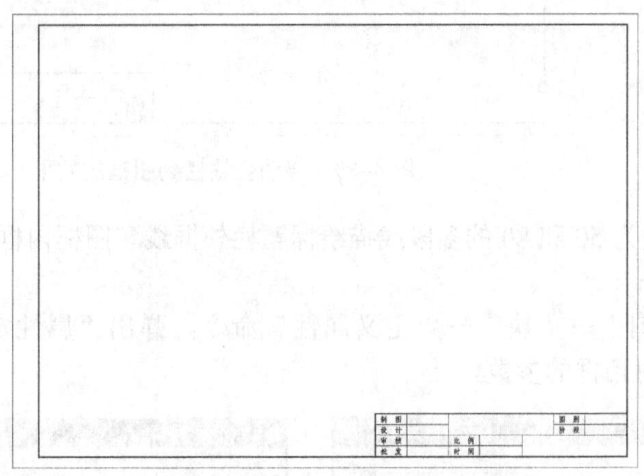

图 4–85　移动标题栏到图框中的效果

（12）执行矩形命令绘制 15 000×1 500 的矩形，并将矩形分解。

（13）将分解后的矩形的上边依次向下偏移 500，左边依次向右偏移 2 500，如图 4–86 所示。

图 4–86　创建会签栏图形

（14）采用步骤（8）的方法，绘制斜向辅助直线。

（15）执行“单行文字”命令，输入单行文字，对正方式为 mc，文字样式为 A350，文字的插入点为斜向辅助直线的中点，其中“专业”“姓名”“日期”文字中间为两个空格，如图 4–87 所示。

专 业	姓 名	日 期	专 业	姓 名	日 期

图 4–87　创建会签栏文字

（16）执行旋转、移动命令，移动对象为图 4–88 所示会签栏，基点为会签栏的右上角点，插入点为图框的左上角点，移动会签栏到图框的效果如图 4–89 所示。

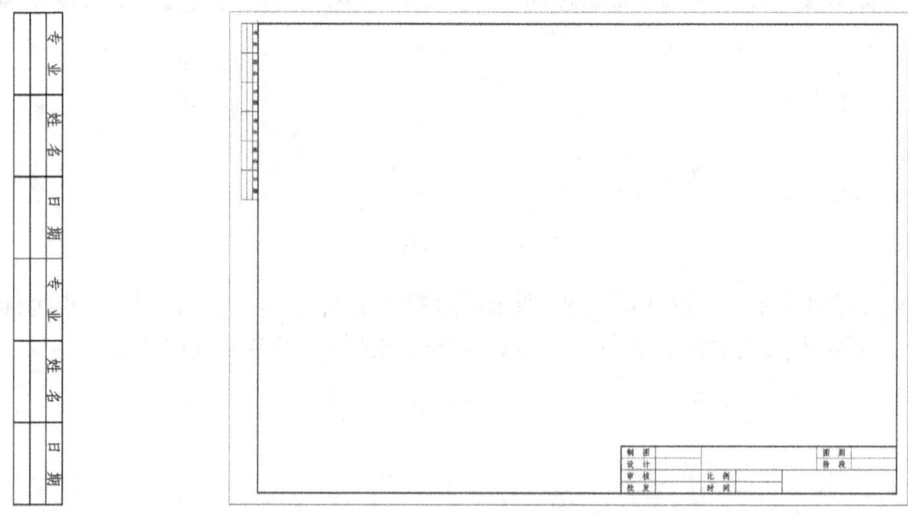

图 4–88　旋转会签栏　　　　图 4–89　移动会签栏到图框的效果

（17）分别用宽度为 50 和 80 的多段线描绘标题栏外框线和图框内框线，以表现出不同的线宽。

（18）选择“绘图”→“块”→“定义属性”命令，弹出“属性定义”对话框，按如图 4–90 所示，设置对话框的参数。

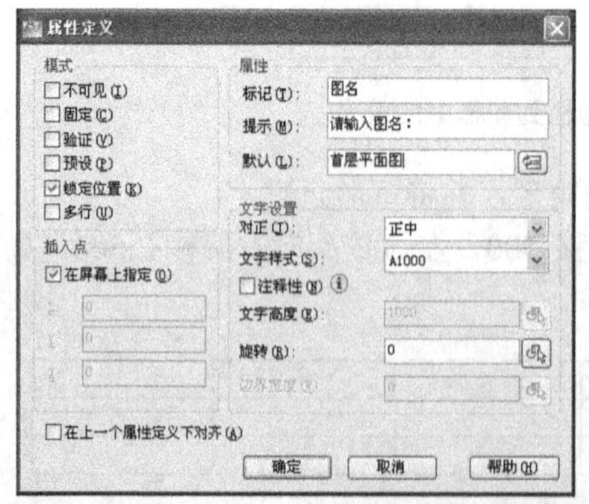

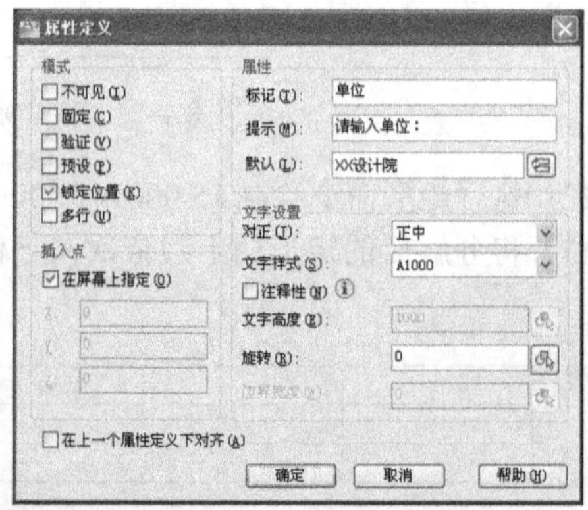

图 4–90　设置“属性定义”对话框

（19）设置完成，单击“确定”按钮，命令行窗口提示“指定起点:”，拾取步骤（8）绘制的斜向辅助直线的中点，如图 4–91 所示。

（20）创建图块，如图 4–92 所示，定义图块名称为“A2 图框”，基点为右下端点，选择图 4–91 所有的图形为定义对象。

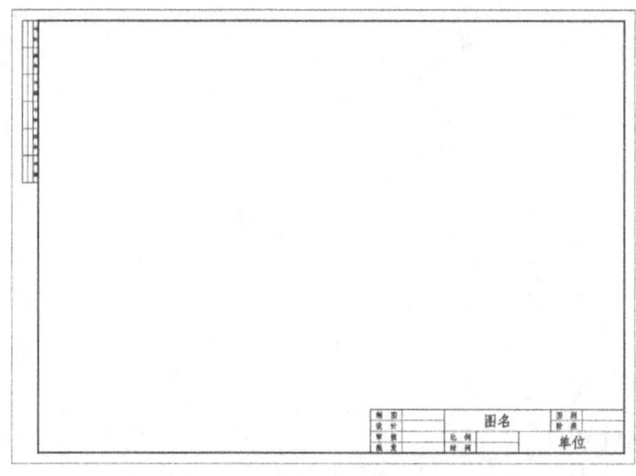

图 4–91　创建属性图

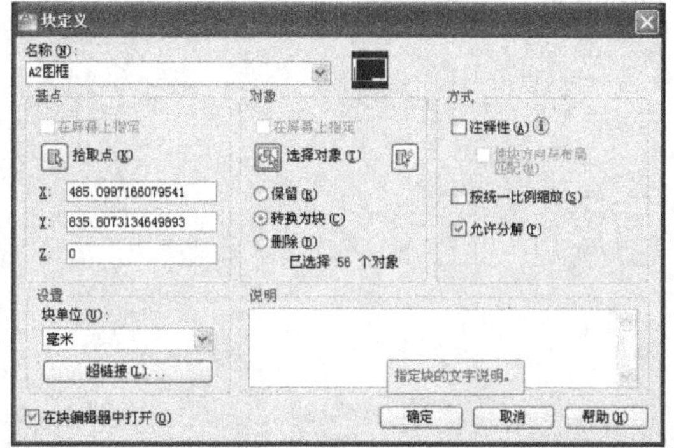

图 4–92　“块定义”对话框

（21）单击“确定”按钮，弹出如图 4–93 所示的“编辑属性”对话框，分别输入属性“首层平面图”和“××设计院”，单击“确定”按钮，完成图块的创建，如图 4–94 所示。

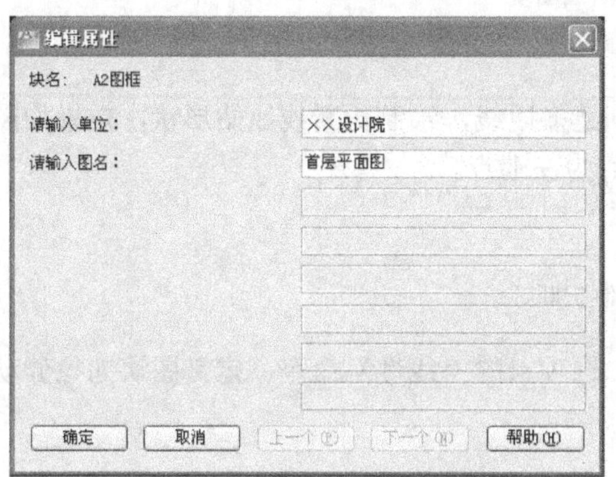

图 4–93　“编辑属性”对话框

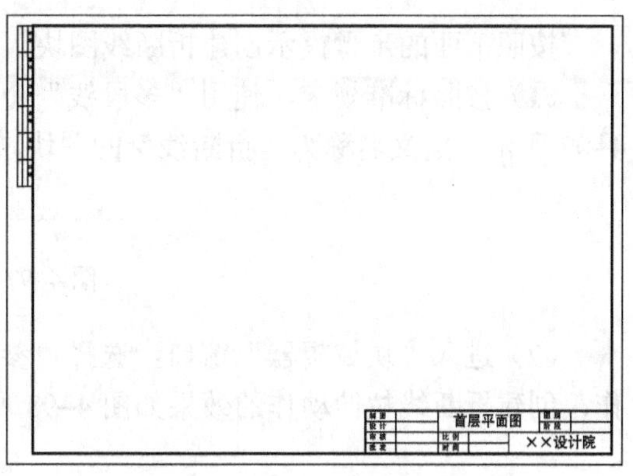

图 4–94　编辑完成属性效果

4.4　本 章 小 结

本章在能够熟练使用前面讲述的各种基本绘图和编辑命令的前提下，介绍了建筑设计的相关知识、建筑规范中的相关约定，以及在 AutoCAD 中非常重要的图块运用技术，着重介绍了常用建筑图库的图形绘制方法。

4.5 上机操作习题

【习题 1】根据建筑制图规范，绘制如图 4–95 所示的指北针图块，将指北针保存为图块“指北针”，基点为圆心。

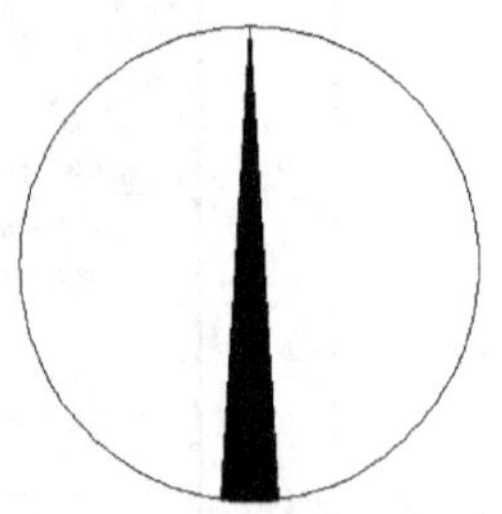

图 4–95 指北针图块

【习题 2】绘制如图 4–96 所示的折断线图块。

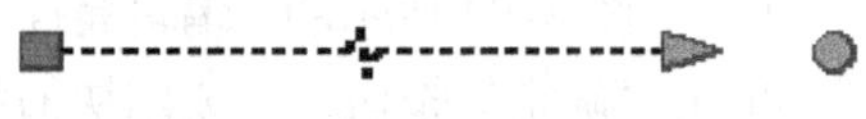

图 4–96 折断线图块

按照下面的步骤提示创建折断线图块。

（1）按照标准规定，使用“多段线”命令创建多段线，绘制折断线原始形状，效果如图 4–97 所示，定义名称为“折断线”的图块，基点为左端点。

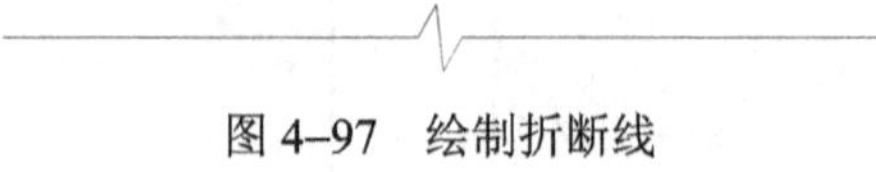

图 4–97 绘制折断线

（2）进入“块编辑器”窗口，选择“参数”选项卡的“线性”命令，定义图块的拉伸动作，创建折断线拉伸动作的效果如图 4–98 所示。

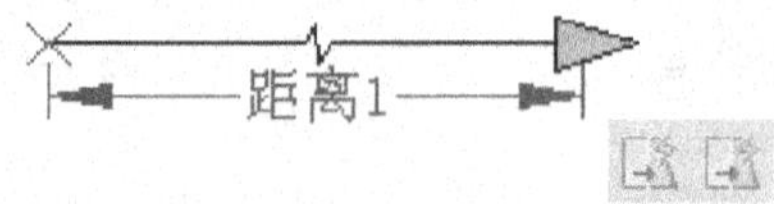

图 4–98 创建折断线拉伸动作的效果

（3）选择“参数”选项板的“旋转”命令，设置旋转动作，创建折断线旋转动作的效果如图 4–99 所示。

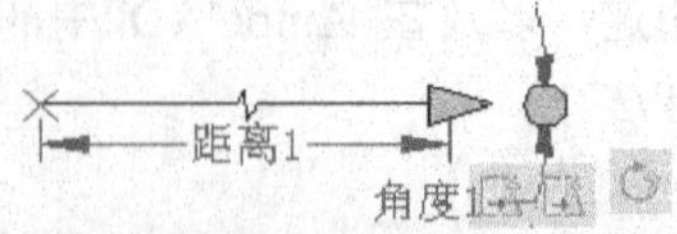

图 4–99 创建折断线旋转动作的效果

第5章
文字、表格与尺寸标注

内容导读

◎ **文字录入**：介绍建筑制图中文字样式设置及文字输入、编辑方法。

◎ **表格制作**：介绍建筑制图中表格样式设置及表格制作、编辑方法。

◎ **尺寸标注**：介绍建筑制图中尺寸标注的规则及组成、类型及尺寸标注方法。

5.1 文字录入与编辑

5.1.1 创建文字样式命令

1. 创建文字样式命令的调用

（1）“格式”菜单→“文字样式”命令。

（2）在命令行窗口输入“Style”或“ST”命令。

打开“文字样式”对话框，单击“新建”按钮，新建“文字样式 1”文字样式，如图 5–1 所示。

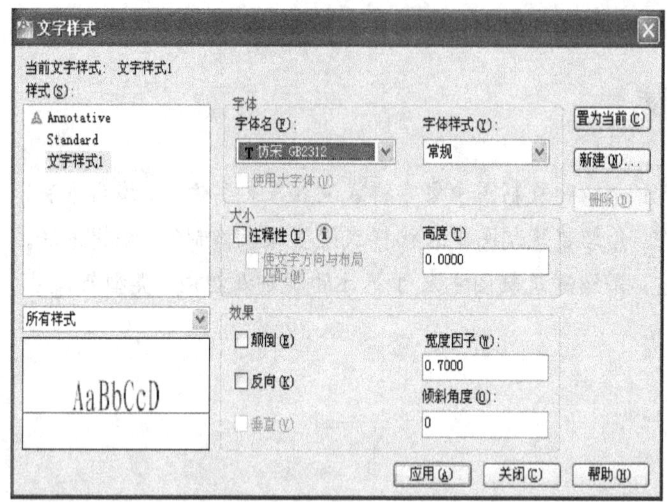

图 5–1 “文字样式”对话框

2.“文字样式”对话框的设置

（1）“字体”选项组：“字体名”选择“仿宋_GB2312”；“字体样式”选择“常规”。

（2）“大小”选项组：“高度”可设为默认值 0，添加文字时再根据需要设置文字高度。

（3）“效果”选项组：“宽度因子”为 0.7；“倾斜角度”为“0”。

（4）单击“应用”和“置为当前”按钮，“文字样式 1”就成为当前样式。

5.1.2 单行文字输入命令

1. 单行文字输入命令的调用

（1）“绘图”菜单→“文字”→“单行文字”命令。

（2）在命令行窗口输入“Text”命令。

命令行窗口提示如下：

命令: _text

当前文字样式: “文字样式 1”　文字高度: 2.5000 注释性: 否

指定文字的起点或[对正(J)/样式(S)]:　　　　//把光标移动到屏幕的指定位置

指定高度<2.5000>:　　　　　　　　　　　　　　//输入字高

指定文字的旋转角度<0>:　　　　　　　　　　　　//输入旋转角度

输入文本:　　　　　　　　　　　　　　　　　　//转换汉字输入法，输入文字

2. 单行文字输入命令的选项说明

（1）对正（J）：在命令行窗口输入“J”，出现“输入选项［对齐（A）/布满（F）/居中（C）/中间（M）/右对齐（R）/左上（TL）/中上（TC）/右上（TR）/左中（ML）/正中（MC）/右中（MR）/左下（BL）/中下（BC）/右下（BR）]:”，部分主要选项的含义为：

- 左上（TL）：左线与顶线的交点。
- 中上（TC）：中线与顶线的交点。
- 右上（TR）：右线与顶线的交点。
- 左中（ML）：左线与中线的交点。
- 正中（MC）：中线与中线的交点。
- 右中（MR）：右线与中线的交点。
- 左下（BL）：左线与底线的交点。
- 中下（BC）：中线与底线的交点。
- 右下（BR）：右线与底线的交点。

（2）样式（S）：在命令行窗口输入“S”，输入单行文字输入命令所采用的文字样式名。

5.1.3　多行文字输入命令

1. 多行文字输入命令的调用

（1）“绘图”菜单→“多行文字”命令。

（2）“绘图”工具栏→“多行文字”按钮。

（3）在命令行窗口输入“Mtext”或“T”命令。

命令行窗口提示如下：

命令: _mtext

当前文字样式:“文字样式 1”文字高度: 2.5　注释性: 否

指定第一个角点:　　　　　　　　　　　　　　　　//确定文字框的第一个角点位置

指定对角点或[高度(H)/对正(J)/行距(L)/旋转(R)/样式(S)/宽度(W)/栏(C)]:

//确定文字框的第二个角点位置

2. 多行文字输入命令的选项说明

（1）高度（H）：设置文字框的高度。

（2）对正（J）：确定文字对齐方式，与单行文字类似。

（3）行距（L）：为多行文字制定行与行之间的间距。

（4）旋转（R）：确定文字倾斜角度。

（5）样式（S）：确定多行文字采用的字体样式。

（6）宽度（W）：确定文字框的宽度。

（7）栏（C）：指定多行文字对象的栏设置。

3. 多行文字编辑器的使用说明

当确定了文字框的第二个角点位置后，弹出多行文字编辑器，用户可以在多行文字编辑

器中输入需要输入的文字，如图 5–2 所示。

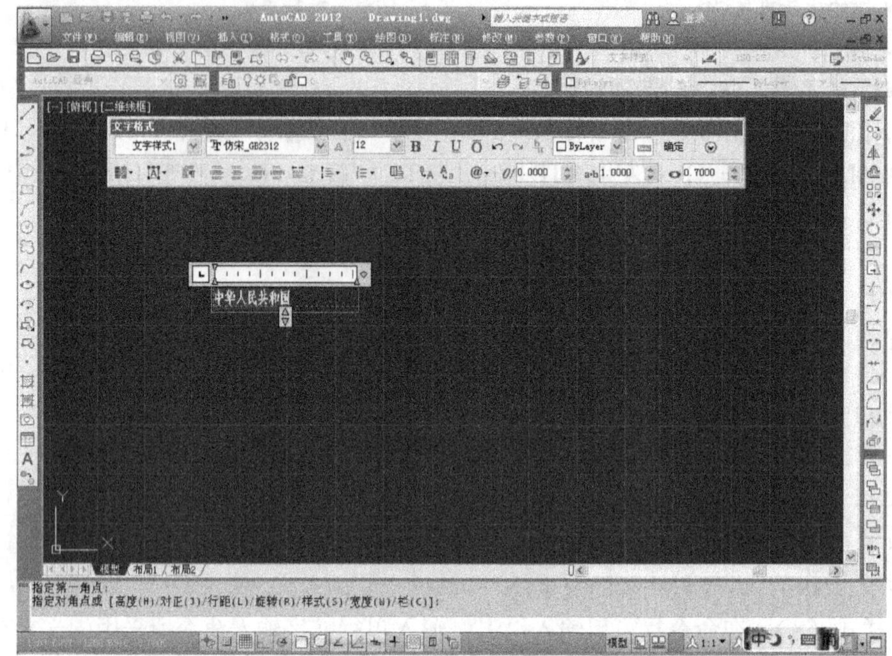

图 5–2　多行文字编辑器

同时在窗口中生成相应的“文字格式”工具栏，在工具栏中可以选择文字样式、字体、字高，利用相应的按钮设置字形、颜色、对齐方式、倾斜角度等，完成一般文字编辑中的常用操作。

5.1.4　特殊符号输入

1. 键盘输入控制码输入特殊符号

在建筑制图中，常会需要输入一些特殊字符，比如直径符号“ø”、度数“°”、地面相对标高“±”等，这些符号不能直接从键盘输入，故 AutoCAD 提供了一些控制码，通过键盘输入控制码可以输入特殊符号。

AutoCAD 提供的控制码及对应的特殊符号如表 5–1 所示。控制码均由两个百分号“%%”加一个字母组成。输入控制码后，就可以显示出它们所代表的特殊符号。

表 5–1　控制码及对应的特殊符号

输入符号	显示效果	符号含义
%%C	ø	表示直径
%%D	°	表示角度
%%P	±	表示正负号
%%%	%	表示百分比
%%O	‾	表示上划线
%%U	_	表示下划线

2. 多行文字编辑器输入特殊符号

执行“Mtext”多行文字输入命令，打开多行文字编辑器，单击“文字格式”工具栏中的“符号”按钮，弹出常用特殊符号菜单，用户可以根据需要选择要输入的特殊符号，如图 5–3 所示。

图 5–3 多行文字输入时常用特殊符号菜单

5.1.5 文字编辑

1. 文字编辑命令的调用

（1）双击要修改的文字。

（2）在命令行窗口输入“DDedit”或“ED”命令。

命令行窗口提示如下：

命令: DDEDIT

选择注释对象或[放弃(U)]: //单击要修改的文本

2. 文字编辑命令的使用说明

如果选择的是单行文字则只能对文字内容进行修改；若选择的是多行文字则弹出图 5–2 所示的多行文字编辑器，此时可根据前面介绍的多行文字输入方法对已输入文字进行更加全面的修改。

5.2 表格制作

5.2.1 创建表格样式

1. 创建表格样式命令的调用

（1）“格式”菜单→“表格样式”命令。

（2）在命令行窗口输入“Tablestyle”或“TS”命令。

打开“表格样式”对话框，如图 5–4 所示。

2. 表格样式的设置

（1）单击“新建”按钮，打开“创建新的表格样式”对话框，输入新样式名“表格样式1”，单击“继续”按钮，弹出“新建表格样式：表格样式 1”对话框，如图 5–5 所示。

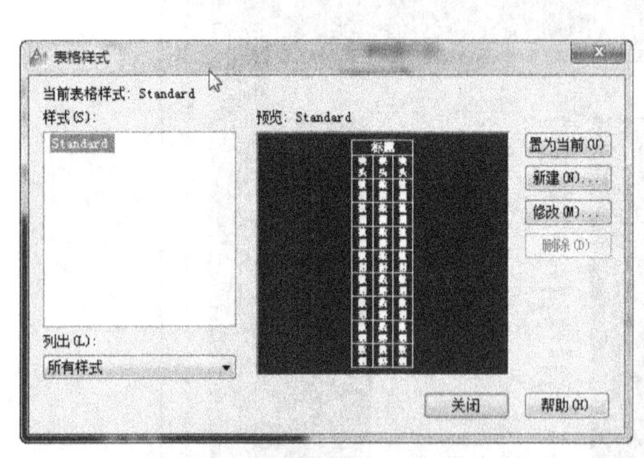

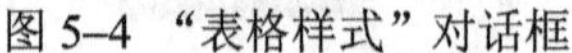
图 5–4 “表格样式”对话框

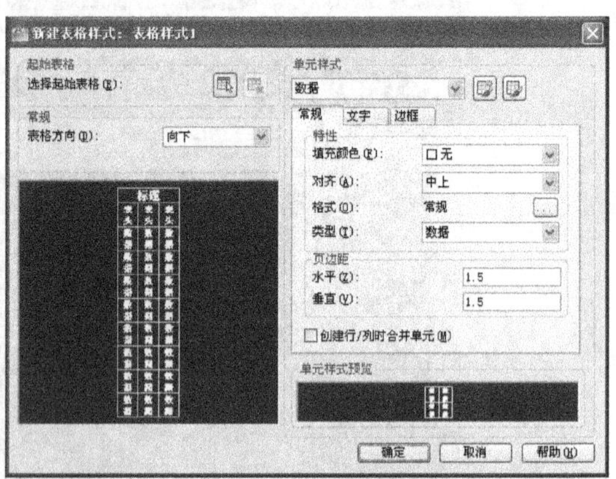

图 5–5 “新建表格样式：表格样式 1”对话框

（2）“起始表格”选项组允许用户在图形中指定一个表格用作样例来设置此表格样式的格式。

（3）“常规”选项组用于更改表格方向。

（4）“单元样式”选项组用于定义新的单元样式或修改现有单元样式，选项组中提供“常规”选项卡、“文字”选项卡和“边框”选项卡，其分别用于对创建单元样式的单元特性、单元文字和单元边框进行设置。

5.2.2 制作表格

1. 插入表格命令的调用

（1）“绘图”菜单→“表格”命令。

（2）“绘图”工具栏→“表格”按钮。

（3）在命令行窗口输入“Table”命令。

打开“插入表格”对话框，在“表格样式”选项组中选择设置好的表格样式，如图 5–6 所示。

2. 制作表格

（1）“插入选项”选项组，选择“从空表格开始”单选按钮，创建可以手动填充数据的空表格。

（2）“预览”选项组下的预览框显示当前选中表格样式的预览形状。

（3）“插入方式”选项组设置表格插入的具体方式。选择“指定插入点”单选按钮时，需指定表格左上角的位置；选择“指定窗口”单选按钮时，行数、列数、列宽和行高取决于窗口的大小及列和行设置。

（4）“列和行设置”选项组设置列和行的数目和大小。

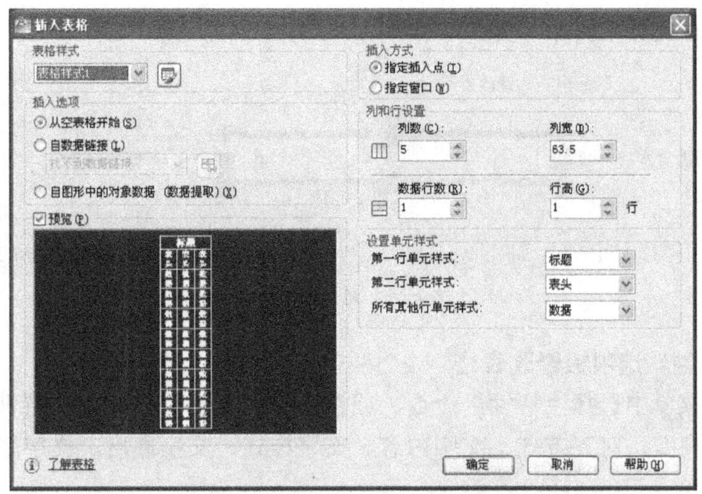

图 5–6 “插入表格”对话框

（5）“设置单元样式”选项组用于指定新表格中各行的单元样式。

参数设置完成后，单击“确定”按钮，用户可以在绘图区插入表格，插入表格的同时在窗口中生成“文字格式”工具栏，可对表格中输入的文字进行编辑。

5.2.3 编辑表格

1. 使用夹点修改表格

（1）单击表格的边框线选中该表格，将显示表格夹点模式，如图 5–7 所示。

- 左上夹点：移动表格。
- 右上夹点：修改表宽并按比例修改所有列，即统一拉伸表格宽度。
- 左下夹点：修改表高并按比例修改所有行，即统一拉伸表格高度。
- 右下夹点：修改表高和表宽并按比例修改行和列，即统一拉伸表格宽度和高度。
- 列夹点：修改列宽。
- 表格打断夹点：使用表格底部的表格打断夹点，可以使表格覆盖图形中的多列或操作已创建的不同的表格部分。

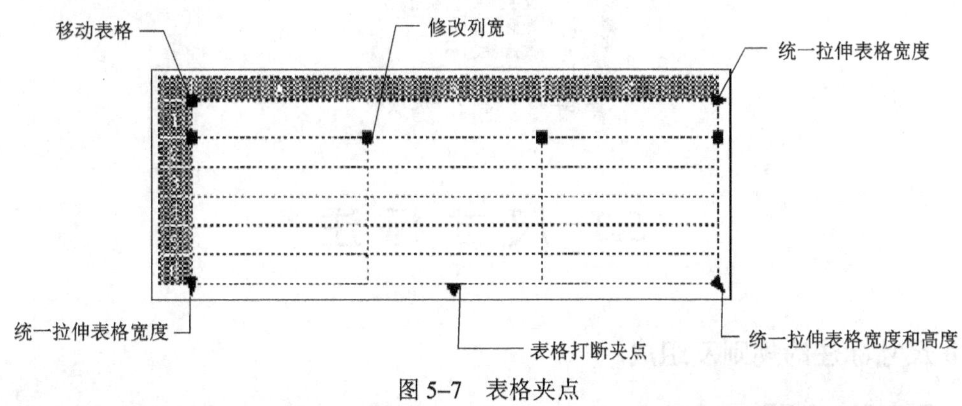

图 5–7　表格夹点

（2）选中表格中的单元格后，单元边框的中央将显示单元格夹点模式，拖动单元格上的夹点可以使列或行更宽或更小，如图 5–8 所示。

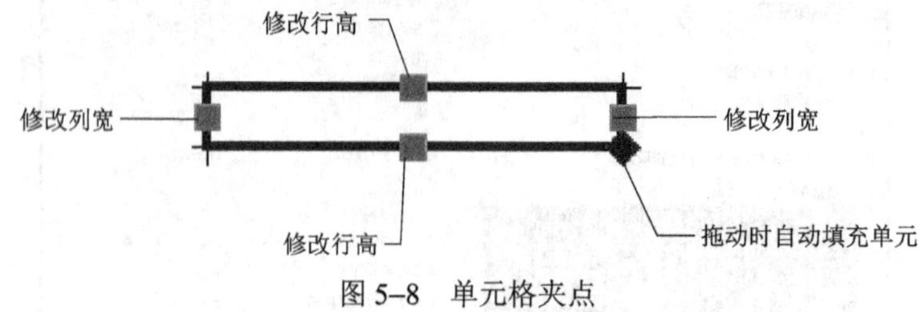

图 5–8　单元格夹点

2. 使用“特性”选项板修改表格

在“修改”菜单中选择“特性”命令，或按快捷键 Ctrl+1，弹出“特性”选项板，设置单元宽度、单元高度、对齐方式、文字内容、文字样式、文字高度、文字颜色等内容，如图 5–9 所示。

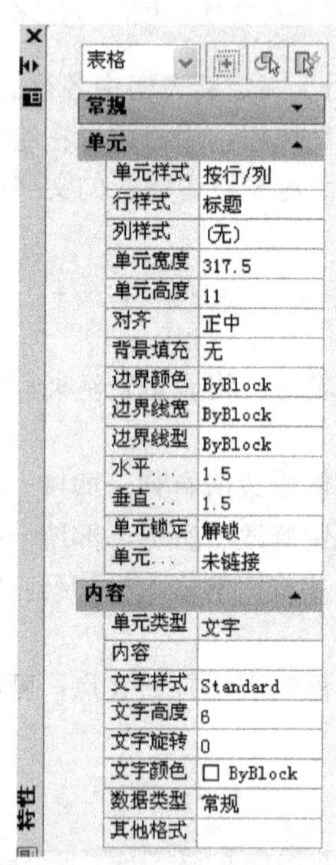

图 5–9 “特性”选项板

5.3 尺寸标注

5.3.1　尺寸标注的规则及组成

1. 尺寸标注的规则

（1）物体的真实大小应以图样上标注的尺寸数值为依据，与图形的大小及绘图的准确度无关。

（2）图样中的尺寸以毫米为单位时，不需要标注计量单位的代号或名称。如采用其他单位则必须注明相应计量单位的代号或名称，如度、厘米及米等。

（3）图样中所标注的尺寸为该图样所表示的物体的最后完工尺寸，否则应另加说明。

（4）一般物体的每一尺寸只标注一次，并应标注在最后的图形上。

2. 尺寸标注的组成

建筑制图中，一个完整的尺寸标注应由尺寸线、尺寸界线、箭头、尺寸文本等组成，如图 5–10 所示。

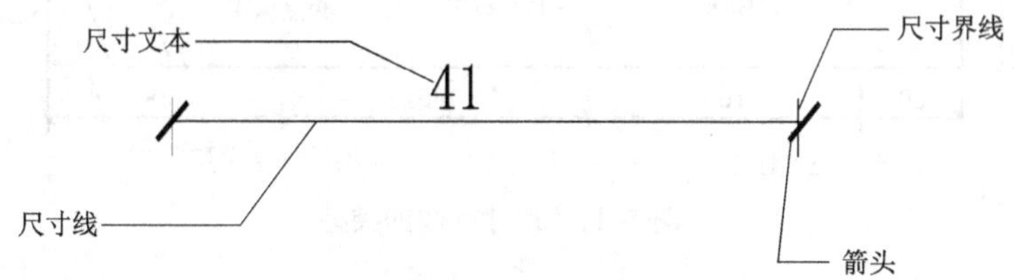

图 5–10　尺寸标注的组成

1）尺寸线

（1）用细实线表示。

（2）尺寸线与尺寸线或尺寸线与轮廓线的间距一般为 7～10 mm。

2）尺寸界线

（1）用细实线表示。

（2）超出尺寸线 2 mm 左右。

（3）不宜与轮廓线相接，起点偏移量为 2～3 mm。

3）箭头

（1）在建筑制图中，箭头标记为 45° 倾斜的中粗线，长度为 2～3 mm。

（2）当相邻的尺寸界线间隔较小时，可采用小圆点。

4）尺寸文本

（1）尺寸文本以毫米为单位，无须注写单位。

（2）尺寸文本字高不少于 2.5 mm。

5.3.2　尺寸标注的类型

尺寸标注分为线性标注、连续标注、基线标注、径向标注、角度标注、引线标注、圆心标注等类型，具体标注如图 5–11 所示。

1. 线性标注

用于标注两点之间的距离，包括水平方向、垂直方向、对齐方向或其他任意方向。

2. 连续标注

用于一系列首尾相接的尺寸的标注。

3. 基线标注

用于以一条尺寸界线作为标注起点的一系列尺寸的标注。

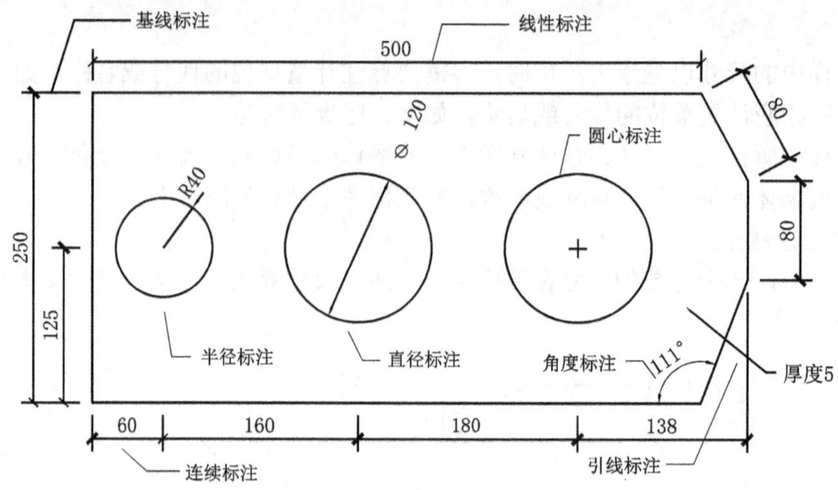

图 5–11　尺寸标注的类型

4. 径向标注

用于标注圆和圆弧半径或直径的大小。

5. 角度标注

用于标注角度的大小，角度可以是两直线的夹角、圆心角或三个点形成的角。

6. 引线标注

对图形某处进行文字说明。

7. 圆心标注

用于标注圆或圆弧的圆心。

5.3.3　标注样式的创建

1. 标注样式的创建命令

（1）“格式”菜单→“标注样式”命令。

（2）“标注”工具栏→“标注样式”按钮。

（3）在命令行窗口输入“Dimstyle”或“D”命令。

打开“标注样式管理器”对话框，如图 5–12 所示。

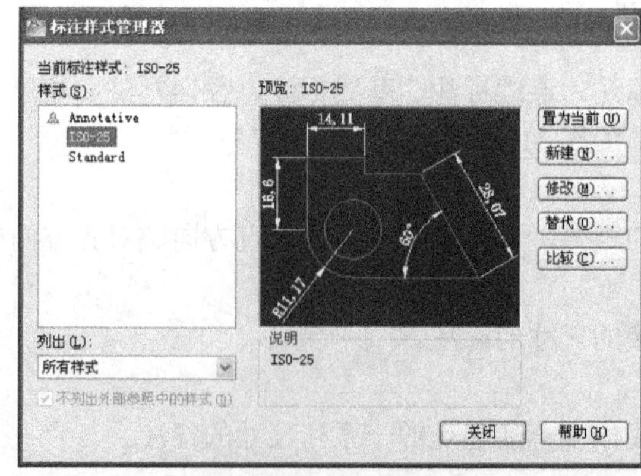

图 5–12 “标注样式管理器”对话框

2. 新建标注样式的设置步骤

建筑制图进行标注时，首先要确定标注样式，不同绘图比例的图纸采用不同的标注样式，常见的绘图比例为 1:1 000、1:500、1:100、1:50、1:20、1:10 等，其中 1:100 是最常见的绘图比例，下面介绍绘图比例为 1:100 的标注样式的设置步骤。

（1）单击“新建”按钮，打开“创建新标注样式”对话框，输入“新样式名”为“S–100”，选择“基础样式”为“ISO–25”，如图 5–13 所示。

（2）单击“继续”按钮，打开“新建标注样式：S–100”对话框，选择“线”选项卡，如图 5–14 所示。

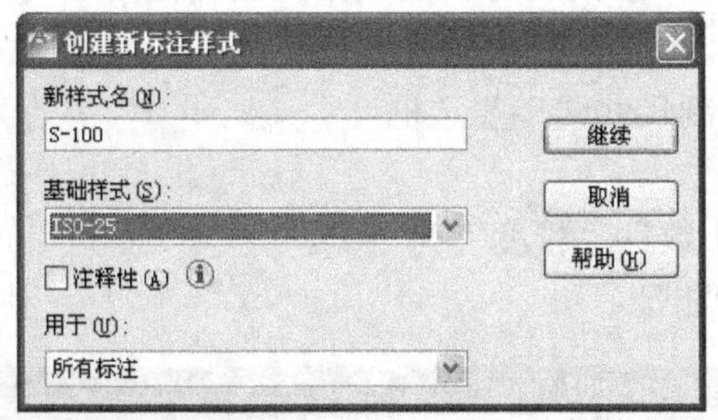

图 5–13 “创建新标注样式”对话框（S–100）

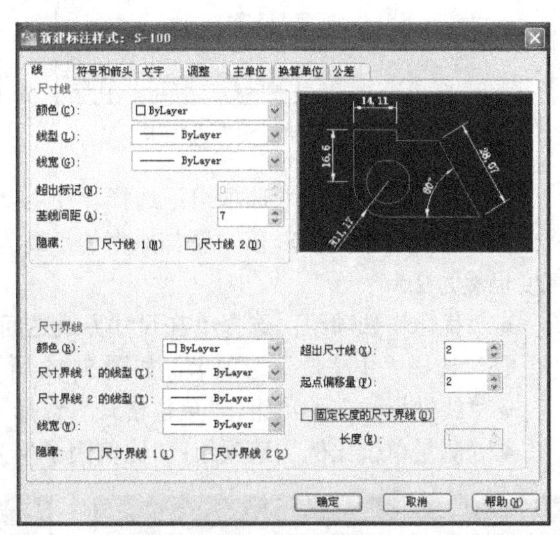

图 5–14 “线”选项卡

- “尺寸线”选项组：“颜色”“线型”“线宽”设置为“ByLayer”；“基线间距”为“7”。
- “尺寸界线”选项组：“颜色”“尺寸界线 1 的线型”“尺寸界线 2 的线型”“线宽”设置为“ByLayer”；“超出尺寸线”为“2”；“起点偏移量”为“2”。

（3）选择“符号和箭头”选项卡，如图 5–15 所示。

- “箭头”选项组：“第一个”“第二个”及“引线”都选择“建筑标记”；“箭头大小”为“2.5”。
- “圆心标记”选项组：选择“标记”单选按钮，大小为“2.5”。

（4）选择“文字”选项卡，如图 5–16 所示。

- “文字外观”选项组：“文字样式”选择“文字样式 1”；“文字颜色”选择“ByLayer”；“填充颜色”为“无”；文字高度为“2.5”。
- “文字位置”选项组：“垂直”选择“上”；“水平”选择“居中”；“观察方向”选择“从左到右”；“从尺寸线偏移”为“1”。
- “文字对齐”选项组：选择“与尺寸线对齐”单选按钮。

（5）选择“调整”选项卡，如图 5–17 所示。

- “调整选项”选项组：选择“文字或箭头（最佳效果）”单选按钮。
- “文字位置”选项组：选择“尺寸线上方，不带引线”单选按钮。

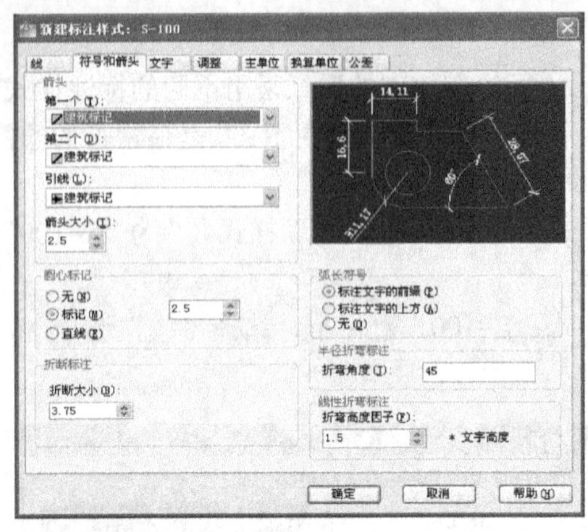

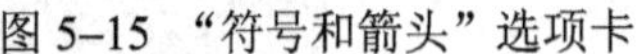
图 5–15 “符号和箭头”选项卡

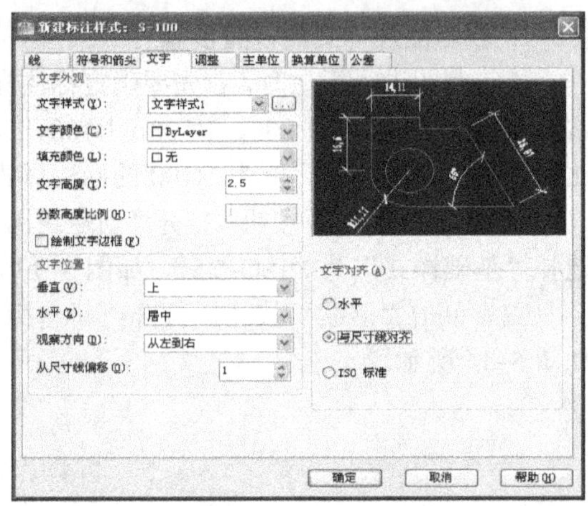

图 5–16 “文字”选项卡

- “标注特征比例”选项组：选择“使用全局比例”单选按钮，然后输入“100”，这样就会把标注特征放大 100 倍。譬如原来的字高为 2.5，放大后为 250，按 1:100 输出后，字体高度仍然为 2.5。
- “优化”选项组：选择“在尺寸界线之间绘制尺寸线”复选框。

（6）选择“主单位”选项卡，如图 5–18 所示。

- “线性标注”选项组：“单位格式”选择“小数”；“精度”为“0”。
- “测量单位比例”选项组：“比例因子”为“1”。

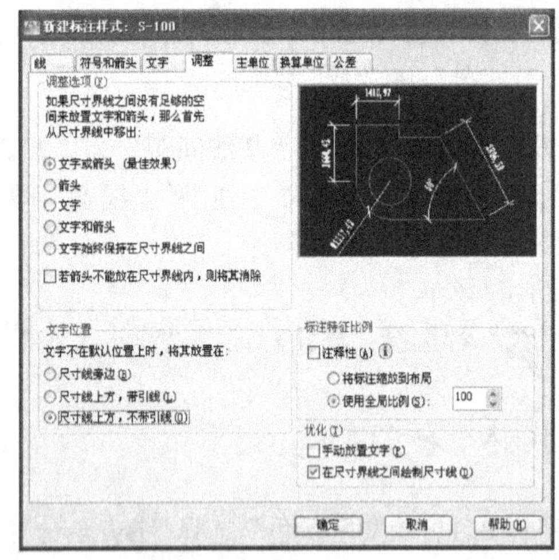

图 5–17 “调整”选项卡

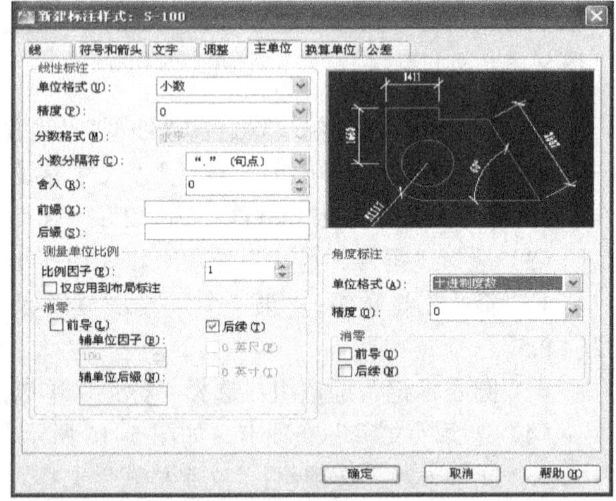

图 5–18 “主单位”选项卡

（7）单击“确定”按钮，回到“标注样式管理器”对话框，S–100 标注样式创建完成。

（8）依据相关的建筑制图标准，对角度、半径/直径的标注需要建立标注的子样式，即以 S–100 标注样式为基础样式创建新标注样式，在“创建新标注样式”对话框的“用于”下拉列表框中选择“角度标注”，单击“继续”按钮，打开“新建标注样式：S–100：角度”对话框，将“符号和箭头”选项卡中“箭头”选项组改为“实心闭合”即可，其他设置不改。同样，可创建半径/直径标注子样式。角度、半径/直径标注子样式建立完成后如图 5–19 所示。

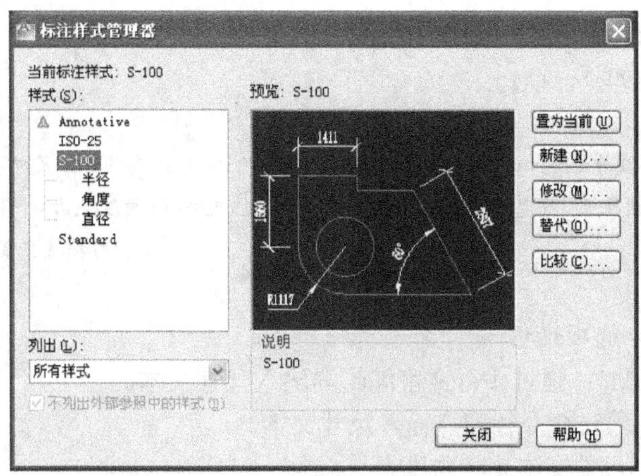

图 5–19 “标注样式管理器”对话框

3. 其他绘图比例标注样式的创建

（1）设置 1:50 绘图比例标注样式时，在“标注样式管理器”对话框中，单击“新建”按钮，弹出“创建新标注样式”对话框，在“新样式名”输入“S–50”，“基础样式”选择“S–100”，如图 5–20 所示。只需修改“主单位”选项卡中“比例因子”为“0.5”，单击“确定”按钮，就完成创建，如图 5–21 所示。

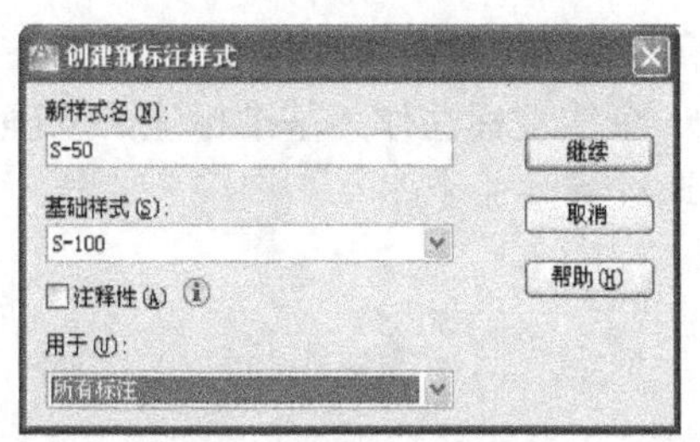

图 5–20 “创建新标注样式”对话框（S–50）

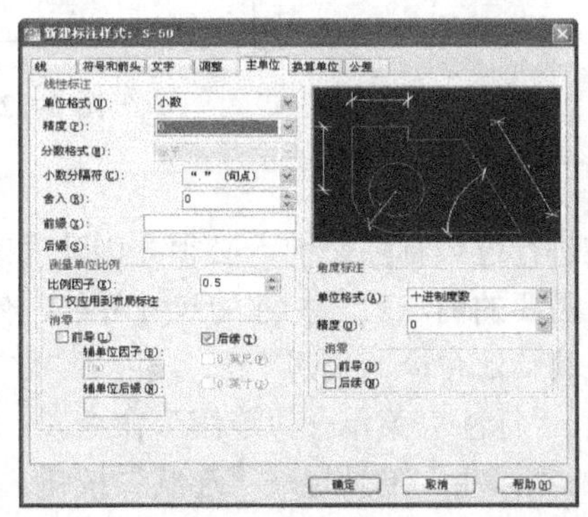

图 5–21 “新建标注样式：S–50”对话框

（2）依此类推，对于 1:25、1:20、1:10 等绘图比例的图形，仅需设置“主单位”选项卡中“比例因子”分别为 0.25、0.20、0.10 即可。

5.3.4 标注命令的使用

选择设置好的标注样式，使用“标注”工具栏或标注命令就可以进行线性、连续、基线、半径、直径、圆心、角度、对齐等标注。本节主要介绍建筑制图中常用的线性标注、连续标注、基线标注及半径/直径标注等标注方法。

1. 线性标注

1）线性标注命令的调用

（1）“标注”菜单→“线性”命令。

（2）“标注”工具栏→“线性”按钮。

（3）在命令行窗口输入“Dimlinear”或“DLI”命令。

命令行窗口提示如下：

命令: _dimlinear

指定第一条尺寸界线原点或<选择对象>　　　　//利用捕捉工具捕捉第一尺寸界线原点

指定第二条尺寸界线原点: 指定尺寸线位置或[多行文字(M)/文字(T)/角度(A)/水平(H)/垂直(V)/旋转(R)]:

//利用捕捉工具捕捉第二尺寸界线原点

标注文字=61

2）线性标注命令选项说明

（1）多行文字（M）：通过多行文字编辑器输入尺寸文本。

（2）文字（T）：通过命令行窗口输入尺寸文本。

（3）角度（A）：尺寸文本旋转角度。

（4）水平（H）：标注水平尺寸。

（5）垂直（V）：标注垂直尺寸。

（6）旋转（R）：确定尺寸线旋转角度。

线性标注结果如图 5–22 所示。

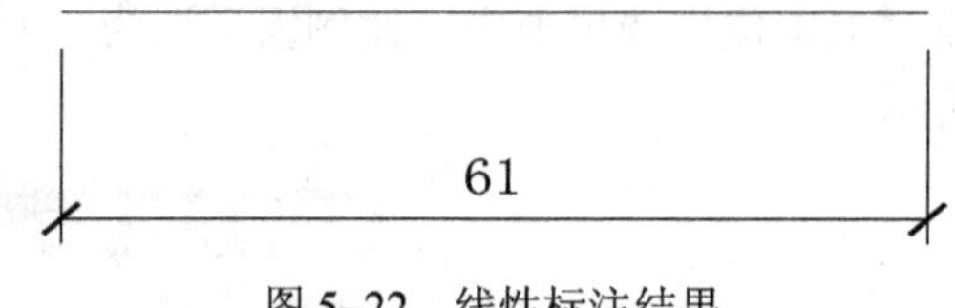

图 5–22　线性标注结果

2. 连续标注

在进行连续标注之前，必须先创建（或选择）一个线性标注作为基准标注，以确定连续标注所需要的前一尺寸标注的尺寸界线，然后执行连续标注命令。

连续标注命令的调用

（1）“标注”菜单→“连续”命令。

（2）“标注”工具栏→“连续”按钮。

（3）在命令行窗口输入“Dimcontinue”或“DCO”命令。

命令行窗口提示如下：

命令: _dimcontinue

指定第二条尺寸界线原点或[放弃(U)/选择(S)]<选择>:　　　　//利用捕捉工具捕捉第二尺寸界线原点

标注文字=21

指定第二条尺寸界线原点或[放弃(U)/选择(S)]<选择>:　　　　//利用捕捉工具捕捉第二尺寸界线原点

标注文字=28

连续标注结果如图 5–23 所示。

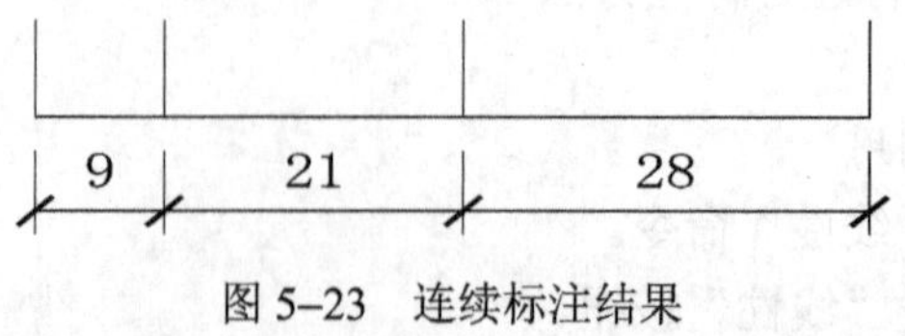

图 5–23　连续标注结果

3. 基线标注

基线标注可以创建一系列由相同的标注原点测量出来的标注。与连续标注一样，在进行基线标注之前也必须先创建（或选择）一个线性标注作为基准标注。

基线标注命令的调用

（1）“标注”菜单→“基线”命令。

（2）“标注”工具栏→“基线”按钮。

（3）在命令行窗口输入“Dimbaseline”或“DBA”命令。

命令行窗口提示如下：

命令: _dimbaseline

选择基准标注:　　//选择已标好的标注

指定第二条尺寸界线原点或[放弃(U)/选择(S)]<选择>:　　//利用捕捉工具捕捉第二尺寸界线原点

标注文字=60

指定第二条尺寸界线原点或[放弃(U)/选择(S)]<选择>:　　//利用捕捉工具捕捉第二尺寸界线原点

标注文字=120

基线标注结果如图 5–24 所示。

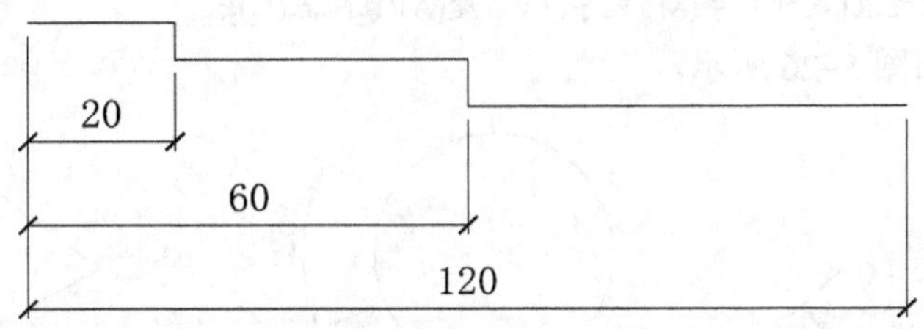

图 5–24　基线标注结果

4. 半径/直径标注

半径/直径标注命令的调用

（1）“标注”菜单→“半径/直径”命令。

（2）“标注”工具栏→“半径/直径”按钮。

（3）在命令行窗口输入“Dimradius/Dimdiamter”或“DIMRAD/DIMDIA”命令。

命令行窗口提示如下：

命令: _dimradius/dimdiamter

选择圆弧或圆:　　//选择圆弧或圆上的一点

标注文字=44/88

指定尺寸线位置或[多行文字(M)/文字(T)/角度(A)]:

半径/直径标注结果如图 5–25 所示。

5. 角度标注

角度标注命令的调用

（1）“标注”菜单→“角度”命令。

（2）“标注”工具栏→“角度”按钮。

（3）在命令行窗口输入“Dimangular”或“DIMANG”命令。

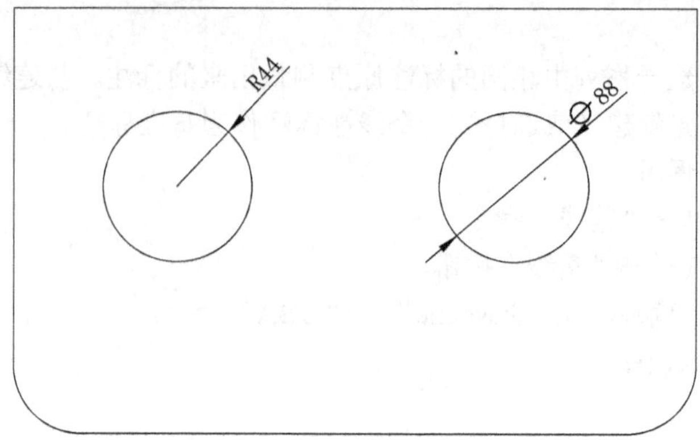

图 5–25　半径/直径标注结果

命令行窗口提示如下：

命令: _dimangular

选择圆弧、圆、直线或<指定顶点>:　　　　　　　　//选择圆弧、圆或直线的顶点

标注文字=99/52/64

指定标注弧线线位置或[多行文字(M)/文字(T)/角度(A)/象限点(Q)]:

角度标注结果如图 5–26 所示。

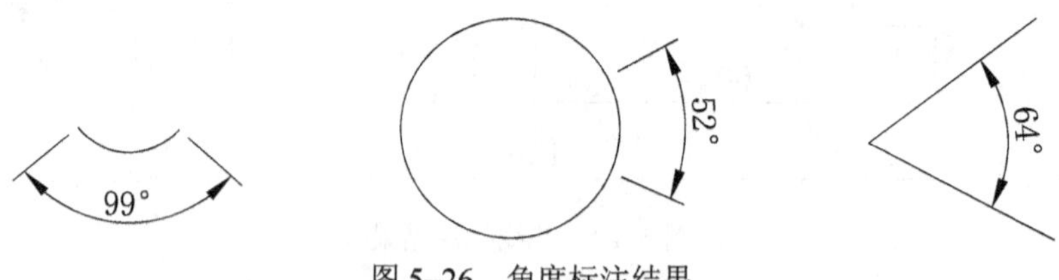

图 5–26　角度标注结果

5.3.5　编辑标注对象

标注完成后还可以对已标注的文字内容、位置等进行修改，而不必删除所标注的尺寸重新进行标注。

1. 编辑尺寸标注

1）编辑尺寸标注命令的调用

(1)“标注”工具栏→“编辑标注”按钮。

(2) 在命令行窗口输入“Dimedit”或“DED”命令。

命令行窗口提示如下：

命令:_dimedit

输入标注编辑类型[默认(H)/新建(N)/旋转(R)/倾斜(O)]<默认>:　　//输入所需选项根据提示进行编辑

2）编辑尺寸标注命令选项说明

(1) 默认（H）：按默认位置方向放置尺寸文字。

(2) 新建（N）：用多行文字编辑器修改指定对象的尺寸文字。

(3) 旋转（R）：将尺寸文字按指定角度旋转。

(4) 倾斜（O）：用于调整线性标注的尺寸界线的倾斜角度。

2. 编辑标注文字位置

1）编辑标注文字位置命令的调用

（1）“标注”工具栏→“编辑标注文字”按钮。

（2）在命令行窗口输入“Dimtedit”或“DIMTED”命令。

命令行窗口提示如下：

命令: _dimtedit

为标注文字指定新位置或[左对齐(L)/右对齐(R)/居中(C)/默认(H)/角度(A)]:　//默认情况下，可以通过拖动光标来确定尺寸文字的新位置，也可以输入相应的选项指定标注文字的新位置

2）编辑标注文字位置命令选项说明

（1）左对齐（L）：尺寸文字位于尺寸线的左侧。

（2）右对齐（R）：尺寸文字位于尺寸线的右侧。

（3）居中（C）：尺寸文字位于尺寸线的中间。

（4）默认（H）：按默认位置放置尺寸文字。

（5）角度（A）：指定尺寸文字的倾斜角度。

5.4 本章小结

本章主要讲述了文字和表格技术的运用及标注的使用方法。说明性的文字在建筑施工图中应用较多，主要有单行文字和多行文字两种方式，在书写房间名称、图名等单一文字的时候需要用到单行文字，而在书写说明性的大段文字时需要用到多行文字。表格主要应用在门窗表和建筑材料表中；标注需要先设定标注样式，然后再用指定的标注命令完成图纸中各图形元素的标注，并且可以对标注进行编辑修改。

5.5 上机操作习题

【习题 1】使用单行文字功能创建东向立面图图题，文字高度为 700，字体为仿宋体_GB2312，宽度比例 0.7，如图 5–27 所示。

万科星城2号楼A户型东向立面图 1:100

图 5–27　东向立面图图题

【习题 2】使用多行文字功能创建门窗说明，要求标题文字字高 700，正文文字字高 350，字体为仿宋体_GB2312，如图 5–28 所示。

【习题 3】结合本章所学的内容绘制门窗表，如图 5–29 所示。

【习题 4】根据所学的内容，绘制某标准间平面图并加以标注，如图 5–30 所示。

五、门窗

1、门窗洞口尺寸，材质及数量详见门窗表及门窗大样。

2、铝合金门窗选用图集98ZJ721.固定及平开窗选用70系列，推拉窗选用90系列。玻璃选用5厚透明平板玻璃，大于1.5m²的单块玻璃应使用建筑安全玻璃；离楼地面500高以下的外墙窗应使用建筑安全玻璃。门窗细部尺寸及五金配件根据行业具体制作要求确定，具体构造由选定的厂家按有关技术规范及甲方的档次要求进行加式制作。

3、外门及窗立樘门置居中，内门与开启方向墙面平，门开启方向见平面图。平面图中未注明门垛均为60或120。

4、所有低于900mm的窗台，均做900高的护窗栏杆。

5、所有带管道井设备间的门均采乙级钢质防火门，定购成品。门下设120高120宽砖砌门槛。

图 5–28　门窗说明

门 窗 表

类别	设计编号	洞口尺寸/mm		门窗数量			采用标准图集及编号	备注
		宽	高	一层	二层	合计		
普通窗	C1	2100	1800	3	2	5		白色塑钢窗双层玻璃（光白）
	C2	600	1800	6	6	12		白色塑钢窗双层玻璃（光白）
	C3	1000	300	1	2	3		白色塑钢窗双层玻璃（光白）
	C3-1	1000	300	2	2	4		白色塑钢窗双层玻璃（光白）
普通门	M1	900	2100	2	6	8		木门
	M2	750	2100	1	1	2		木门　下部带百叶
	M3	3000	2400	1		1		
	M4	750	2100	2	2	4		磨砂玻璃推拉门
	LM1	3000	2730	1		1		推拉玻璃门
	LM2	2100	2610		1	1		推拉玻璃门

图 5–29　门窗表

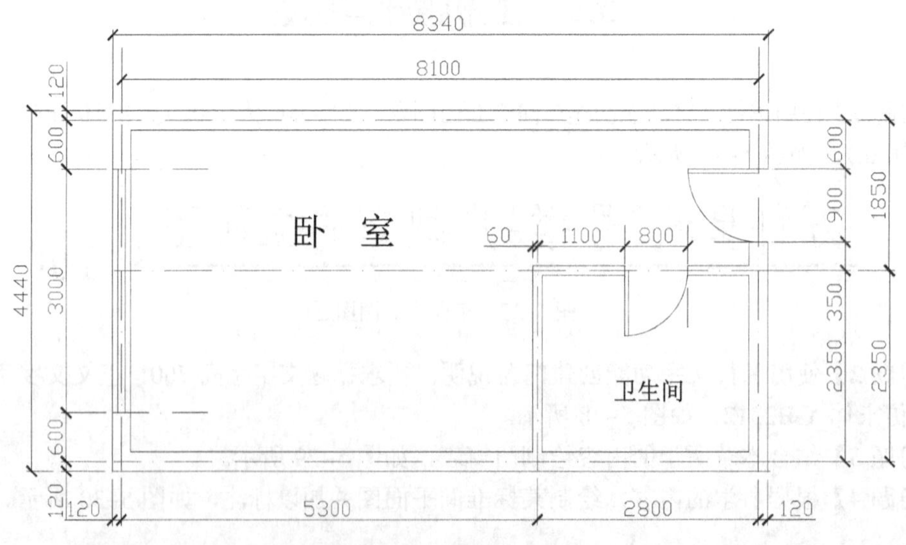

图 5–30　某标准间平面图

下　篇

综合绘图与实训

第6章 建筑总平面图及其绘制

内容导读

◎ **建筑总平面图基础知识**：介绍建筑总平面图的定义、绘制内容、阅读，以及绘制建筑总平面图的步骤。

◎ **建筑总平面图的绘制**：介绍建筑总平面图的绘制过程，包括建立绘图环境，绘制道路、围墙、已有建筑物、新建建筑物、其他补充建筑物、绿化草坪、篮球场，以及添加尺寸标注、注释和图例等。

◎ **添加尺寸标注、注释和图例**：介绍建筑总平面图中添加尺寸标注、层数标志、文字注释、标注图名和打印比例的方法。

◎ **打印输出**：介绍在 AutoCAD 中打印图形的基本方法。

6.1 建筑总平面图基础知识

一套完整的建筑施工图，包括图纸首页、建筑总平面图、建筑平面图、建筑立面图、建筑剖面图、建筑详图等图纸。

在具体绘制图形之前，首先要熟悉总平面图的基础知识，本书将建筑总平面图的一些基础知识概括如下。

6.1.1 建筑总平面图的定义

建筑总平面图，是表达建筑工程总体布局的图样。它反映了新建房屋、建筑物等的位置和朝向，室外场地、道路、绿化等布置，地形、地貌标高等，以及和原有环境的关系及临界状况。建筑总平面图是建筑物及其他设施施工的定位、土方施工及绘制水、暖、电等管线总平面图和施工总平面图的依据。

在一定的情况下，我们可以把建筑总平面图看成平面图的一个特例，仅仅是不需要剖开建筑本身，而对建筑物及其周围环境所作的正投影图形。

6.1.2 建筑总平面图的绘制内容

建筑总平面图所要表达的内容如下。

（1）图名、比例尺。

（2）建筑地域的环境状况，如地理位置、建筑物占地界限及原有建筑物、各种管道等。

（3）应用图例应表明新建区、扩建区和改建区的总体布置，表明各个建筑物和构筑物的位置，道路、广场、室外场地和绿化等的布置情况，以及各个建筑物和层数等。在总平面图上，一般应该画出所采用的主要图例及其名称。此外，对于《建筑制图标准》中所缺乏规定而需要自定的图例，必须在总平面图中绘制清楚，并注明名称。

（4）确定新建或者扩建工程的具体位置，一般根据原有的房屋或者道路来定位，并以米为单位标注出定位尺寸。

（5）当新建成片的建筑物和构筑物或者较大的公共建筑和厂房时，往往采用坐标来确定每一个建筑物及其道路转折点等的位置。在地形起伏较大的地区，还应画出地形等高线。

（6）注明新建房屋底层室内和室外平整地面的绝对标高。

（7）未来计划扩建的工程位置。

（8）画出风向频率玫瑰图形及指北针图形，用来表示该地区的常年风向频率和建筑物、构筑物等地方向，有时也可以只画出单独的指北针。

建筑总平面图所包括的范围较大，因此需要采用较大的比例，通常采用 1:500、1:1 000、1:5 000 等比例尺，并以图例来表示出新建的、原有的、拟建的建筑物及地形环境、道路和绿化布置。当标准图例不够时，必须另行设定图例，并在建筑总平面图中画出自定的图例并注明其名称。

6.1.3　建筑总平面图的阅读

对于工程师来说，总平面图的阅读和绘制同等重要。因此我们列出建筑总平面图的阅读步骤，具体如下。

（1）阅读标题栏和图名、比例。

（2）阅读设计说明。

（3）了解新建建筑物的位置、层数、朝向等。

（4）了解新建建筑物的首层地坪、室外设计地坪的标高及周围地形等高线等。

（5）了解新建建筑物的周围环境状况。

（6）了解原有建筑物、构筑物和计划扩建的项目等。

（7）了解其他新建项目。

（8）了解当地常年主导风向。

6.1.4　绘制建筑总平面图的步骤

总平面图的图形是不规则的，画法上难度较大，但它的精度要求不高。大体上总平面图绘制步骤如下。

（1）新建图形，建立绘图环境。

（2）绘制复制网格环境体系。

（3）绘制道路和各种建筑物、构筑物。

（4）绘制建筑物局部和绿化的细节。

（5）尺寸标注、文字注释和图例。

（6）打印输出。

下节通过别墅建筑总平面图（如图 6–1 所示），详细介绍利用 AutoCAD 绘制建筑总平面图的具体步骤。

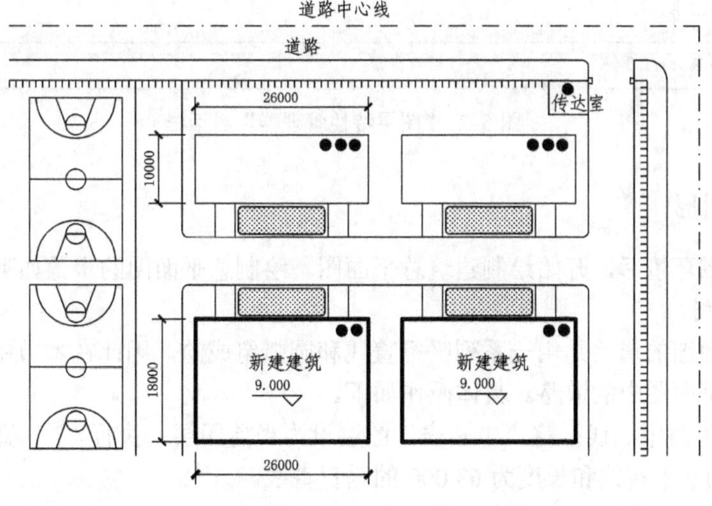

图 6–1　别墅建筑总平面图

6.2　建筑总平面图的绘制

下面我们将通过一个联排别墅小区的实例，向用户介绍如何利用 AutoCAD 绘制整幅建筑总平面图。

6.2.1　建立绘图环境

（1）按 Ctrl+N 键，新建文件。

（2）按 Ctrl+S 键，保存文件，将新文件保存为“建筑总平面图”。

（3）执行“LA”图层命令，打开“图层特性管理器”对话框，创建图层，如图 6–2 所示。

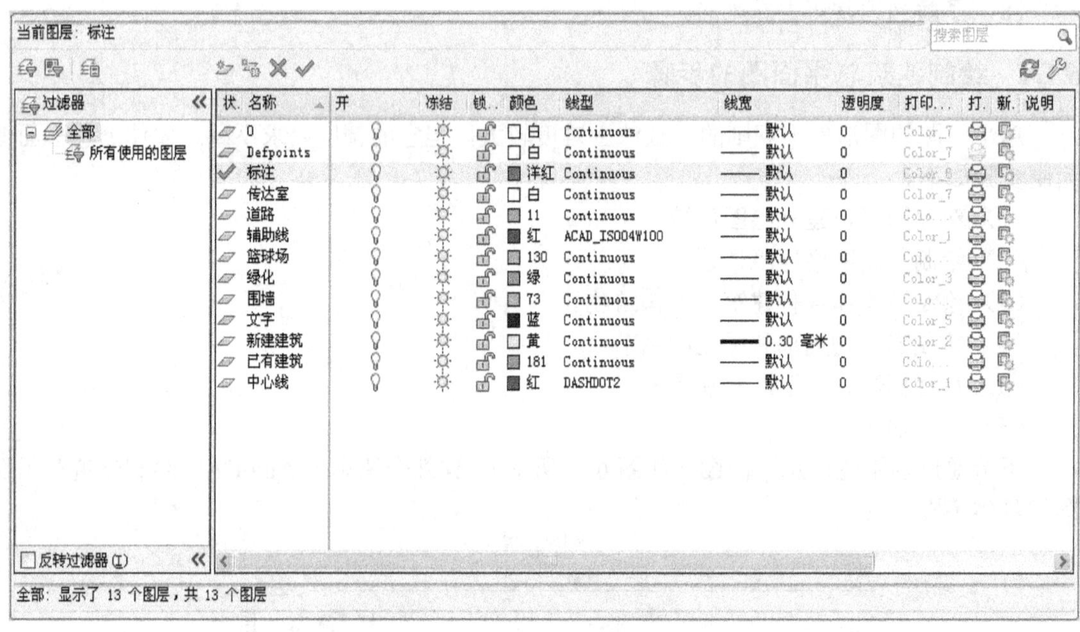

图 6–2　“图层特性管理器”对话框

6.2.2　绘制图形

设置好绘图环境后，开始绘制建筑总平面图。绘制总平面图的步骤如下。

1. 绘制道路

建筑总平面图的道路是由一系列平行直线和圆弧组成的，因此在本节中将使用直线和圆角命令绘制总平面图中的道路。具体操作如下。

（1）绘制道路中心线：将“中心线”图层设为当前图层，执行“L”直线命令，绘制长度为 104 000 的水平直线和长度为 63 000 的垂直直线。

（2）绘制道路辅助线：执行“O”偏移命令，依次将水平中心线向下偏移 5 000、3 000、23 000、7 000，再将垂直中心线依次向左偏移 5 000、5 000、7 000、61 000、7 000，如图 6–3 所示。将偏移得到的直线，切换至“辅助线”图层上。

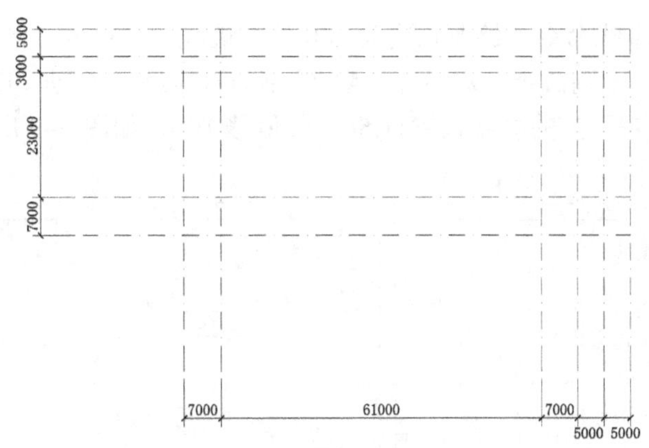

图 6–3　道路中心线及辅助线

（3）执行“L”直线命令，绘制相应道路线，关闭“辅助线”图层后，如图 6–4 所示。

（4）执行“F”圆角命令，分别对点 A、B、C、D、E 进行圆角操作，其中 E 点的圆角半径为 3 000，其他均为 1 000，效果如图 6–5 所示。

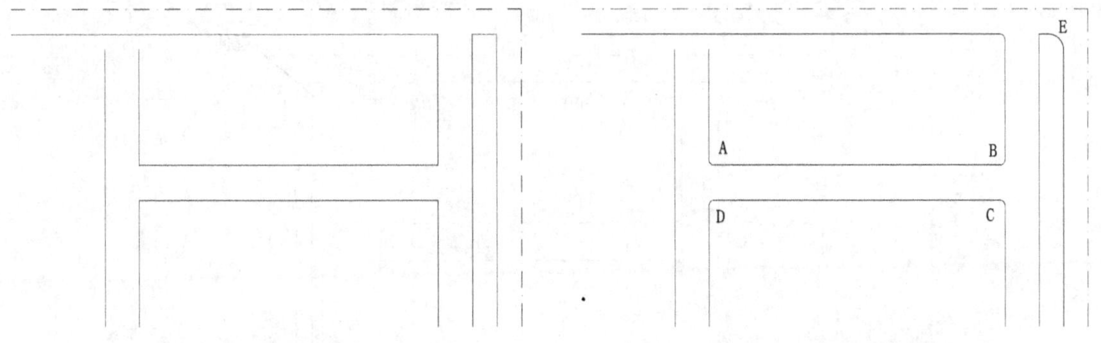

图 6–4　绘制道路线　　　　图 6–5　倒圆角后的效果

2. 绘制围墙

围墙采用围墙符号来表示，为一条长直线上附着等间距的短线段。围墙长度线可由道路偏移得到，也可使用直线命令或多段线命令绘制。建筑总平面图的围墙绘制步骤如下。

（1）将“围墙”图层设为当前图层。

（2）执行“L”直线命令，绘制围墙长度线 FG，如图 6–6 所示。

（3）执行“O”偏移命令，将右侧相应道路线偏移得到围墙长度线 HI，如图 6–7 所示。

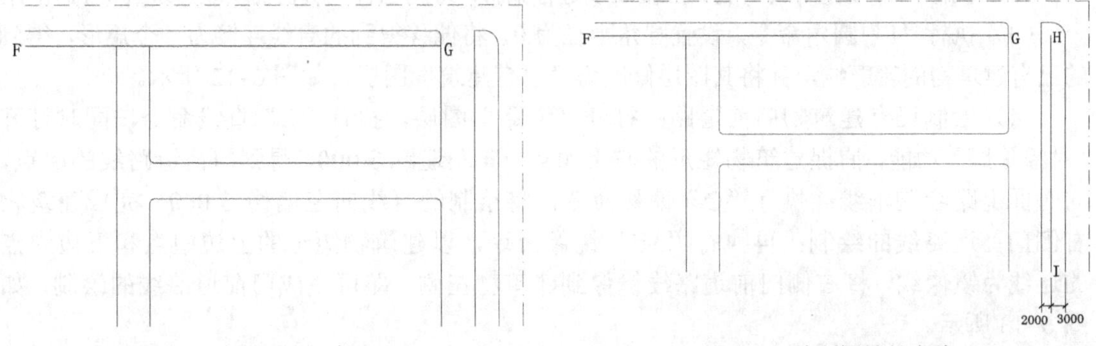

图 6–6　绘制围墙长度线 FG　　　　图 6–7　绘制围墙长度线 HI

（4）执行“L”直线命令，绘制长度为 100 的围墙线，如图 6–8 所示。

（5）执行“AR”阵列命令，对步骤（4）绘制的直线进行阵列，其中左上方的直线设置列 87，列偏移 100，右下方的直线设置行 56，行偏移 100，如图 6–9 所示。

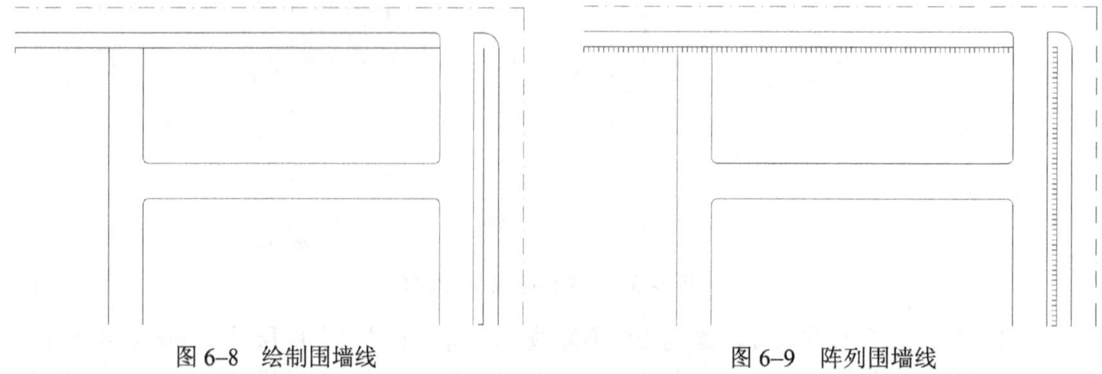

图 6–8　绘制围墙线　　　　图 6–9　阵列围墙线

（6）使用“EX”延伸命令，将右侧最上方围墙线延伸到道路线，效果如图 6–10 所示。

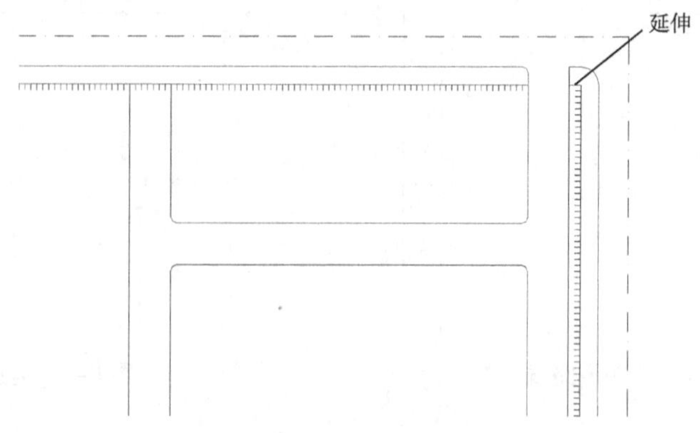

图 6–10　延伸后的效果

3. 绘制已有建筑物

本例中，已有建筑物为两栋住宅楼，其在图中尺寸为 26 m×10 m，建筑总平面图中的已有建筑物绘制步骤如下。

（1）将“已有建筑”图层设为当前图层。

（2）执行“O”偏移命令，将相应辅助线进行偏移，绘制已有建筑物辅助线，如图 6–11 所示。

（3）执行“F”圆角命令，设置圆角半径为 0，将偏移得到的直线连接为一个矩形，得到的已有建筑物的轮廓线，并将其图层修改为“已有建筑”图层，如图 6–12 所示。

（4）绘制已有建筑物门前道路：打开“道路”图层，执行“L”直线命令，同时打开“对象追踪”功能，捕捉建筑物矩形的右下角点，向左追踪 3 000，得到门前道路线的起点，向对面道路绘制垂线；执行“O”偏移命令，将绘制的直线向左偏移 3 000，完成建筑物右侧门前道路线的绘制；再执行“MI”镜像命令，以建筑物矩形的上边中点和下边中点的连线为镜像线，将右侧门前道路线镜像到建筑物左侧，即可完成门前道路线的绘制，如图 6–13 所示。

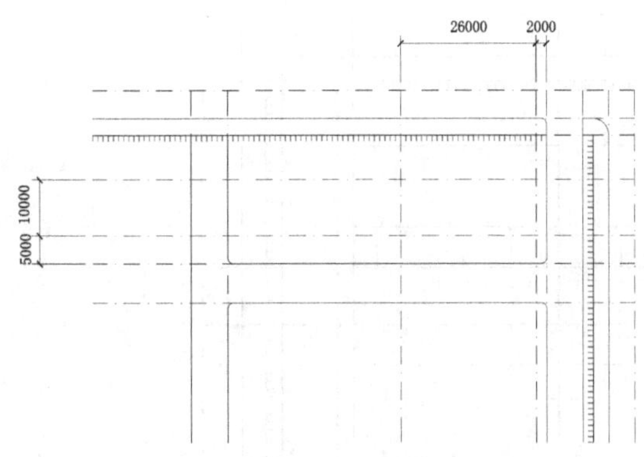

图 6–11　绘制已有建筑物辅助线

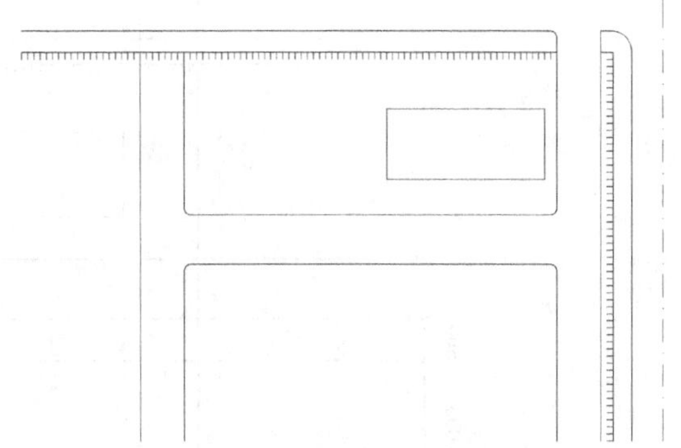

图 6–12　绘制完成后的已有建筑物

（5）镜像已有建筑物及其门前道路线：执行“MI”镜像命令，以已有建筑物区域前的道路线中点 J、K 的连线为镜像线，将右侧建筑物及其门前道路线镜像到左侧区域，即可完成已有建筑物的绘制，如图 6–14 所示。

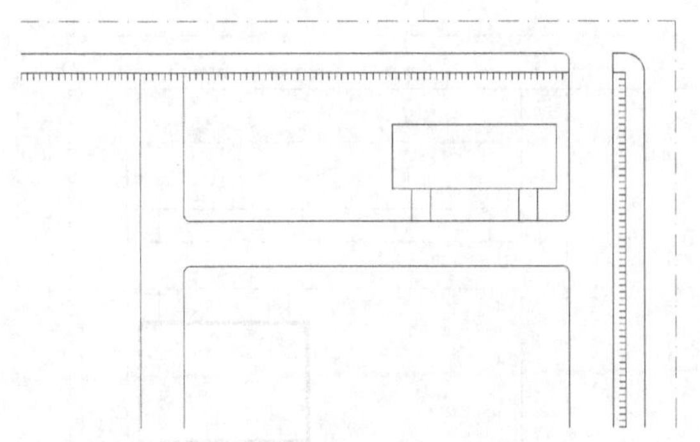

图 6–13　绘制已有建筑物门前道路

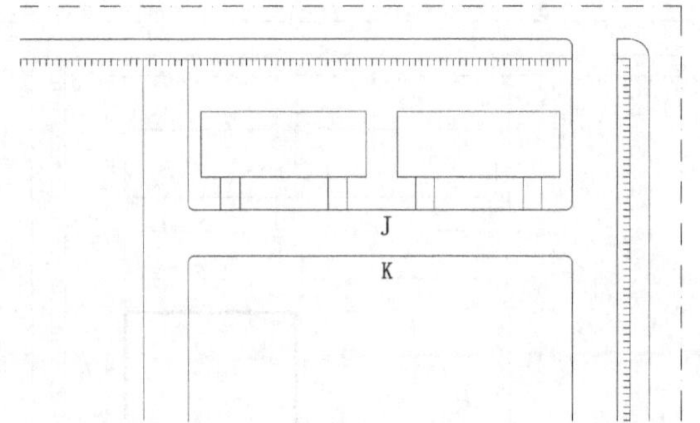

图 6–14　镜像已有建筑物及其门前道路线

4. 绘制新建建筑物

本例中，新建建筑物主要是两栋两户联排别墅，由于别墅有私人院落，所以本图中新建建筑物尺寸为 26 m×18 m，新建建筑物需要用粗实线绘制。建筑总平面图的新建建筑物绘制步骤如下。

（1）将“新建建筑”图层设为当前图层。

（2）新建建筑物的绘制方法与已有建筑物类似，执行“O”偏移命令，将相应辅助线进行偏移，如图 6–15 所示。

（3）执行“F”圆角命令，设置圆角半径为 0，将偏移得到的直线连接为一个矩形，得到新建建筑物的轮廓线，并将其图层修改为“新建建筑”图层，如图 6–16 所示。

（4）绘制新建建筑物门前道路：打开“道路”图层，执行“L”直线命令，同时打开“对象追踪”功能，捕捉建筑物矩形的右上角点，向左追踪 3 000，得到门前道路线的起点，向对面道路绘制垂线；执行“O”偏移命令，将绘制的直线向左偏移 3 000，完成建筑物右侧门前道路线的绘制；再执行“MI”镜像命令，以新建建筑物矩形的上边中点和下边中点的连线为镜像线，将右侧门前道路线镜像到建筑物左侧，完成门前道路线的绘制，如图 6–17 所示。

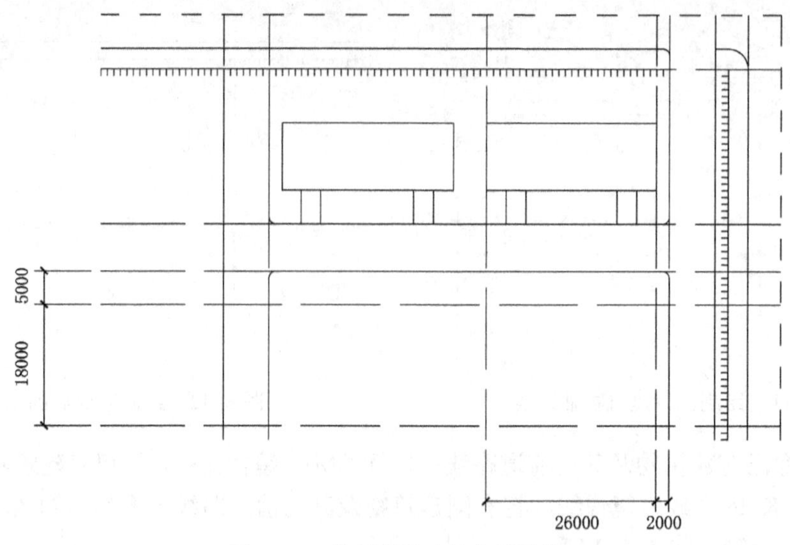

图 6–15　绘制新建建筑物辅助线

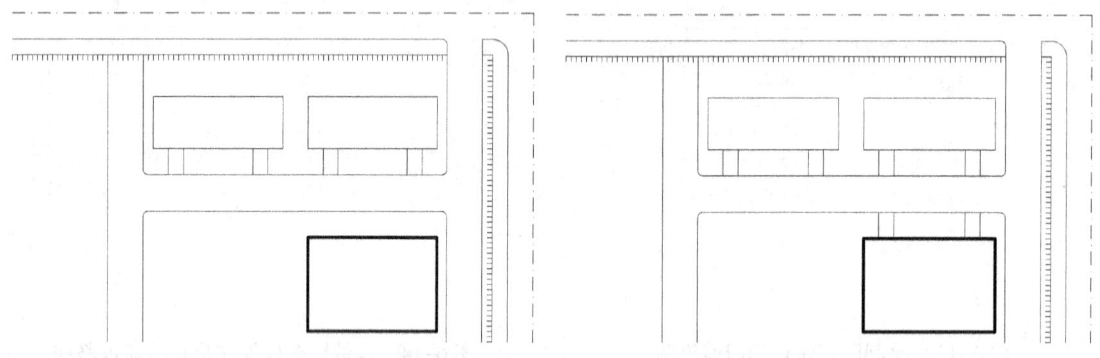

图 6–16　绘制完成后的新建建筑物　　　　图 6–17　绘制新建建筑物门前道路

（5）镜像新建建筑物及其门前道路线：执行“MI”镜像命令，仍然以 J 点、K 点的连线为镜像线，将右侧建筑物及其门前道路线镜像到左侧区域，即可完成新建建筑物的绘制，如图 6–18 所示。

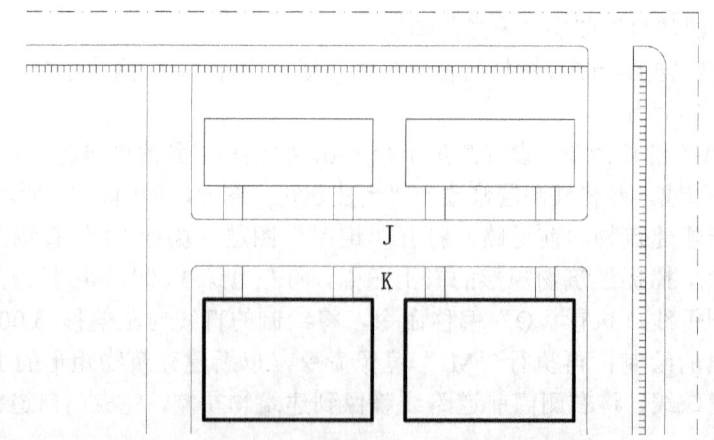

图 6–18　镜像新建建筑物及其门前道路线

5. 绘制其他补充建筑物

在联排别墅小区中，除了住宅楼和联排别墅之外，还应有小区的一些附属建筑物，比如大门、传达室等。虽然它们在总平面图中占的比重比较少，但是对于一个建筑小区来说是必需的。下面就分别绘制这些元素，具体步骤如下。

（1）切换到“传达室”图层，绘制传达室，传达室尺寸为 6 m×5 m，执行“REC”矩形命令，绘制一个长度为 6 000，宽度为 5 000 的矩形，如图 6–19 所示。

（2）选择被传达室图形覆盖的围墙线，按 Delete 键删除，效果如图 6–20 所示。

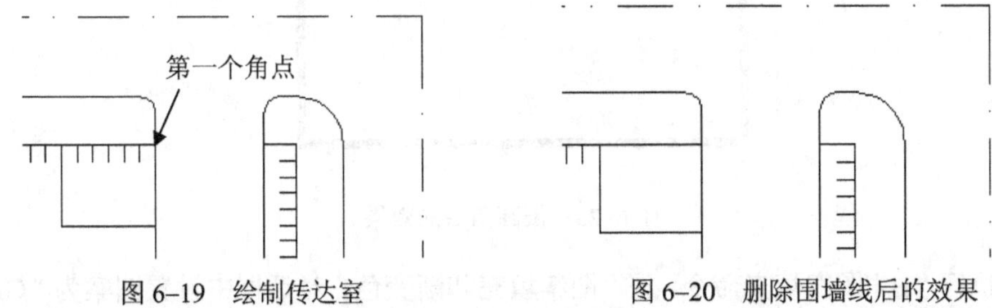

图 6–19　绘制传达室　　　图 6–20　删除围墙线后的效果

（3）使用“捕捉自”方式绘制小区大门：执行“REC”矩形命令，按下 Shift 键的同时单击鼠标右键，从快捷菜单中选择“自”，选择如图 6–19 所示的第一个角点为基点，输入相对距离 “@0,400”，确定矩形的第一个角点，绘制长度为 600，宽度为 800 的矩形，完成左侧大门的绘制。

（4）执行“CO”复制命令，复制步骤（3）绘制的矩形，基点为步骤（3）绘制矩形的右边中点，插入点如图 6–21 所示，完成复制。

6. 绘制绿化草坪

在联排别墅小区中，草坪也是重要组成部分。草坪是采用 AutoCAD 提供的图案填充命令中自带的图案绘制的，下面介绍草坪的绘制方法，具体步骤如下。

（1）将“绿化”图层设为当前图层。

（2）执行“REC”矩形命令，使用“捕捉自”方式，以如图 6–22 所示的 K 点为基点，输入相对偏移距离“@500,500”，绘制长度为 13 000，宽度为 4 000 的草坪边界线，如图 6–22 所示。

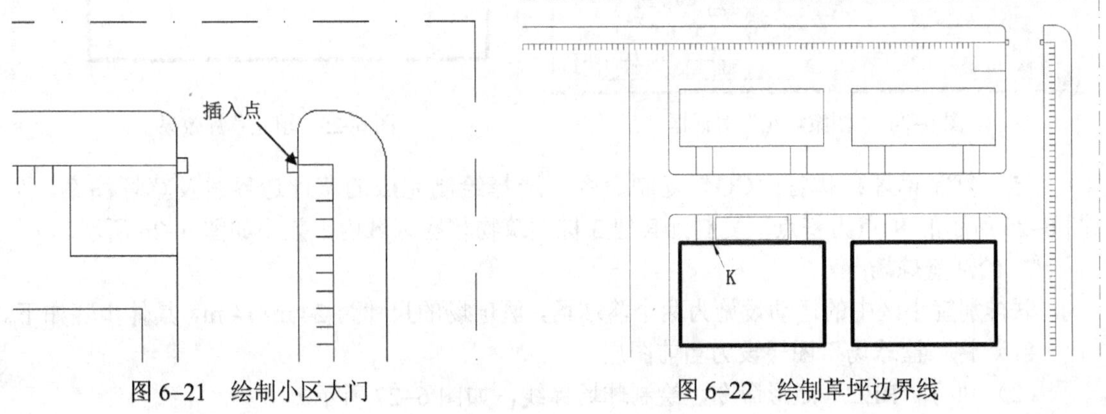

图 6–21　绘制小区大门　　　图 6–22　绘制草坪边界线

（3）执行“F”圆角命令，设置圆角半径为 500，对矩形草坪边界进行圆角操作，效果如图 6–23 所示。

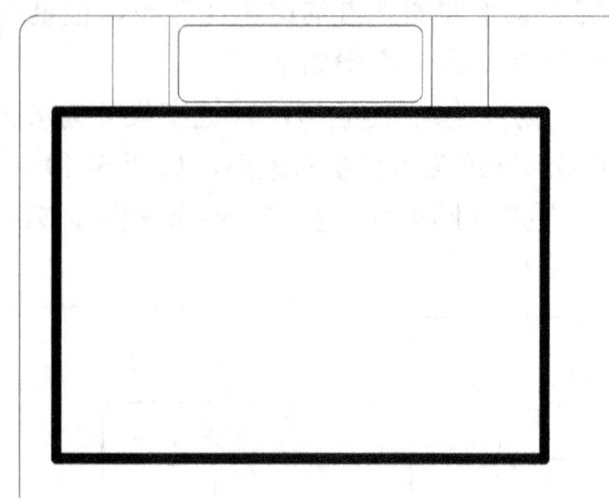

图 6–23　倒圆角后的效果

（4）执行“H”图案填充命令，在“图案填充和渐变色”对话框中设置图案为“GRASS”，并对比例参数进行调整，如图 6–24 所示，填充草坪效果如图 6–25 所示。

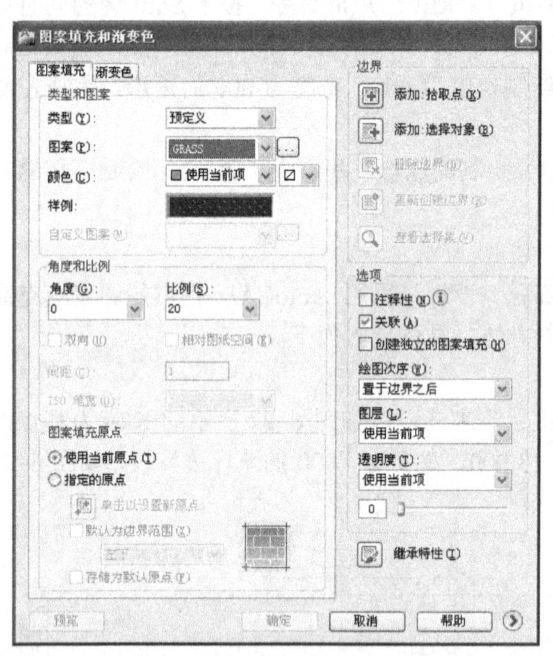

图 6–24　“图案填充”对话框

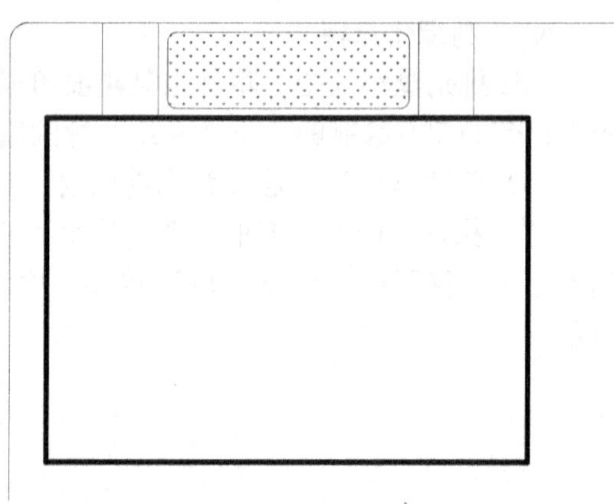

图 6–25　填充草坪效果

（5）复制草坪：执行“CO”复制命令，选择绘制完成的草坪边界线及草坪图案，以图 6–26 所示的 K 点为基点，复制到其他 3 栋建筑物相应区域内，效果如图 6–26 所示。

7. 绘制篮球场

联排别墅小区中的运动设施为两个篮球场，篮球场的尺寸为 24 m×14 m，具体步骤如下。

（1）将“篮球场”图层设为当前图层。

（2）执行“REC”矩形命令，绘制球场界线，如图 6–27 所示。

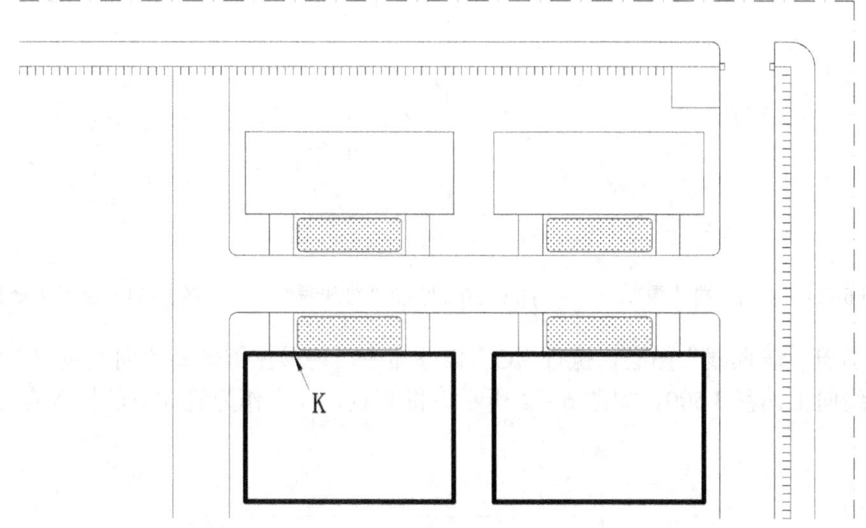

图 6–26　复制草坪的效果

（3）绘制“三分线”：执行“C”绘圆命令，捕捉步骤（2）绘制的矩形的上边中点为圆心，绘制半径为 6 000 的圆；执行“TR”修剪命令，修剪掉圆的上半部分，如图 6–28 所示。

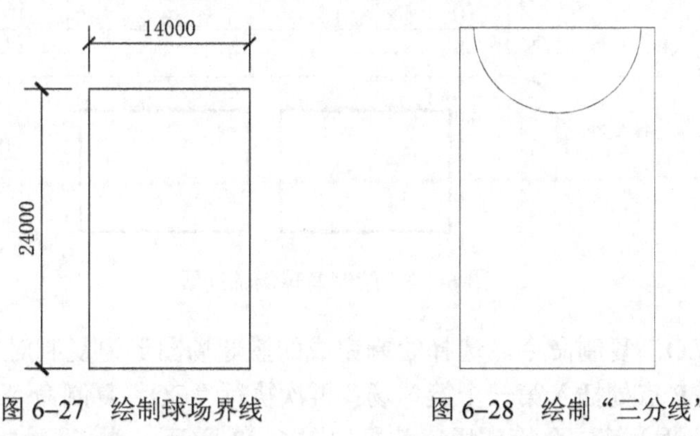

图 6–27　绘制球场界线　　图 6–28　绘制“三分线”

（4）绘制“罚球圈”：执行“C”绘圆命令，打开“对象追踪”功能，捕捉 14 000×24 000 矩形上边线中点，向下追踪 4 000 得到圆心，绘制半径为 1 500 的圆，如图 6–29 所示。

（5）绘制“罚球线”：执行“直线”或“多段线”命令，连接如图 6–30 所示的 L、M、N、O 四个点。绘制时可打开“对象追踪”功能，其中 L 点与 14 000×24 000 矩形左上角点的距离为 4 000，M、N 为步骤（4）绘制的圆的象限点，O 点与 14 000×24 000 矩形右上角点的距离为 4 000。

（6）绘制“中线”：执行“L”直线命令，连接 14 000×24 000 矩形左、右边中点绘制直线。

（7）绘制“中圈”：执行“C”绘圆命令，捕捉步骤（6）绘制的直线的中点为圆心，绘制半径为 1 500 的圆。

（8）执行“MI”镜像命令，选择篮球场半场图形为镜像对象，步骤（6）绘制的直线为镜像线，效果如图 6–31 所示。

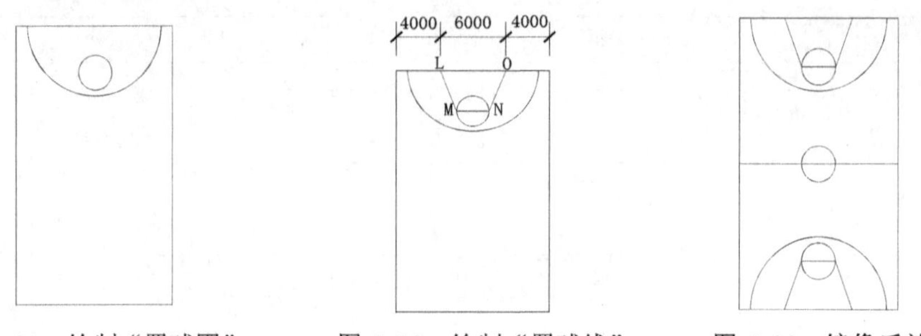

图 6–29　绘制“罚球圈”　　　图 6–30　绘制“罚球线”　　　图 6–31　镜像后效果

（9）打开“辅助线”图层，执行“O”偏移命令，将最左侧辅助线向左偏移 2 000，将最下方辅助线向上偏移 3 500，如图 6–32 所示，将 P 点、Q 点作为篮球场的插入点。

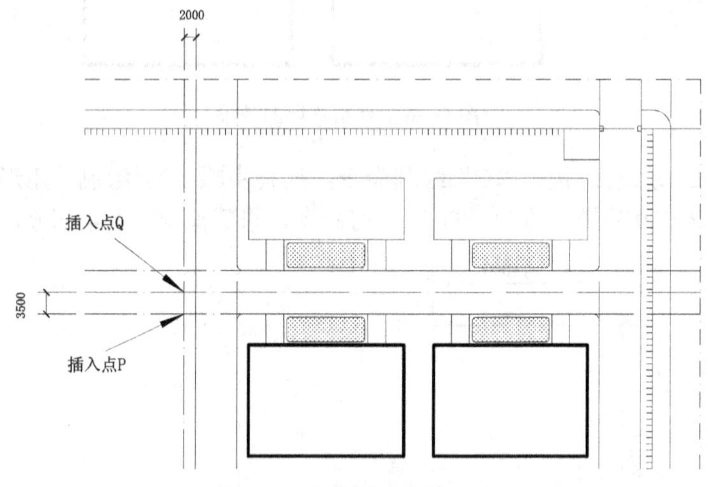

图 6–32　绘制篮球场辅助线

（10）执行“CO”复制命令，选择绘制完成的篮球场图形为复制对象，拾取篮球场的右上角点为基点，在 P 点处插入第一个篮球场；再次执行“CO”复制命令，以篮球场右下角点为基点，在 Q 点处插入第二个篮球场，效果如图 6–33 所示。

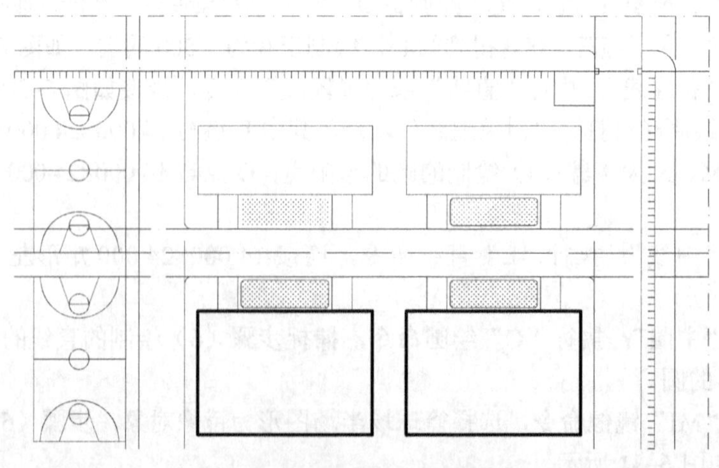

图 6–33　插入篮球场后的效果

6.2.3　添加尺寸标注、文字注释和图例

在已绘制的图形中必须添加尺寸标注、文字注释和图例，以使整幅图形内容和大小一目了然，具体绘制方法如下。

1. 尺寸标注和图例

建筑施工图必须依靠尺寸标注来表示出场地大小及各部分的相对位置，因此尺寸标注是现场施工的主要依据。在建筑总平面图中，尺寸标注的要求相对比较简单，但在后续的章节中，尺寸标注就比较复杂，这在后面的章节会详细地介绍。

根据有关建筑制图规范，尺寸标注必须符合以下规定。

（1）尺寸一般以毫米（mm）作为单位，当使用其他单位来标注尺寸时需要注明采用的尺寸单位。

（2）尺寸标注要简洁明了，一个尺寸只能标注一次，最好不要重复。

（3）施工图上标注的尺寸就是实际设计的建筑物的尺寸。

（4）标注尺寸的汉字要遵循规范的要求，采用仿宋字体，数字采用阿拉伯数字，有个别部分标注可以采用罗马数字。

（5）尺寸标注应该符合用户所在地设计单位的习惯。

建筑总平面图需要表示建筑物的层数，根据有关建筑制图标准，建筑物的层数采用一个填充的黑圆圈来表示，一个黑圆圈表示建筑物只有一层，两个黑圆圈表示建筑物有两层，三个黑圆圈表示建筑物有三层，下面依此类推，如图 6–34 所示。

图 6–34　层数的表示方法

在本建筑总平面图中，新建建筑物的层数为两层，传达室的层数为一层，已有建筑物的层数为三层，分别绘制即可。

总平面图添加尺寸标注、标高和建筑物层数标志的具体步骤如下。

（1）切换到“标注”图层，执行线性标注命令，标注新建建筑物和已有建筑物的尺寸，如图 6–35 所示。

（2）在新建建筑物图形上插入标高，输入标高数值 9.000，如图 6–35 所示。

（3）绘制层数标志：执行“C”绘圆命令，绘制半径为 800 的圆，使用“SOLID”图案填充；执行“CO”复制命令，将层数标志复制到建筑物相应位置。其中，已有建筑物为三层，新建建筑物为两层，传达室为一层，如图 6–35 所示。

2. 文字注释

在总平面图中，许多地方需要文字注释，从而说明施工图的有关信息，因此，文字注释也是建筑施工图的重要组成部分。文字注释的内容应该包括图名、比例、房间功能的划分、门窗符号、楼梯说明及其他有关的文字说明等。文字注释是为了便于施工参考，而需要把一些信息写到图纸上。对于建筑总平面图来说，需要注释的地方并不是太多，下面就详细介绍一下。

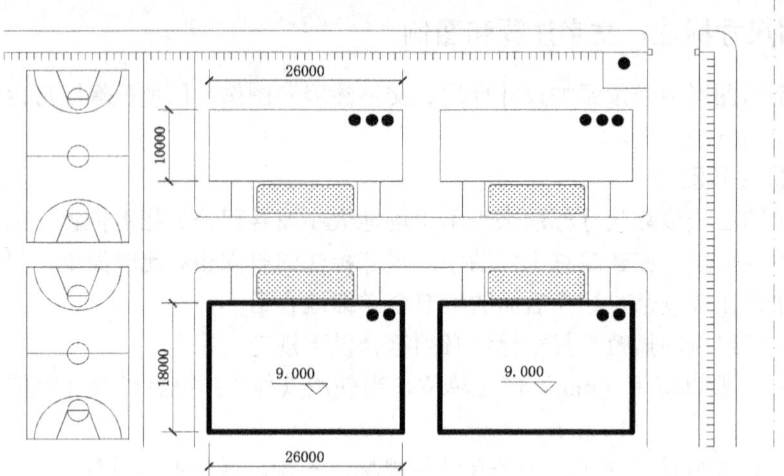

图 6–35　添加尺寸标注、标高和层数标志

文字注释的步骤如下。

（1）将“文字”图层设为当前图层。

（2）执行“多行文字”命令，为建筑物添加文字注释，文字高度设置为 1 500，如图 6–36 所示。

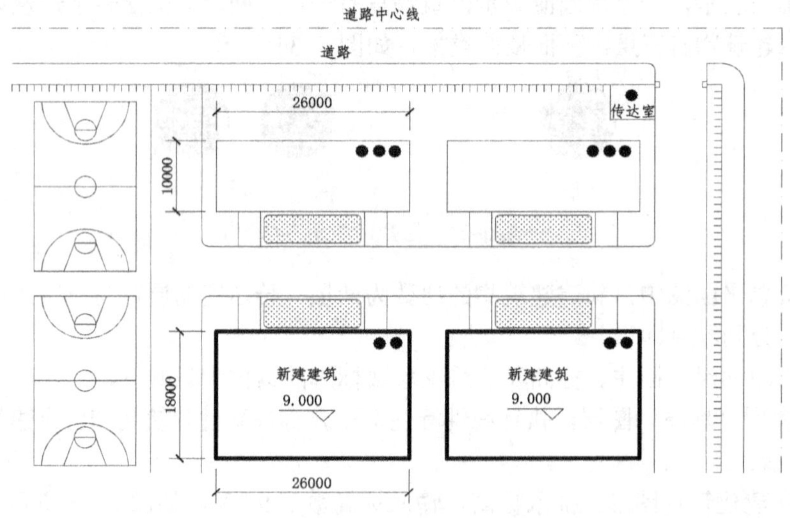

图 6–36　添加文字注释

（3）标注图名和打印比例：执行“多行文字”命令，设置文字高度为 4 000，在图纸的正下方添加文字注释“总平面图”和“1:1 000”，并在下面绘制一条粗线，一条细线，如图 6–37 所示。

图 6–37　标注图名和打印比例

6.2.4 打印输出

绘制好建筑图形之后，要将它打印到图纸上，用来指导工程设计和施工，打印的图形可以是图形的单一视图，也可以为更复杂的视图排列。根据不同的需要，可以打印一个或者多个视窗，或者设置选项以决定打印的内容和图纸的布局。

在打印图形的操作过程中，首先需要执行“Plot”打印命令，然后选择或设置相应的选项即可打印图形。当然，打印的前提是电脑连接了相应的打印机，并安装了打印驱动程序。操作步骤如下。

（1）执行“Plot”打印命令，或者按 Ctrl+P 键，打开如图 6–38 所示的“打印-模型”对话框。

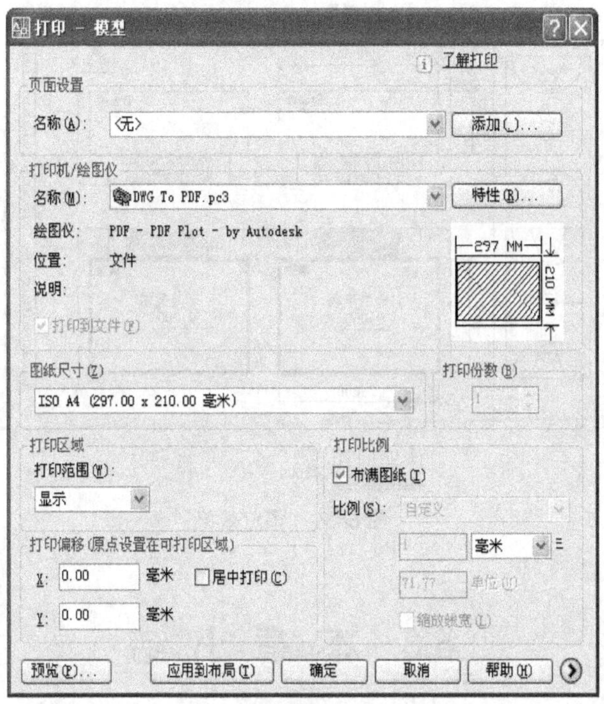

图 6–38 “打印-模型”对话框

（2）选择打印设备。“名称”下拉列表框包括所有当前和计算机相连并已经配置好的输出设备及 AutoCAD 提供的 PC3 输出设备文件，例如 DWF Eplot 电子输出方式。用户可以根据名称前面的图标区分打印机和设备文件。

（3）选择图纸尺寸。在“图纸尺寸”下拉列表框中，选择相应的图纸。

（4）设置打印区域。在“打印范围”下拉列表框中，选择输出图形的范围。其中，“图形界限”表示把设定的图形界限范围内的图形打印在图纸上，绘图界限外的图形则不被打印；“范围”表示打印图样中的所有图形对象；“显示”表示打印绘图窗口内显示的图形对象；“窗口”表示打印用户自己设定的区域，选择此项后，系统提示用户要指定打印区域的两个角点，以确定打印区域。我们通常使用“窗口”选择打印区域。

（5）设置打印比例。打印比例是图纸尺寸单位与图形单位的比例。绘制图形时根据实物按 1:1 的比例绘图，出图时要根据图纸尺寸确定打印比例。例如，当测量单位为毫米时，打印比例设定为 1:100 时，表示图纸上的 1 mm 代表 100 个图形单位。

（6）设置打印图形在图纸中的位置。缺省情况下，系统设置从图纸左下角（0，0）打印。用户可在“打印偏移”选项组中设定新的打印原点，此时图形将在图纸上沿着 X 轴和 Y 轴移动相应的位置。“居中打印”复选框可设置在图纸正中间打印图形。

（7）打印预览。单击“预览”按钮即可进入预览状态，按 Esc 键返回该对话框，或单击程序窗口左上角“关闭预览窗口”按钮⊗，退出预览状态。如果预览效果不理想，重新设定每个选项卡上的打印参数，重新预览。

图 6–39 所示为较好的预览效果。

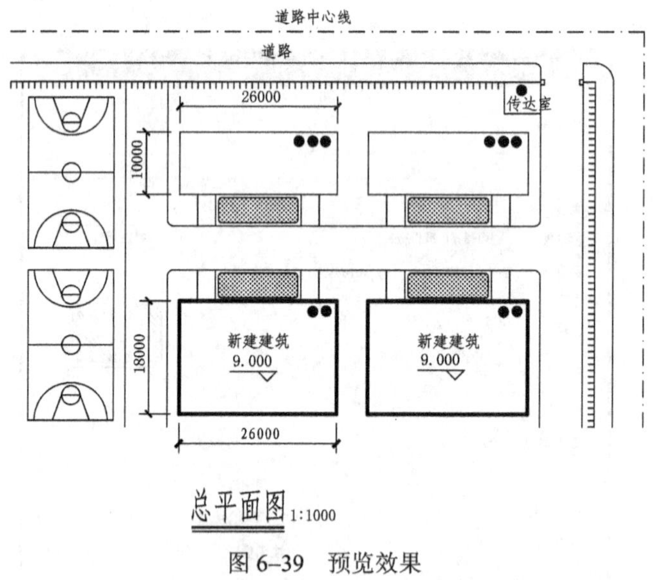

图 6–39　预览效果

6.3　本章小结

在学习了 AutoCAD 的基础命令和操作之后，本章向用户详细介绍了如何利用 AutoCAD 绘制建筑总平面图，包括绘制的内容和步骤，使用户对 AutoCAD 的基础命令有了更为深刻的了解。

在绘图过程中，用户应该注意利用好 AutoCAD 的辅助绘图工具，尤其是使用频率较高的正交和对象捕捉，并注意利用对象捕捉的各种方式。用户也应熟练使用图层和图块，尤其是后者，因为在建筑制图的过程中，工作量是非常大的，而且重复性很高，将一些基本的图形制作成图块，可以达到事半功倍的效果。

本章讲述了关于打印的知识，在以后章节的打印过程中，也将用到本章所述的相关知识，这在以后章节中将不再重复介绍。

6.4　上机操作习题

【习题】请运用本章所讲方法，按照图 6–40 所示，独立完成建筑总平面图的绘制。

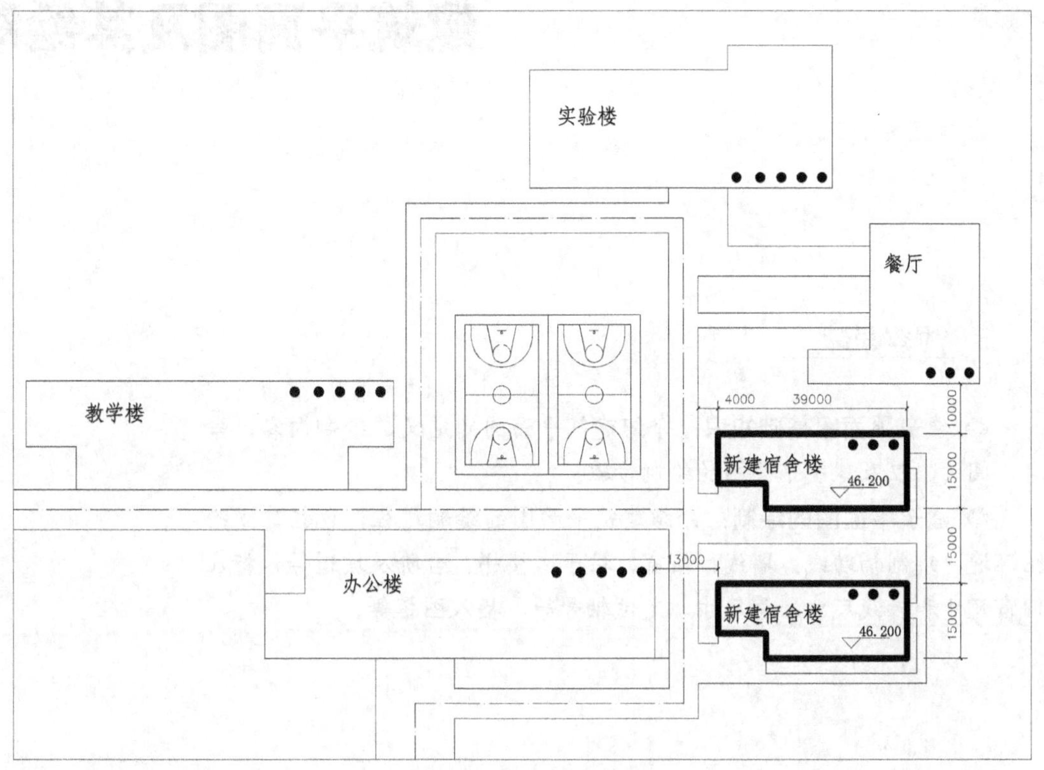

图 6–40　某总平面图

第7章 建筑平面图及其绘制

内容导读

◎ **建筑平面图基础知识**：介绍建筑平面图的定义、绘制内容、命名、阅读，以及建筑平面图的绘制步骤。

◎ **建筑平面图的绘制**：介绍建筑平面图的绘制过程，包括建立绘图环境，绘制辅助线、墙线、门窗、柱子、楼梯、台阶及坡道等，标注门窗尺寸和轴线尺寸、总尺寸、定位轴号等，插入图框等。

7.1　建筑平面图基础知识

在具体绘制图形之前，首先要熟悉平面图的基础知识，本书将建筑平面图的一些基础知识概括如下。

7.1.1　建筑平面图的定义

建筑平面图是通过使用一假想水平剖切面，将建筑物在某层门窗洞口范围内剖开，移去剖切平面以上的部分，对剩下的部分作水平面的正投影图形成的。建筑平面图又简称平面图，一般通过其来表示建筑物的平面形状，房间的布局、形状、大小、用途，墙、柱的位置及墙厚和柱子的尺寸，门窗的类型、位置，尺寸大小以及各部分的联系。

建筑平面图是建筑施工图中最重要又是最基本的图样之一，是施工放线、墙体砌筑和安装门窗的依据。一般情况下，三层或者三层以上的建筑物，至少应绘制三个楼层平面图，即首层平面图、中间层平面图和顶层平面图。

屋顶平面图也是一种建筑平面图，它是在空中对建筑物的直接水平正投影图。

7.1.2　建筑平面图的绘制内容

建筑平面图的内容主要概括为以下几部分。

（1）反映建筑物某一层的平面形状，房间的位置、形状、大小、用途及相互关系。

（2）墙、柱的位置、尺寸、材料、形式，各房间的门、窗的标号及其位置和开启形式等。

（3）门厅、走道、楼梯、电梯等交通联系设施的位置、形式、走向等。

（4）其他的设施、构造，例如阳台、雨篷、台阶、雨水管、散水、卫生器具、水池等。

（5）属于本层但又位于剖切平面以上的建筑构造及设施，例如高窗、隔板、吊柜等（按规定采用虚线表示）。

（6）首层平面图还应包括指北方向、建筑剖面图的剖切位置、室内外地坪标高等。

（7）表明主要楼、地面及其他主要台面的标高，注明总尺寸、定位轴线间的尺寸和细部尺寸。

（8）屋顶平面图则主要表明屋面的平面形状、屋面坡度、排水方式、雨水口位置、挑檐、女儿墙、烟囱、上人孔、电梯间、水箱间等构造和设施。

（9）在另外有详图的部位，注有详图的索引符号。

（10）图名和绘制比例。

7.1.3　建筑平面图的命名

建筑平面图的命名一般遵循“绘制的平面图是第几层就在图的正下方标注相应名称”的原则，如“地下一层平面图”“二层平面图”等。如果房屋的布局相同或者局部相同，可以使用“标准层平面图”，或者使用“X 层—Y 层平面图”，局部不同的需要绘制局部平面图。如果不方便按上述方法命名，有时也会以楼层的标高命名，如“-3.000 平面图”。

7.1.4 建筑平面图的阅读

对于一个优秀工程师而言，读图是与绘图同等重要的一项基本技能。建筑平面图的阅读步骤如下。

（1）首先阅读图名、比例及文字说明。

（2）了解房屋的平面形状、总尺寸及朝向。

（3）由定位轴线了解建筑物的开间、进深。

（4）了解各房间的形状、大小、位置、面积、用途和相互关系、交通状况。

（5）了解墙柱的定位和尺寸。

（6）了解室内外相关标高。

（7）读门窗图例和编号。

（8）了解细部构造及设备、设施等。

（9）查看剖面图的标注符号。

（10）查看详图的索引符号。

7.1.5 建筑平面图的绘制步骤

下面我们将开始介绍建筑平面图的绘制步骤。一般情况下，可采用 AutoCAD 的基本绘图、编辑等命令进行操作。其绘制步骤如下。

（1）创建新图形，设置绘图环境。

（2）绘制轴线及辅助线。

（3）绘制墙线。

（4）绘制门窗。

（5）绘制柱网。

（6）绘制楼梯、阳台、台阶等。

（7）绘制散水等其他构件。

（8）文字、尺寸标注。

（9）图形清理。

在下一节中，本书将通过具体实例（别墅首层平面图，如图 7-1 所示），向用户详细介绍利用 AutoCAD 绘制建筑平面图的具体步骤。

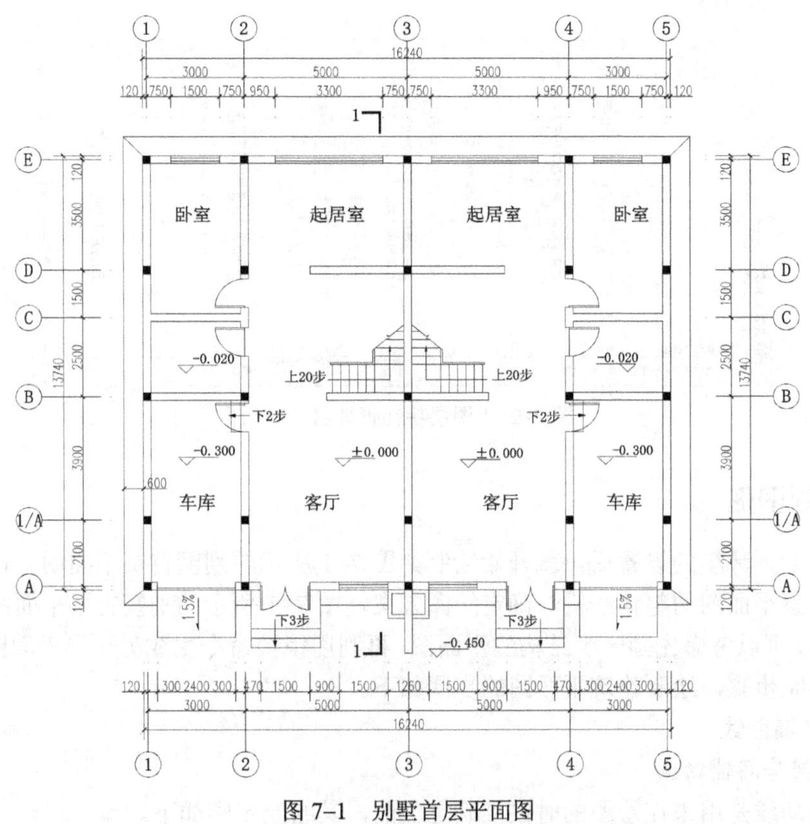

图 7–1　别墅首层平面图

7.2　建筑平面图的绘制

本章前一节主要向用户介绍了建筑平面图的内容和绘制步骤，在本节中，将要利用上节中所介绍的方法，通过一个具体的实例，向用户具体展示如何利用 AutoCAD 绘制建筑平面图。

7.2.1　建立绘图环境

按 Ctrl+N 键，新建文件，打开通过二维码下载的“平面样板.dwt”文件为样板图，得到新建立的文件。

按 Ctrl+S 键，保存文件，将新文件保存为“建筑平面图”。

执行“OP”（“工具”→“选项”）命令，打开“选项”对话框，设置系统自动保存文件时间。具体操作步骤为：在“选项”对话框中，单击“打开和保存”选项卡，选择“自动保存”复选框，并将时间设置为 10 分钟，单击“确定”按钮完成。这样在绘制的过程中每隔 10 分钟系统会自动保存文件。

使用该样板图设置好的绘图环境。执行“LA”图层命令，打开“图层特性管理器”对话框，创建图层，如图 7–2 所示。

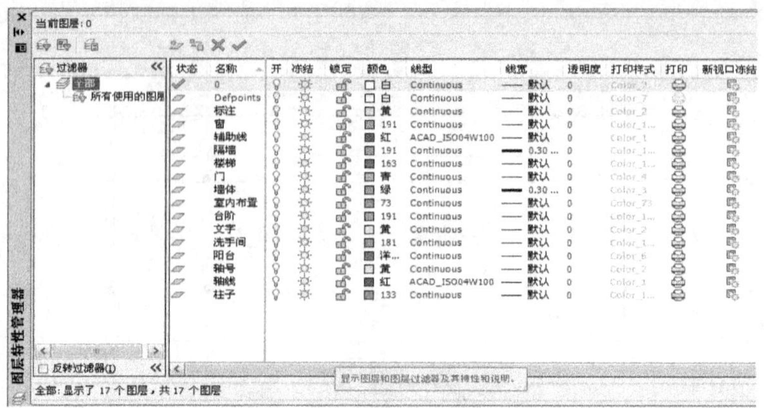

图 7–2 “图层特性管理器”对话框

7.2.2 绘制图形

完成了绘图环境的设置后，就开始绘制如图 7–1 所示的别墅首层平面图。在绘图之前，首先仔细观察平面图的整体结构，确定绘图方案，图 7–1 所示的别墅首层平面图是一个完全对称的结构，可以考虑先画一半结构的平面图，再利用镜像命令生成另一半平面图。按照 7.1.5 节所述的绘制步骤，绘制建筑平面图的步骤如下。

1. 绘制辅助线

1）绘制房间辅助线

房间辅助线是用来在绘图的时候准确定位的，其绘制步骤如下。

（1）将当前图层置为“辅助线”图层，执行“L”直线命令，绘制长度为 10 000 的水平直线和长度为 16 000 的垂直直线。

（2）执行“O”偏移命令，依次将水平轴线向上偏移 2 100、3 900、2 500、1 500、3 500，再将垂直轴线依次向右偏移 3 000、5 000，如图 7–3 所示。

2）绘制底部辅助线

执行“O”偏移命令，绘制底部门窗洞口辅助线，如图 7–4 所示。

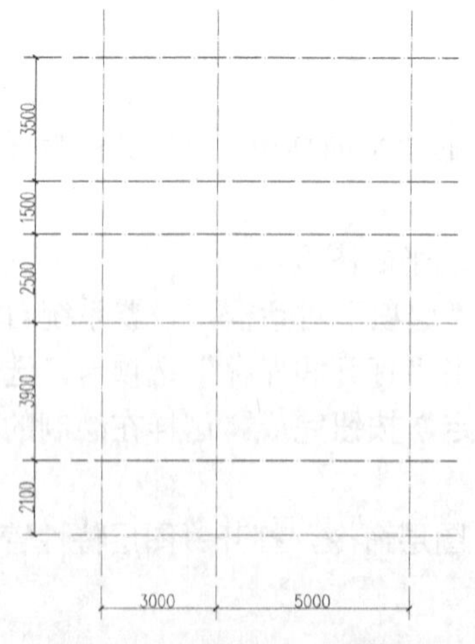

图 7–3 绘制房间辅助线

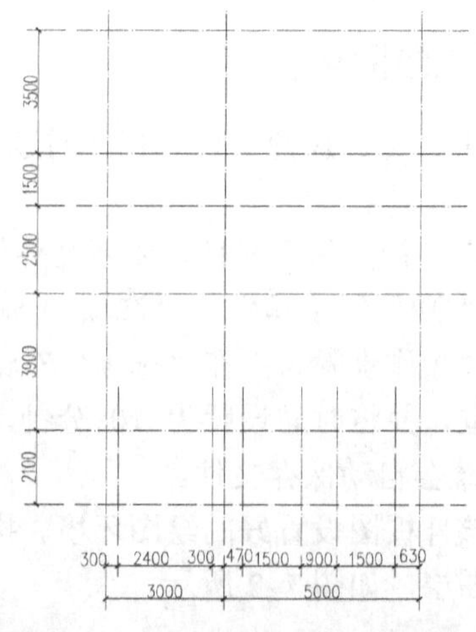

图 7–4 绘制底部门窗洞口辅助线

提示：绘制辅助线时，需要拉伸的点比较多，可以将偏移得到的第一条辅助线的两个端点进行拉伸，再对其进行偏移，得到其他辅助线。

3）绘制中间辅助线

执行“O”偏移命令，绘制中间门洞辅助线，如图 7–5 所示。

4）绘制上部辅助线

执行“O”偏移命令，绘制上部窗洞辅助线，如图 7–6 所示。

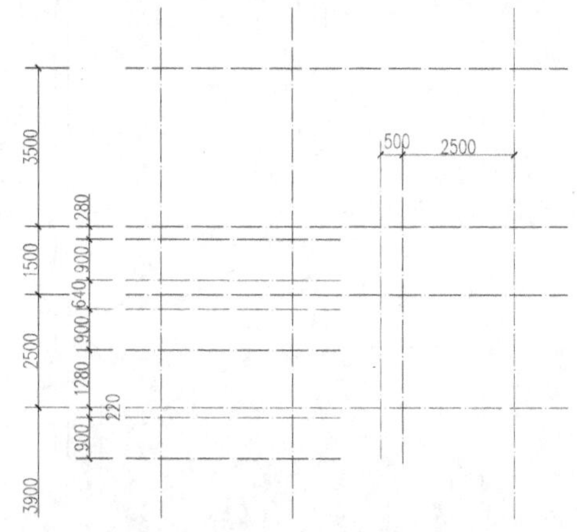

图 7–5　绘制中间门洞辅助线

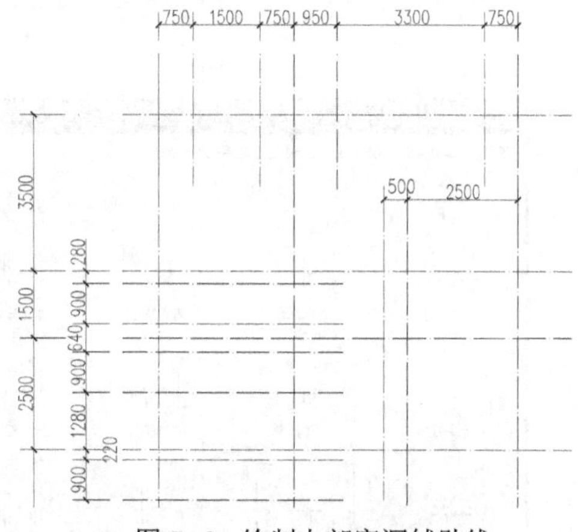

图 7–6　绘制上部窗洞辅助线

2. 绘制墙线

墙的绘制在建筑制图中占有很重要的地位，因为墙线能够表示出建筑平面的分隔方式。在 AutoCAD 中，可以用两种方法绘制墙线，一种是通过偏移命令利用已有轴线绘制出墙线，并将其图层切换至“墙体”图层，再用修剪或倒角命令修改墙线；另一种是通过多线命令绘制墙体，然后再编辑多线，在多线相交处通过 Mledit 命令整理墙体的交线，然后在墙体中添加门窗洞。本例采用第二种方法绘制墙线，具体步骤如下。

（1）将当前图层设为“墙体”图层，同时在状态栏中打开“对象捕捉”辅助工具，设置“草图设置”对话框中对象捕捉模式为端点和交点对象捕捉方式，如图 7–7 所示。

（2）执行“ML”（“绘图”→“多线”）命令，绘制墙线，修改当前设置为“对正=无，比例=240.00，样式=WALL”，绘制相应的墙体，如图 7–8 所示。

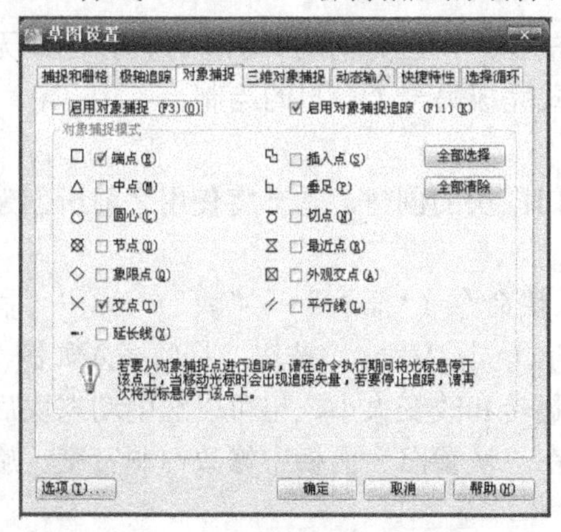

图 7–7　“草图设置”对话框

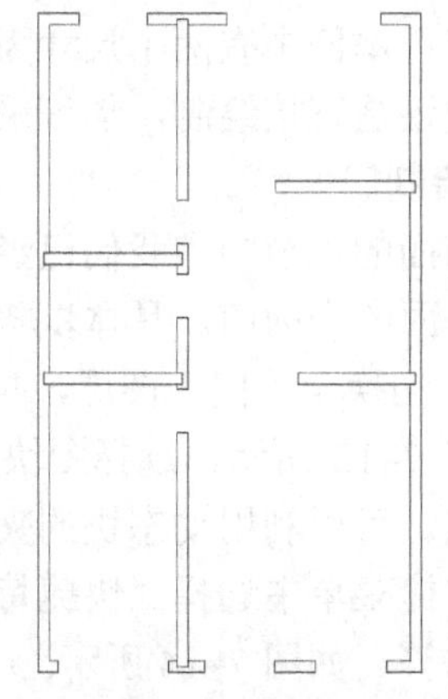

图 7–8　绘制墙线

（3）在多线上任意位置双击鼠标左键，执行“Mledit”命令或选择“修改”→“对象”→“多线”命令，弹出“多线编辑工具”对话框（如图 7–9 所示），选择“T 形合并”按钮，对墙体 T 形相交的地方进行修改。

注意：在进行 T 形合并时，当提示选择第一条多线时，单击 T 形的竖线部分，然后选择横线部分，效果如图 7–10 所示。

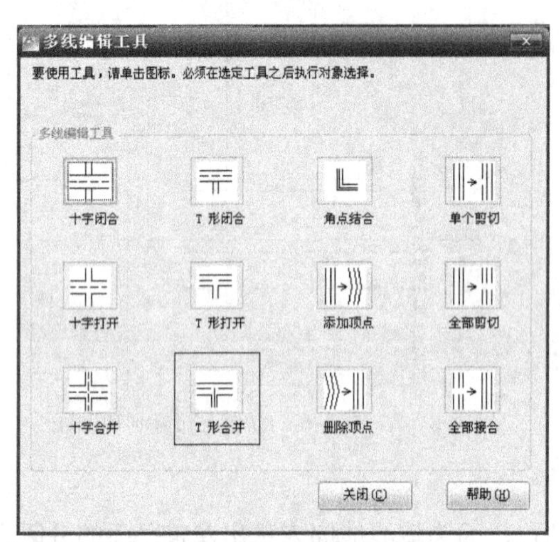

图 7–9 “多线编辑工具”对话框

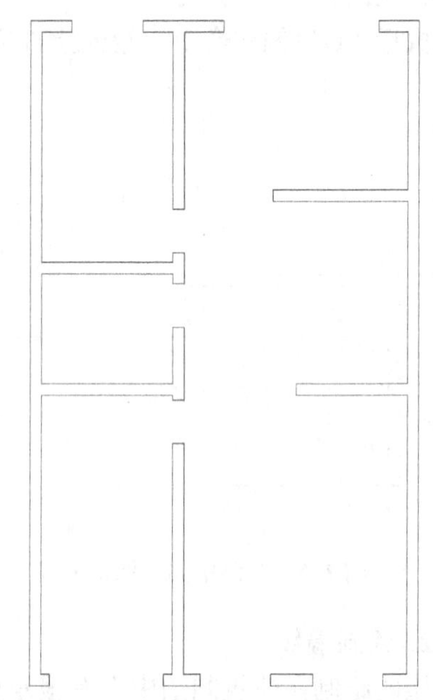

图 7–10 对多线进行 T 形合并的效果

3. 绘制窗

窗的绘制过程一般采用多线和图块两种方式绘制，这里以多线方式进行介绍。具体步骤如下。

（1）创建多线样式“WIN”，两端直线封口，增加±0.2 两条线。

（2）将图层切换到“窗”图层。

（3）执行“ML”命令，设置“对正=无，比例=240.00，样式=WIN”，绘制窗户，效果如图 7–11 所示。

提示：本例中有两个尺寸为 240×1 500 的窗户，且方向均为水平轴向，因此无论采用多线、图块还是直接绘制，都可采用复制的方式完成另一个窗户的绘制。

4. 绘制门

在前面的章节中，我们已经详细讲解了门图块的创建，本节将使用之前所创建的门图块来绘制平面图中的门。具体步骤如下。

（1）切换至“门”图层，执行“I”插入块命令（“插入”→“块”），弹出“插入”对话框，如图 7–12 所示，选择图块“动态块门”，单击“确定”按钮，将门插入如图 7–13 所示的插入点。可以利用动态块的夹点对其进行翻转和改变大小，也可以选中动态块后右击，在弹出的快捷菜单中选择“快捷特性”命令，在“块参照”面板中修改门洞宽度、旋转角度和翻转状态等，如图 7–14 所示。

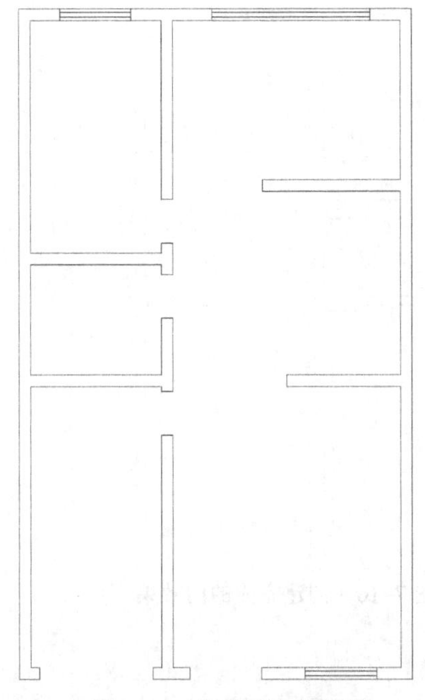

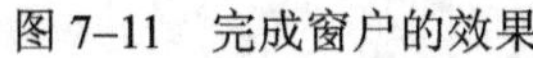

图 7–11　完成窗户的效果

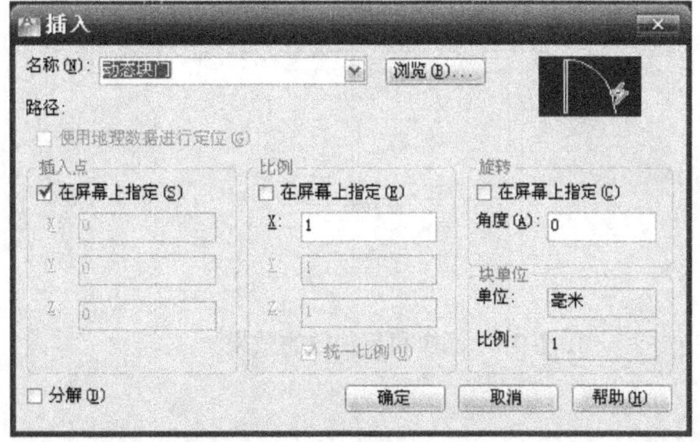

图 7–12　设置插入参数

（2）执行“MI”镜像命令，对步骤（1）创建的门为对象执行镜像操作；执行“CO”复制命令，以镜像的门为复制对象，基点为门轴，插入点为门洞与轴线的交点，效果如图 7–15 所示。

（3）使用镜像、复制等命令，采用步骤（1）～（2）的方法可以创建对开门，如图 7–16 所示。

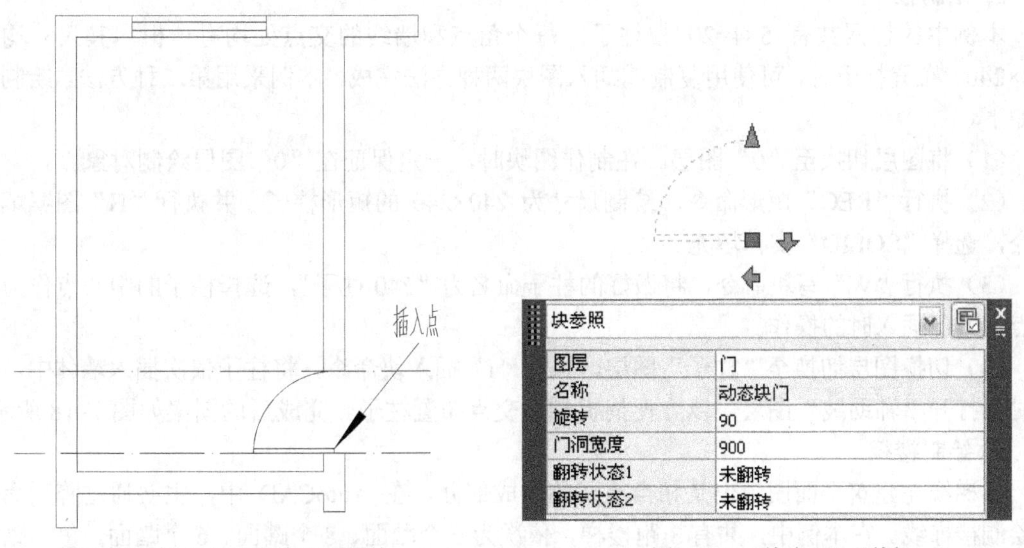

图 7–13　插入“动态块门”图块　　　　图 7–14　“块参照”面板

（4）绘制车库门。执行直线命令绘制一条直线，并将其向内偏移 60，完成车库门的绘制，如图 7–17 所示。

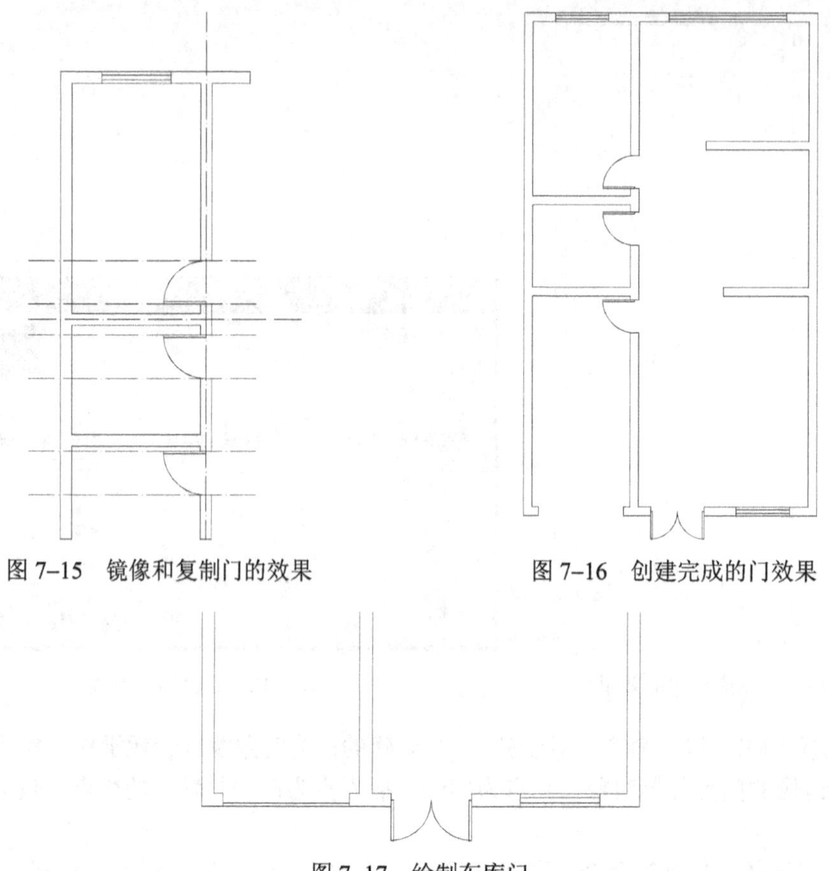

图 7–15　镜像和复制门的效果

图 7–16　创建完成的门效果

图 7–17　绘制车库门

5. 绘制柱子

本例中的柱网共有 5×4=20 根柱子，每个角点和墙线的交点处均有一根，其尺寸均为 240×240。布置柱子时，可使用复制或插入图块两种方法完成，本例采用第二种方法。绘制步骤如下。

（1）将图层切换至“0”图层。在制作图块时，一定保证在“0”图层绘制对象。

（2）执行“REC”矩形命令，绘制尺寸为 240×240 的矩形柱子，并执行“H”图案填充命令，选择“SOLID”实体填充。

（3）执行“W”写块命令，将做好的柱子命名为“240 柱子”，选择柱子的中心点作为插入点，方便插入时的操作。

（4）切换图层切换至“柱子”图层，执行“I”插入块命令，将柱子依次插入墙体中。插入时要打开“辅助线”图层，以方便捕捉轴线交点布置柱子。完成后的图案如图 7–18 所示。

6. 绘制楼梯

楼梯线在建筑平面图中也是相当重要的组成部分。在 AutoCAD 中，主要通过阵列命令来绘制楼梯线。在本例中，共有 3 跑楼梯，依次为 6 个踏面、8 个踏面、6 个踏面，每一踏面宽为 260；楼梯共有 2 个休息平台，每个正方形休息平台宽 900；楼梯扶手矩形宽 100。

本例为首层平面图，从第 2 个平台下方剖切，将第 2 跑楼梯段断开，因此只画第 1 跑楼梯和第 2 跑楼梯的一半。绘制楼梯的效果及详细尺寸如图 7–19、图 7–20 所示，使用偏移、直线、多段线、阵列等命令绘制踏步、休息平台、扶手等内容。

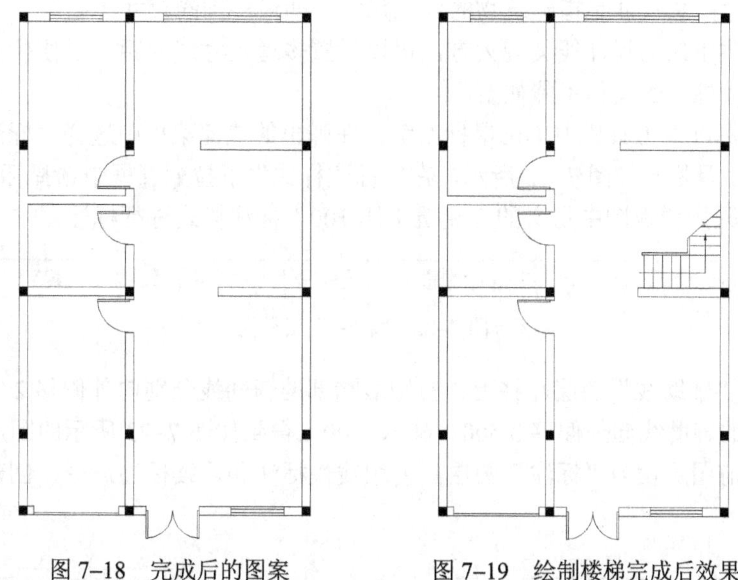

图 7–18　完成后的图案　　　图 7–19　绘制楼梯完成后效果

7. 绘制台阶及坡道

将图层切换至“台阶”图层。

（1）绘制坡道：执行“PL”多段线命令，绘制车库门前的坡道。其中，多段线的长度分别为垂直 1 500、水平 2 400、垂直 1 500。

（2）绘制台阶：执行直线、偏移命令，绘制入户门台阶踏步线，以及车库通向客厅的门台阶踏步线。其中，踏步宽度为 300，长度为 2 115，效果如图 7–21 所示。

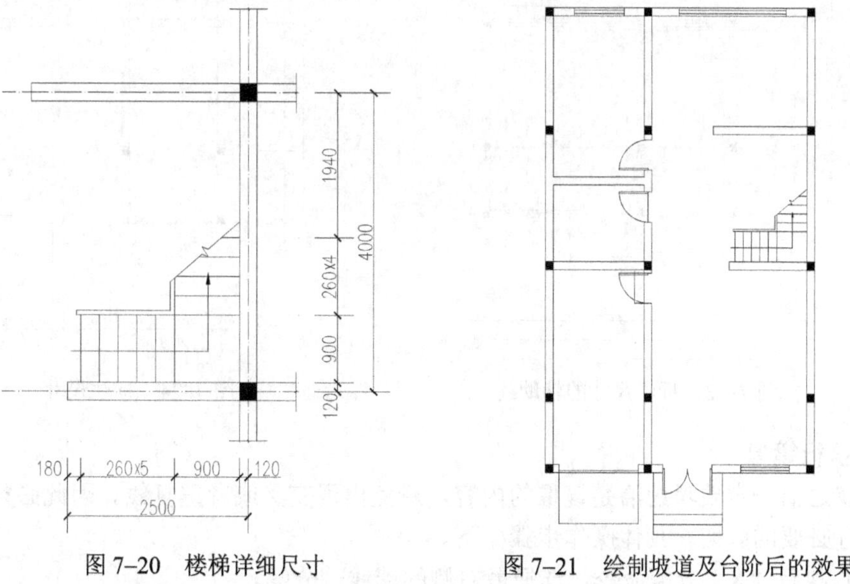

图 7–20　楼梯详细尺寸　　　图 7–21　绘制坡道及台阶后的效果

8. 标注门窗尺寸和轴线尺寸

通常情况下，在建筑平面图中需要标注三道尺寸线，即细部尺寸、轴线尺寸、总尺寸。

细部尺寸是指门洞、窗洞等细部位置的定形、定位尺寸；轴线尺寸是指轴线之间的尺寸，即开间和进深尺寸；总尺寸是指建筑物的外包尺寸，即最外围的尺寸。

为了让标注出来的尺寸线美观大方，可以设置多道尺寸线间距，以便标注完成后尺寸线间距相同。尺寸标注的具体步骤如下。

（1）在“标准”工具栏中单击鼠标右键，在弹出的快捷菜单中选择“标注”选项，从而打开“标注”工具栏，如图 7–22 所示，在“标注样式”下拉列表框中选择标注样式“建筑 1 比 100”，本节采用样板图中定义的“建筑 1 比 100”标注样式进行标注。

图 7–22 “标注”工具栏

（2）打开“辅助线”图层，将上、左侧最端部的辅助线分别向外偏移 2 000、600、600；将下侧最端部的辅助线向外偏移 3 500、600、600，得到如图 7–23 所示的图形。

（3）将当前图层设为“标注”图层，使用线性标注和连续标注命令，创建尺寸标注，如图 7–24 所示。

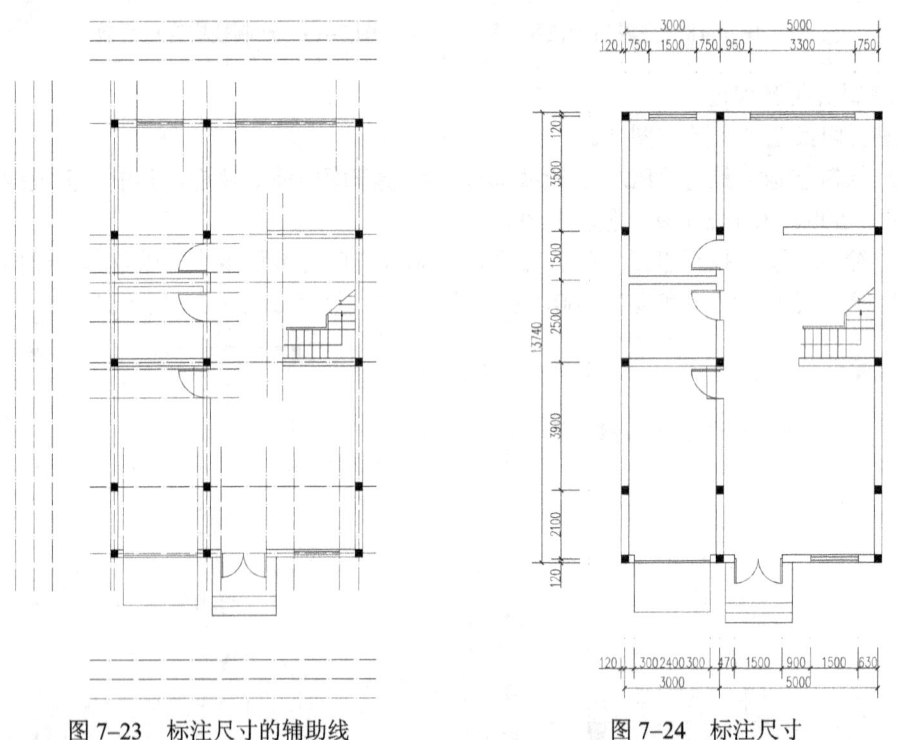

图 7–23 标注尺寸的辅助线

图 7–24 标注尺寸

9. 执行镜像

镜像之前一定要考虑清楚镜像的内容，避免出现交叉或者重复线。因此必须依据居中的轴线进行必要的剪切。具体操作步骤如下。

（1）执行“X”分解命令，选择最右侧的墙线，分解。

（2）执行“TR”修剪命令，选择最右侧的垂直轴线为边界进行剪切，关闭“轴线”图层后可以看到如图 7–25 所示的准备镜像的图形对象。

（3）打开“轴线”图层，执行“MI”镜像命令，选择需要镜像的图形对象（包含轴线及辅助线，但不能选择中心轴线及其上的柱子），选择中心轴线作为镜像线，得到如图 7–26 所示的镜像后的图形对象。

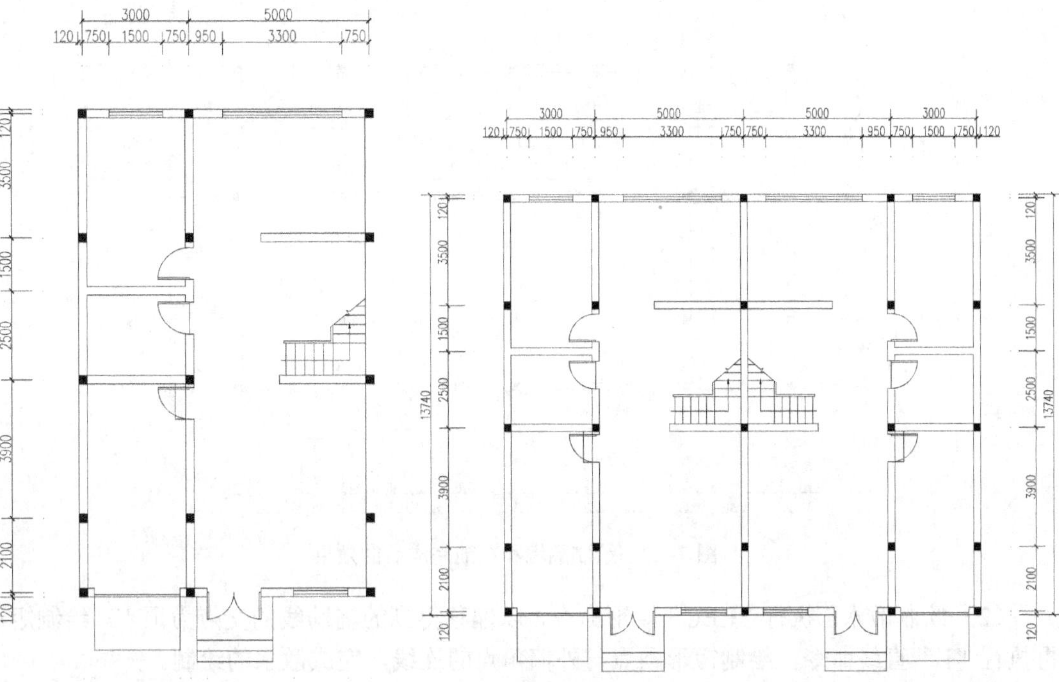

图 7–25　准备镜像的图形对象　　　　图 7–26　镜像后的图形对象

10. 绘制隔墙及花池

1）绘制隔墙

切换到“墙体”图层，执行“ML”多线命令，修改当前设置为“对正=无，比例=240.00，样式=WALL”，绘制两个单元之间的隔墙。绘制时，隔墙线要与墙体线断开。隔墙线长度为 2 000。

2）绘制花池

（1）切换到“台阶”图层，执行“REC”矩形命令，以隔墙和外墙的拐角处为起点，绘制长为 510，宽为 900 的矩形。

（2）执行“O”偏移命令，将矩形向内偏移 120；再执行夹点编辑，将偏移得到的矩形靠近隔墙一侧的两个顶点拉伸至隔墙。

（3）执行“MI”镜像命令，将花池镜像至隔墙的另一侧。绘制隔墙和花池完成后效果如图 7–27 所示。

11. 绘制散水

本例中，建筑物散水的宽度为 600。绘制方法如下。

（1）绘制辅助线：切换至“辅助线”图层，将上、下、左、右四个方向最外侧的辅助线分别向外偏移 720；

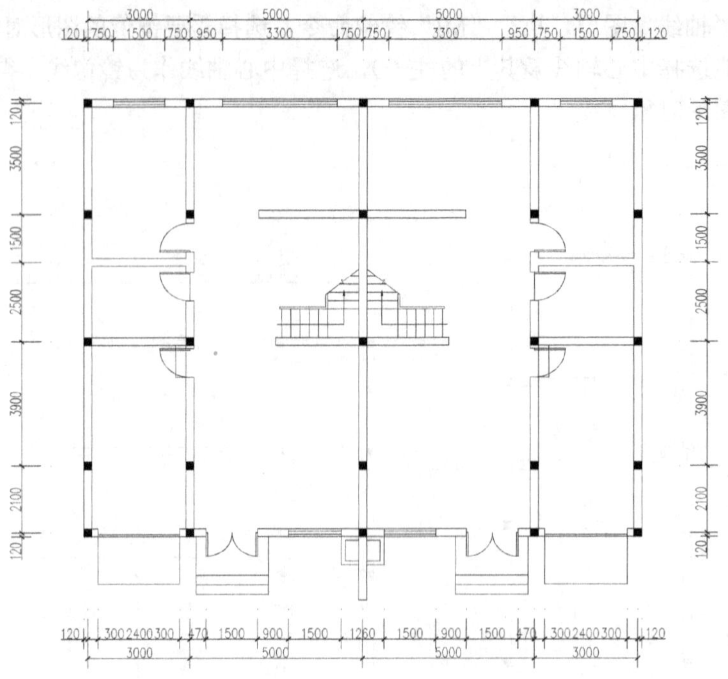

图 7–27　绘制隔墙和花池完成后的效果

（2）绘制散水：执行“REC”矩形命令，以偏移得到的辅助线的交点为顶点，绘制矩形。再执行“L”直线命令，绘制矩形顶点与外墙角点的连线，完成散水的绘制。

（3）执行“TR”修剪命令，将散水与台阶和坡道重合处进行剪切。绘制散水完成后效果如图 7–28 所示。

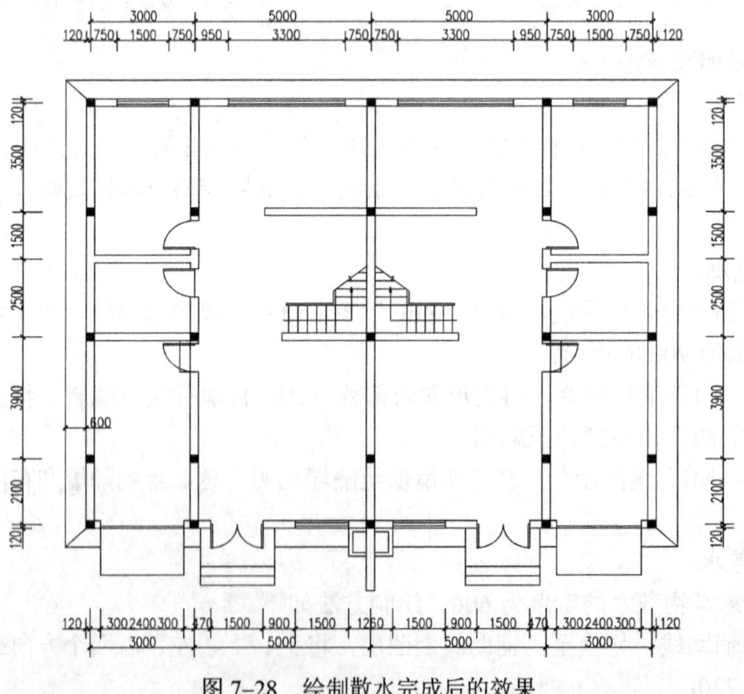

图 7–28　绘制散水完成后的效果

12. 标注总尺寸

执行尺寸标注命令，标注每侧的总尺寸。标注时应注意，总尺寸应为建筑物的最外围尺寸，如图 7–29 所示。

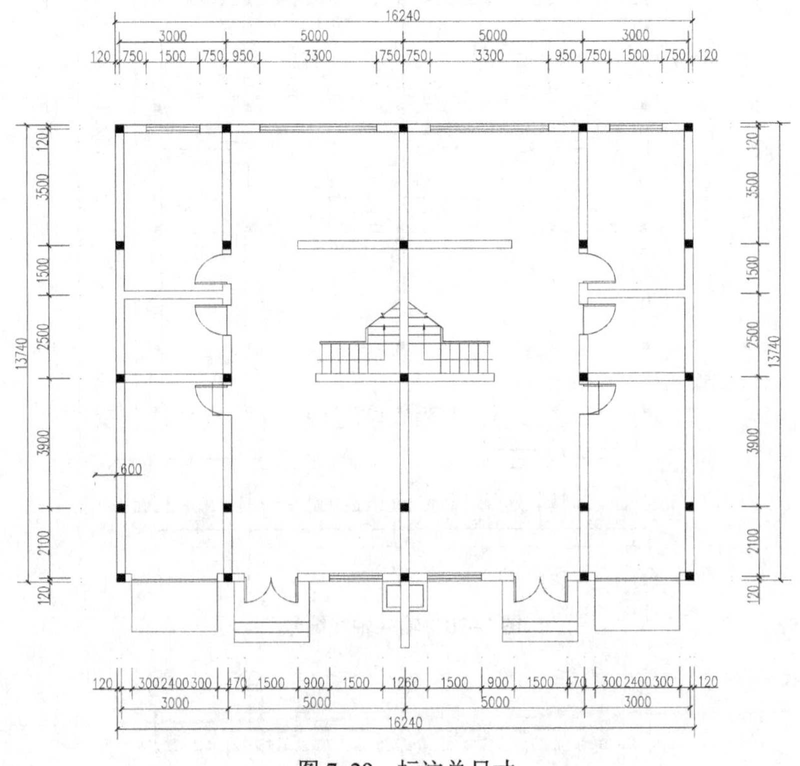

图 7–29　标注总尺寸

13. 标注定位轴号

前面学习过程中，已经使用图块的属性定义方式，将上轴号、下轴号、左轴号、右轴号定义，并且执行写块命令，以文件形式将图块保存。

在本例中执行“I”插入块命令，分别选择“上轴号”“下轴号”“左轴号”“右轴号”，根据提示输入具体的轴号就可以得到每一侧的定位轴号，如图 7–30 所示。

14. 标高标注

在建筑平面图上，除了需要标注出各部位长度和宽度方向的尺寸之外，还要注出楼地面等的相对标高，以表明各房间的楼地面对标高零点的相对高度。

根据前面所学内容，创建标高图块：绘制标高符号，定义属性，再执行“W”写块命令，将其保存至硬盘中，方便在绘制其他图形时使用。

执行“I”插入块命令，捕捉相应插入位置，标注相应标高，效果如图 7–31 所示。

15. 文字注释

在已绘制的图形中必须添加文字注释，以使整幅图形的内容一目了然。文字注释的具体步骤如下：

将“文字”图层设为当前图层，使用标注样式“建筑注释文字”，执行“DT”单行文字命令，书写房间名称，并调整对应的字体和相应的位置，效果如图 7–32 所示。

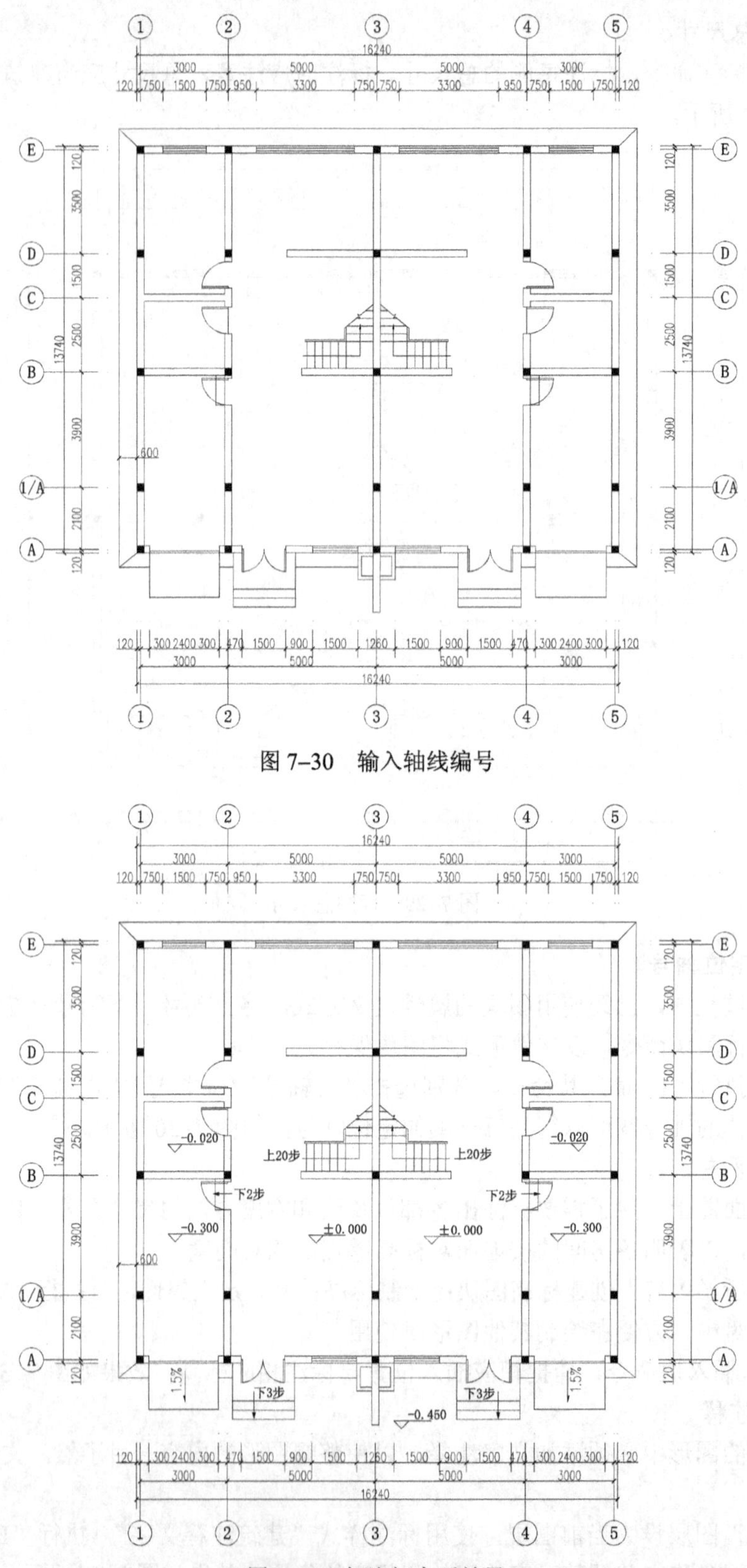

图 7–30　输入轴线编号

图 7–31　标注标高后效果

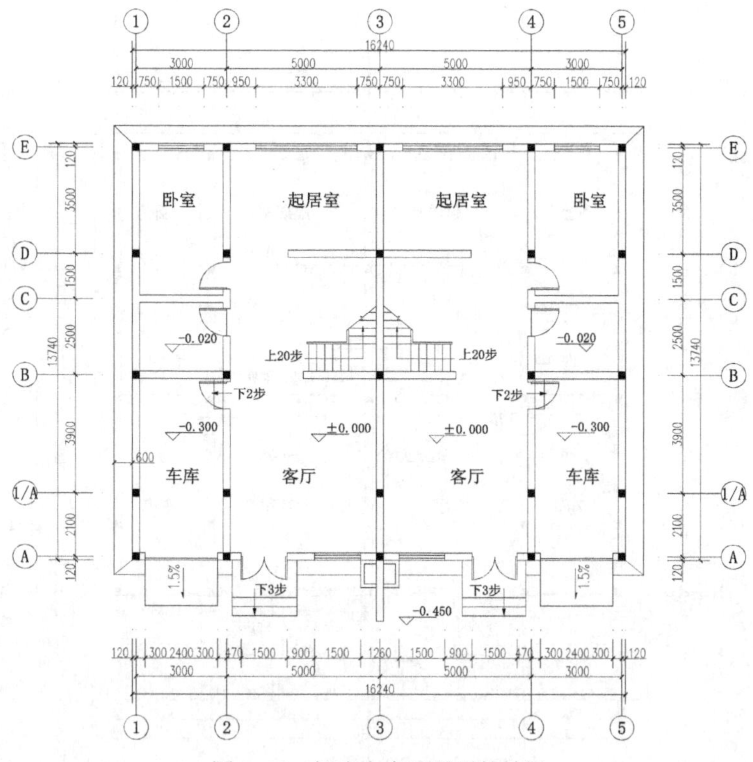

图 7–32　标注文字注释后的效果

16. 绘制剖切符号

在首层平面图中，应画出建筑剖面图的剖切位置和剖切符号，一般民用建筑在选择剖切位置时需经过门窗洞口或楼梯间等有代表性的位置进行剖切。本例中的剖切位置选择在 2 号轴、3 号轴间，经过窗洞、楼梯、墙体、楼板、屋面等，沿横向将建筑物全部剖切开来，移去右侧部分并向左侧投影。

剖切符号的绘制如下。

（1）将图层切换至“标注”图层；

（2）使用“PL”多段线来绘制剖切符号，设置线宽为 60；

（3）使用标注样式“建筑注释文字”，执行“DT”单行文字命令，设置文字高度为 400，添加注释文字，标注数字的方向为投影方向。剖切符号如图 7–33 所示。

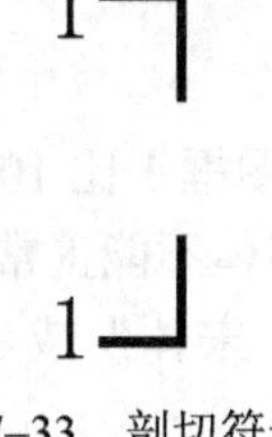

图 7–33　剖切符号

（4）使用“MI”镜像命令，绘制出另一侧的剖切符号，并使用“M”移动命令将剖切符号移动到剖切位置。效果如图 7–34 所示。

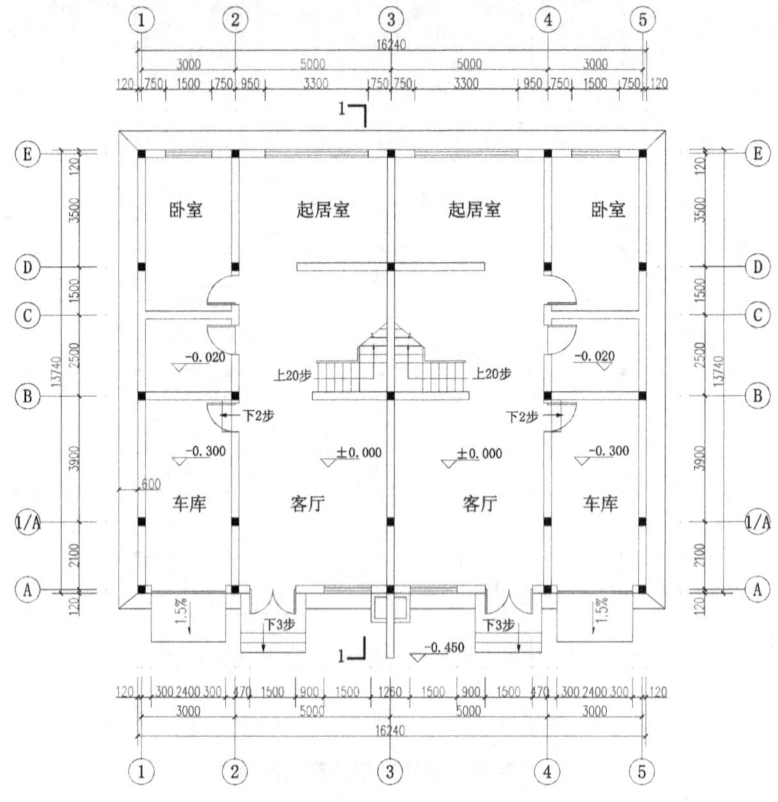

图 7–34　绘制剖切符号后的效果

17. 标注图名和打印比例

使用标注样式“建筑注释文字”，执行“DT”单行文字命令，设置文字高度为 600，书写文字内容为“别墅首层平面图”。

按 Enter 键重复执行单行文字命令，修改文字高度为 500，书写内容为“1:100”。并在文字底部绘制一条粗实线和一条细实线，粗实线可使用“PL”多段线绘制，线宽 100。如图 7–35 所示。

别墅首层平面图 1:100

图 7–35　标注图名和打印比例

18. 插入图框

执行“I”插入块命令，选择“A3 图框 1 比 100”图形文件，找到合适的插入点，输入相应属性值，确定。此时，可能会遇到字体不能正常显示，需要执行“ST”文字样式命令，选择“Standard”文字样式，字库名为“宋体”或者其他支持汉字的字体，即可正常显示，如图 7–36 所示。

19. 文件清理及打印输出

保存文件，执行“PU”图形清理命令，在弹出的“清理”对话框中复选下面两项内容：“确认要清理每个项目”和“清理嵌套项目”，如图 7–37 所示，完成后保存文件。

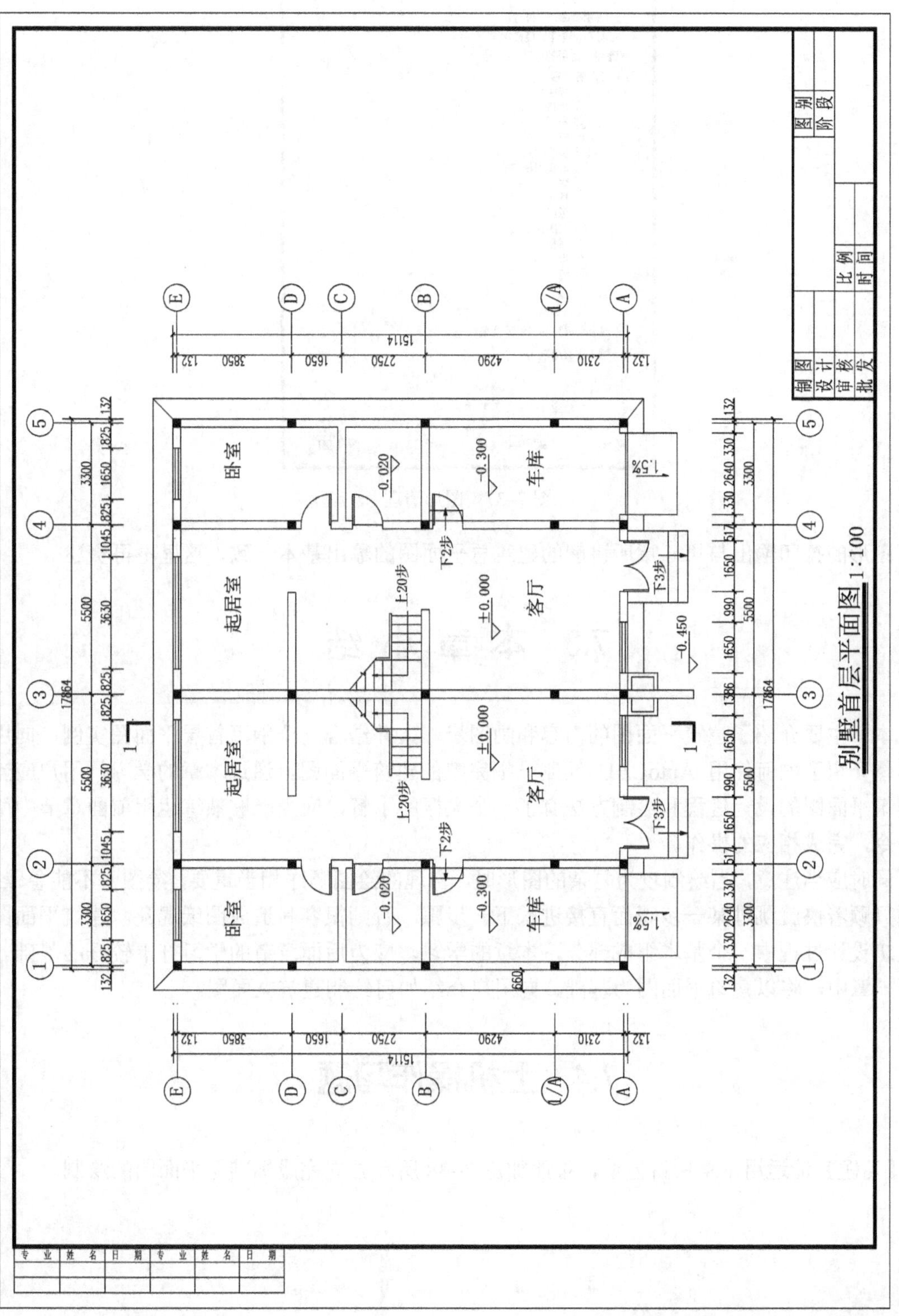

图 7-36　别墅首层平面图

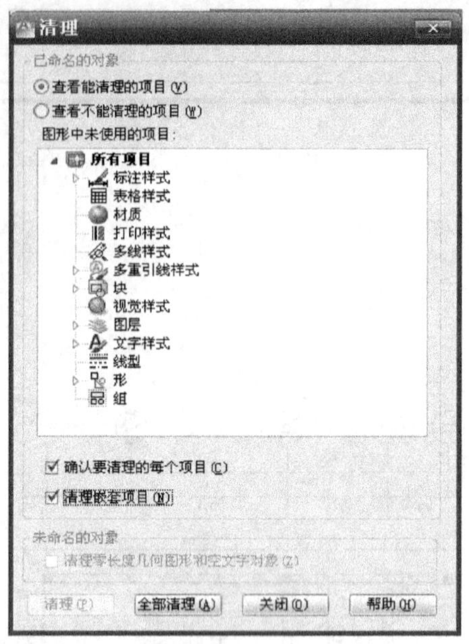

图 7–37　图形清理

图形的打印输出与第 6 章所讲解的建筑总平面图的输出基本一致，这里不再赘述。

7.3　本章小结

本章主要介绍了建筑平面图的内容和画图步骤，并结合一个别墅首层平面图实例，向用户具体介绍了如何使用 AutoCAD 绘制一幅完整的建筑平面图。通过本章的学习，用户应当对建筑平面图的设计过程和绘制方法有了一个大概的了解，应当能够熟练运用前面章节中所述命令，完成相应的操作。

同时应当注意，当绘制较为复杂的图形时，合理的绘图顺序相当重要，绘图时不能急躁，不能只顾着快就跳过某一步骤而直接进入下一步骤，否则很容易造成图纸混乱。建筑平面图是建筑设计过程中一个基本组成部分，本章的学习，应为后面章节的学习打下较好的基础。在下一章中，将以建筑平面图为基础，向用户介绍如何绘制建筑立面图。

7.4　上机操作习题

【习题】请运用本章所讲方法，按照如图 7–38 所示独立完成标准层平面图的绘制。

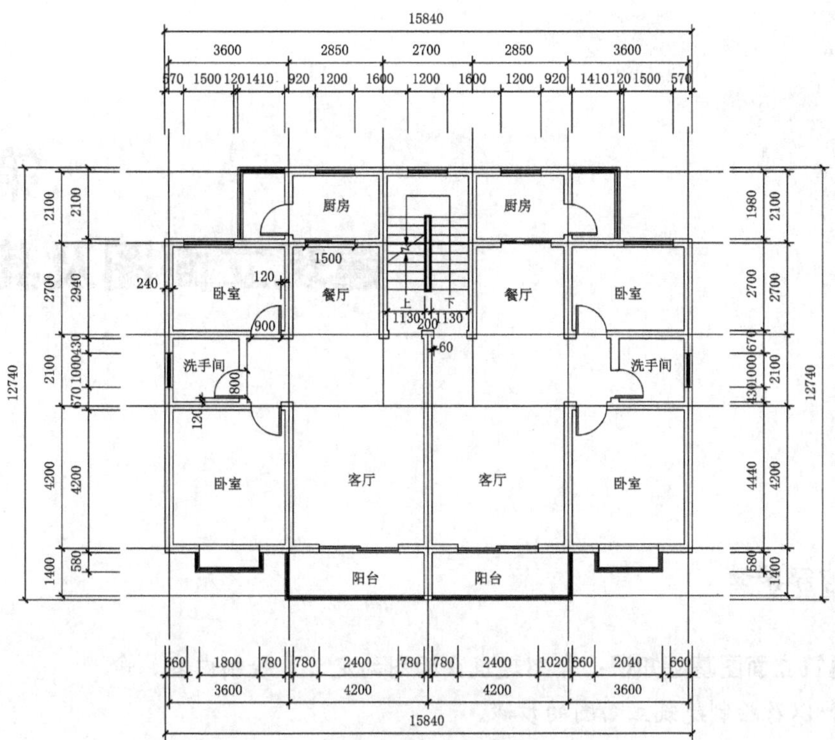

图 7–38　某标准层平面图

第 8 章
建筑立面图及其绘制

内容导读

◎ **建筑立面图基础知识**：介绍建筑立面图的定义、绘制内容、命名、阅读，以及绘制建筑立面图的步骤。

◎ **建筑立面图的绘制**：介绍建筑立面图的绘制过程，包括建立绘图环境，绘制辅助线、门窗、阳台、台阶等，标注山墙定位轴号、尺寸线、标高、文字标注等。

8.1　建筑立面图基础知识

在具体绘制图形之前，首先要熟悉立面图的基础知识，本节将建筑立面图的一些基础知识概括如下。

8.1.1　建筑立面图的定义

建筑立面图是建筑物在与建筑物立面平行的投影面上投影所得的正投影图，它展示了建筑物外貌和外墙面装饰材料，是建筑施工中控制高度和外墙装饰效果的技术依据。建筑物东、西、南、北每一个立面都要画出它的立面图，通常建筑立面图的命名应根据建筑物的朝向，例如南立面图、北立面图、东立面图、西立面图等。也可以根据建筑物的主要入口来命名，如正立面图、背立面图、侧立面图等。

一般情况下，建筑物的每一面都应该绘制立面图，但有时侧立面图比较简单或者与其他立面图相同，则此时可以略去不画。当建筑物有曲线侧面时，可以将曲线侧面展开绘制展开立面图，以反映建筑物实际情况。

8.1.2　建筑立面图的绘制内容

在绘制建筑立面图之前，首先要明白建筑立面图的内容，建筑立面图的内容主要包括以下部分。

（1）图名、比例和此立面图所反映的建筑物朝向。

（2）建筑物立面的外轮廓线形状、大小。

（3）建筑立面图定位轴线的编号。

（4）建筑物立面造型。

（5）外墙上建筑构配件，如门窗、阳台、雨水管等的位置和尺寸。

（6）外墙面的装修。

（7）立面标高。

（8）详图索引符号。

8.1.3　建筑立面图的命名

当建筑物前后、左右立面图形状不同时，有以下几种方式命名。

（1）按建筑物两端定位轴线编号命名，如①—⑥立面图、⑥—①立面图等。

（2）按方位命名，将反映主要出入口或比较明显地反映出房屋外貌特征的立面图命名为正立面图，其余的立面图命名为背立面图、左侧立面图、右侧立面图。

（3）按建筑物的朝向命名，如南立面图、北立面图、东立面图、西立面图等。

8.1.4　建筑立面图的阅读

建筑立面图的阅读和建筑立面图的绘制同样重要，建筑立面图应按照下列步骤阅读。

（1）明确立面图反映的是建筑物哪个侧面及绘图比例。

（2）定位轴线及其标号。
（3）外墙面门、窗的种类、形式、数量。
（4）立面的细部构造。
（5）外墙面的装饰情况、装饰材料。
（6）详图索引符号，需配合详图阅读。

8.1.5 绘制建筑立面图的步骤

在 AutoCAD 中，用户绘制建筑立面图的绘制步骤如下。
（1）新建文件并进行初始设置。
（2）引入原有平面图作为参考。
（3）绘制辅助线。
（4）绘制墙体。
（5）绘制建筑物细部，如门窗、雨水管、外墙分隔线等。
（6）尺寸标注、轴号标注。
（7）文字说明。
（8）插入图框。
（9）图形清理。

本章以联排别墅正立面图（如图 8–1 所示）为例，向用户介绍如何使用 AutoCAD 绘制建筑立面图。

图 8–1 联排别墅正立面图

8.2　建筑立面图的绘制

本章前一节向用户介绍了建筑立面图的基础知识和绘制步骤，在本节中，将要利用上节所介绍的方法，通过一个具体的实例，向用户具体展示如何利用 AutoCAD 绘制建筑立面图。

8.2.1　建立绘图环境

按 Ctrl +N 键，新建文件，打开通过二维码下载的“立面样板.dwt”文件为样板图，得到新建立的文件。

按 Ctrl + S 键，保存文件，将新文件保存为“建筑立面图”。

执行“OP”（“工具”→“选项”）命令，打开“选项”对话框，设置系统自动保存文件时间。具体操作步骤为：在“选项”对话框中，单击“打开和保存”选项卡，选择“自动保存”复选框，并将时间设置为 10 分钟，单击“确定”按钮完成。这样在绘制的过程中每隔 10 分钟系统会自动保存文件。

使用“立面样板.dwt”文件设置好的绘图环境，执行“LA”图层命令，打开“图层特性管理器”对话框，创建图层，如图 8–2 所示。

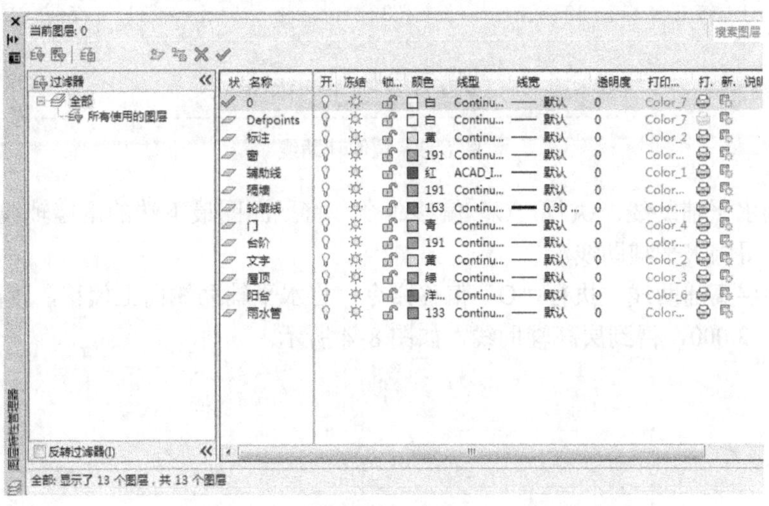

图 8–2 “图层特性管理器”对话框

8.2.2　绘制图形

完成了绘图环境的设置，下面就要绘制建筑立面图。

在绘图之前，首先仔细观察建筑立面图的整体结构，确定绘图方案，如图 8–1 所示的建筑立面图是一个完全对称结构，可以考虑先画一半结构的立面图，再利用镜像命令生成另一半立面图。按照前文所述的绘制步骤，绘制平面图的步骤如下。

1. 插入首层平面图

将原有的平面图引入到图形中，以便于绘制辅助线，并作为立面图的参考。执行以下操作步骤。

（1）执行“I”插入块命令，单击“浏览”按钮，找到保存的“建筑平面图”，插入到当前的图形中。

（2）执行“X”分解命令，选择步骤（1）插入的图形，将其分解。

（3）执行“E”删除命令，删除不必要的内容，只保留需要的南墙面部分，并删除不需要的辅助线。

2. 绘制辅助线

（1）绘制垂直辅助线。执行“S”拉伸命令，交叉窗口选择如图 8–3 所示的内容，将图名等向下拉伸，距离为 13 000，得到垂直辅助线。

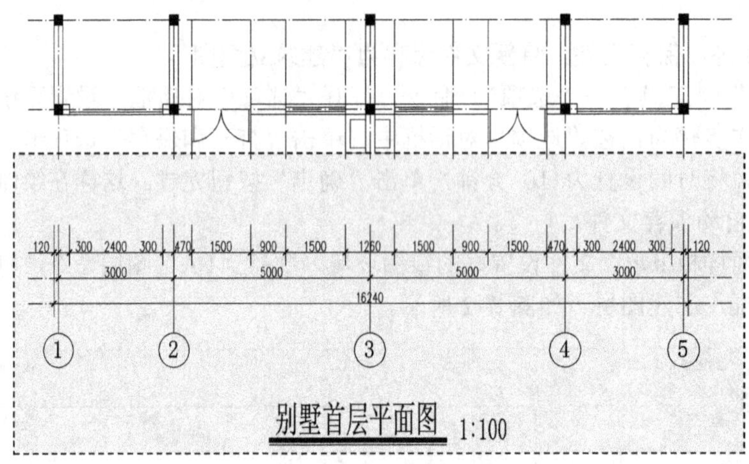

图 8–3　拉伸辅助线

（2）绘制水平辅助线。执行“O”偏移命令，将平面图最下端的南墙轴线向下偏移，距离为 14 000，得到水平辅助线。

（3）绘制层高辅助线。执行“O”偏移命令，将水平辅助线向上偏移，距离分别为 450、3 600、3 400、2 000，得到层高辅助线，如图 8–4 所示。

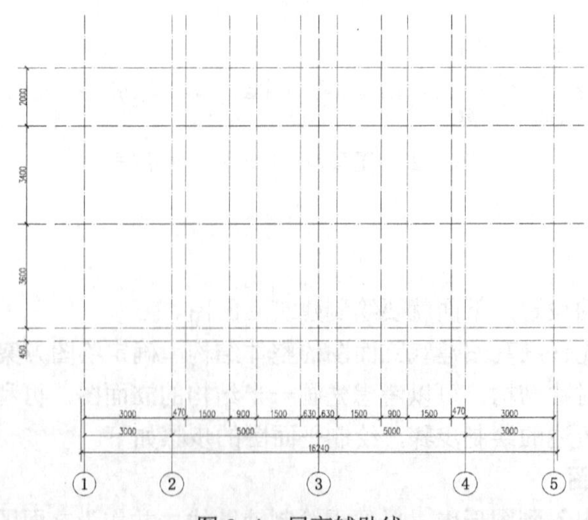

图 8–4　层高辅助线

（4）绘制出门窗、阳台等辅助线。

本例中，需要绘制的图形主要包括三个区域、首层立面、二层立面、屋顶立面。具体操作方法为：执行“O”偏移命令，绘制出门窗、阳台等图形的定位位置，如图 8–5 所示。

3. 绘制窗户

在建筑立面图中，门窗均为重要的图形对象，窗户反映了建筑物的采光的状况。在绘制窗户之前，应观察该立面图上共有多少种类的窗户。在用 AutoCAD 绘制一种窗户时，可以先绘制一个例子，将其制作为图块，插入图中即可。在本例中，只有 1 种窗户，窗户的尺寸为 1 500×1 800，可直接插入样板文件中的“立面窗”图块。插入步骤如下。

（1）绘制立面窗。

该立面窗尺寸为 1 500×1 800，具体操作方法为：切换到“窗”图层；执行直线、矩形、偏移、修剪等命令绘制立面窗，如图 8–6 所示。

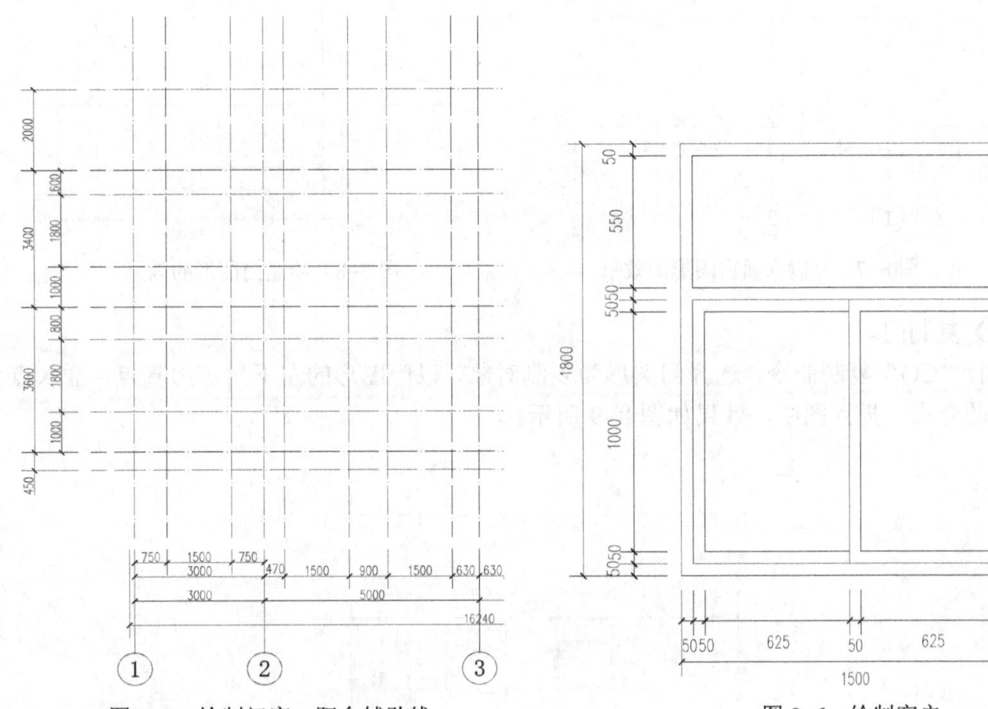

图 8–5　绘制门窗、阳台辅助线　　图 8–6　绘制窗户

（2）复制窗户。

执行“CO”复制命令，选择步骤（1）绘制的立面窗图形为复制对象，以立面窗图形的左下角点为基点，插入点为辅助线的交点，插入图中，效果如图 8–7 所示。

4. 绘制门

在建筑立面图中，门也是重要的图形对象，与绘制窗户相类似，在绘制门之前，应观察该立面图上共有多少种类的门。对于本立面图来说，只有一个 1 800×2 600 的双扇门，可直接插入样板文件中的“立面门”图块。插入步骤如下。

（1）绘制立面门。

该立面窗图块的默认尺寸为 1 500×2 600。具体操作方法为：切换到“门”图层；执行直线、矩形、偏移、修剪、镜像等命令绘制立面门，效果如图 8-8 所示。

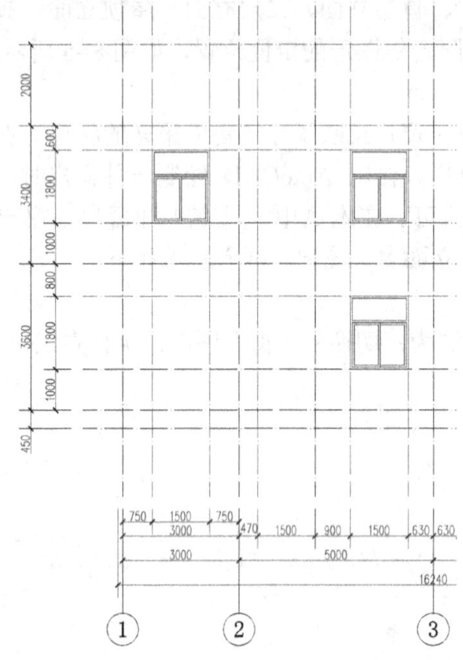

图 8-7　复制立面窗图形的效果

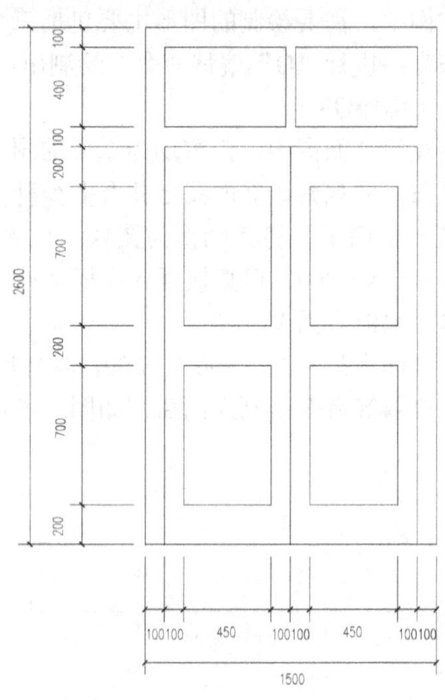

图 8-8　绘制门图形的效果

（2）复制门。

执行“CO”复制命令，选择门图形为复制对象，以门图形的左下角点为基点，插入点为辅助线的交点，插入图中，效果如图 8-9 所示。

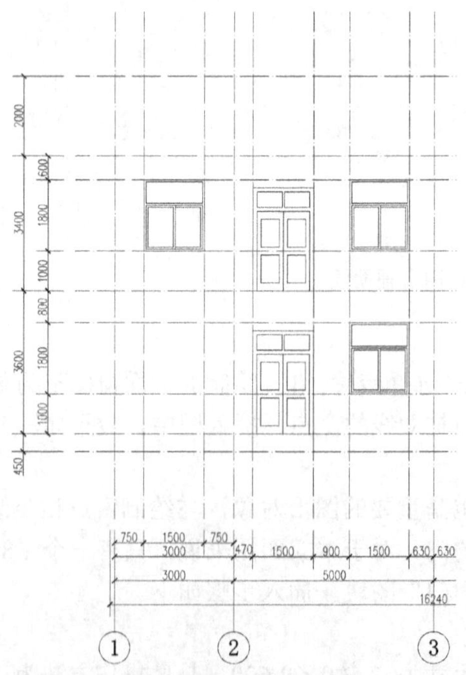

图 8-9　复制门图形的效果

5. 绘制阳台

在本立面图中，二层左右对称共有 4 个阳台，分两种，一种长为 3 000，高为 1 000，另一种长为 2 500，高为 1 000。可以先绘制出这两种阳台，再用“CO”复制命令把阳台复制到合适的位置。绘制阳台的方法如下。

（1）绘制阳台。

切换到“阳台”图层，执行直线、矩形、偏移、修剪、阵列、镜像等命令绘制阳台，效果如图 8–10 所示。

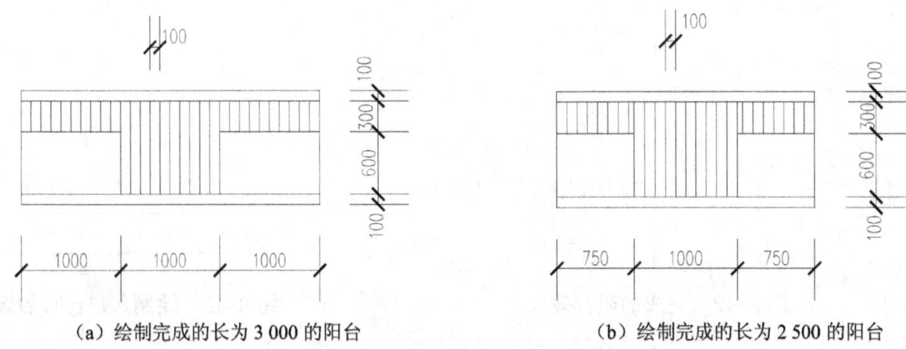

（a）绘制完成的长为 3 000 的阳台　　（b）绘制完成的长为 2 500 的阳台

图 8–10　绘制完成的阳台效果

（2）插入阳台。

将首层的层高辅助线向下偏移 100，1 号轴线、2 号轴线分别向左偏移 120，以方便阳台的插入。

执行“B”创建块命令，分别创建图块“3 000 阳台”和“2 500 阳台”，基点均为图形对象的左下角点。

执行“I”插入块命令，分别插入“3 000 阳台”和“2 500 阳台”图块，效果如图 8–11 所示。

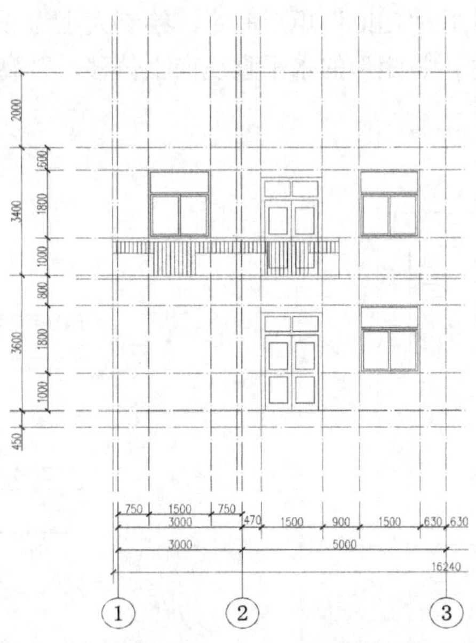

图 8–11　插入阳台图块的效果

执行“X”分解命令，将门图块分解；再执行“TR”修剪命令，对被阳台板遮住的门线进行修剪。关闭“辅助线”图层后，效果如图 8–12 所示。

6. 绘制台阶

台阶的绘制比较简单，可采用矩形命令绘制，这幅立面图上仅有两处相同的台阶，直接绘制即可。具体绘制步骤如下。

（1）切换到“台阶”图层，执行“REC”矩形命令，绘制矩形，尺寸为 2 100×150，效果如图 8–13 所示。

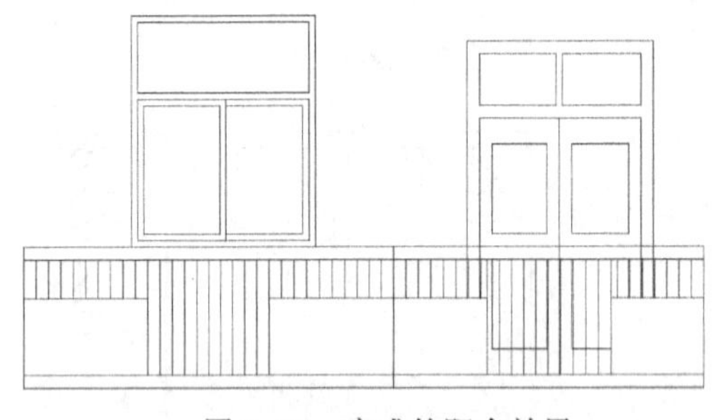

图 8–12　完成的阳台效果

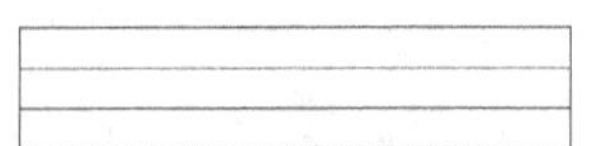

图 8–13　绘制入户台阶的效果

（2）执行“CO”复制命令，捕捉矩形的左下角点为基点，复制两个矩形。

（3）执行“M”移动命令，以第三步台阶踏步线的中点为基点，将台阶移动到入户门的中心位置，效果如图 8–14 所示。

（4）重复步骤（1）～（3），绘制另一台阶即可。

7. 绘制车库门

在立面图中，有对称的两个车库，车库门的大小为 2 400×2 300。绘制时可利用矩形、偏移等命令，具体操作如下。

（1）绘制车库门。

切换至“门”图层；执行“REC”矩形命令，绘制大小为 2 400×2 300 的矩形，并将其分解；再执行“偏移”命令，将矩形的水平直线向上偏移，距离均为 230，如图 8–15 所示。

图 8–14　绘制台阶完成后效果

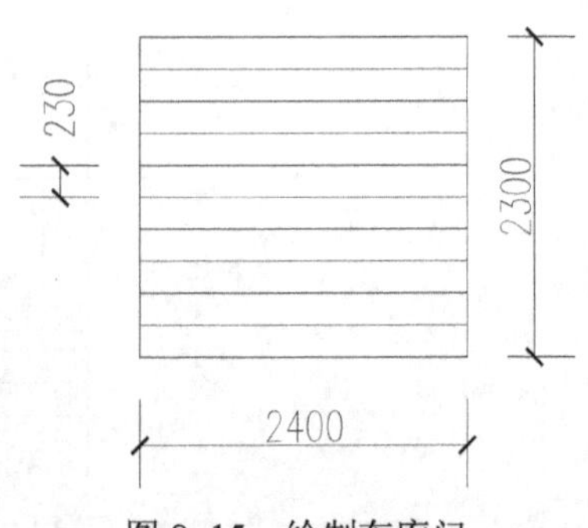

图 8–15　绘制车库门

（2）插入车库门。

将 1 号轴线向右偏移 300，以方便车库门的插入。

执行“M”移动命令，以步骤（1）中绘制的车库门为对象，以左下角点为基点，将其移动至立面图中相应的位置，效果如图 8-16 所示。

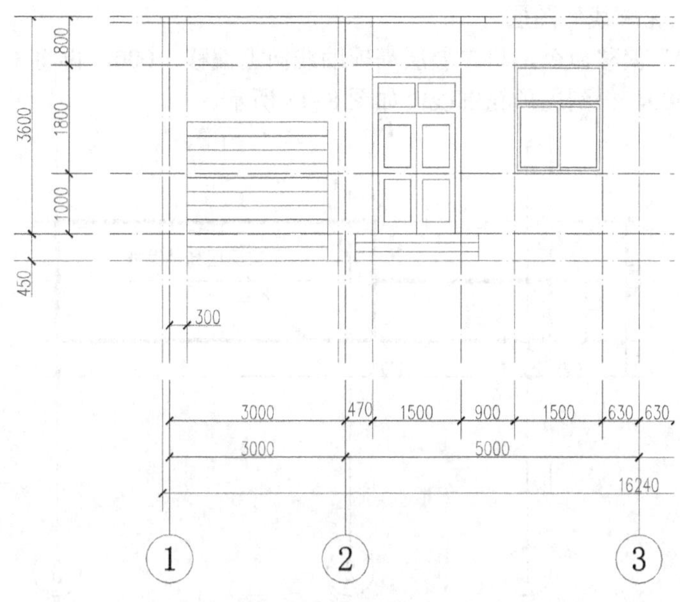

图 8-16　插入车库门

8. 绘制对侧立面图

执行“MI”镜像命令，包容窗口选择步骤 3~7 插入的门、窗、阳台等图形，以 3 号轴线所在辅助线为镜像线，绘制另一半立面图。关闭辅助线后，镜像效果如图 8-17 所示。

图 8-17　对侧立面图的镜像效果

9. 绘制轮廓线和室外地坪

轮廓线和室外地坪是用来加强建筑立面图效果的。利用 AutoCAD 绘制轮廓线通常有两种方法：一种是直线方法绘制，另一种是用多段线命令来实现。用户可以灵活运用这两种绘制方法创建。在创建轮廓线和室外地坪之前，需要绘制部分辅助线。

在立面图中，室外地坪通常采用线宽较粗的实线，因而这里执行“PL”多段线命令绘制，设置线宽为 100。而轮廓线的线宽比室外地坪稍窄，设置宽度为 60，绕建筑物轮廓绘制。

绘制步骤如下。

（1）切换至“轮廓线”图层。

（2）执行“O”偏移命令，将二层层高辅助线向上偏移 1 000，再将 1 号轴线、2 号轴线分别向左侧偏移 400，得到屋顶轮廓线，如图 8–18 所示。

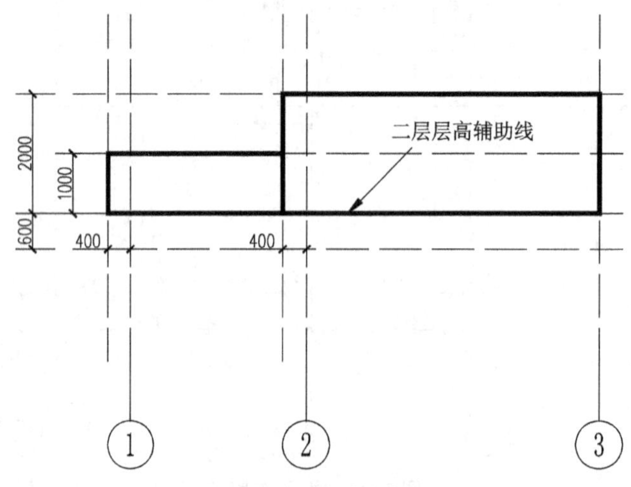

图 8–18　屋顶轮廓线

（3）绘制外轮廓线：将 1 号轴线、5 号轴线分别向左、右偏移 120，得到外墙轮廓线；执行“PL”多段线命令，设置线宽为 60，绕外轮廓绘制。

（4）绘制室外地坪：执行“PL”多段线命令，设置线宽为 100，绘制室外地坪。绘制时，可将最下端的室外地面辅助线向下偏移 50，并将其端点作为多段线的起点，绘制出室外地坪。

（5）绘制其他轮廓线：将 2 号轴线、4 号轴线分别向左、右偏移 120，得到墙体轮廓线；执行“PL”多段线命令，设置线宽为 30，绘制其他轮廓线，如图 8–19 所示。

图 8–19　绘制轮廓线及室外地坪

10. 绘制两户之间的隔墙

由于联排别墅要保证业主的私人空间，所以两户之间要绘制隔墙。本例中的隔墙由四个矩形组成，大小分别为：200×1 800、500×600、600×100、300×200。绘制步骤如下。

（1）绘制隔墙。

切换到“隔墙”图层，使用矩形、直线命令，绘制图形，如图 8–20 所示。

（2）插入隔墙。

执行“M”移动命令，以步骤（1）中绘制的隔墙为对象，以其最下端水平直线的中点为基点，将其移动至立面图中相应的位置。关闭“辅助线”图层，含有隔墙的立面图如图 8–21 所示。

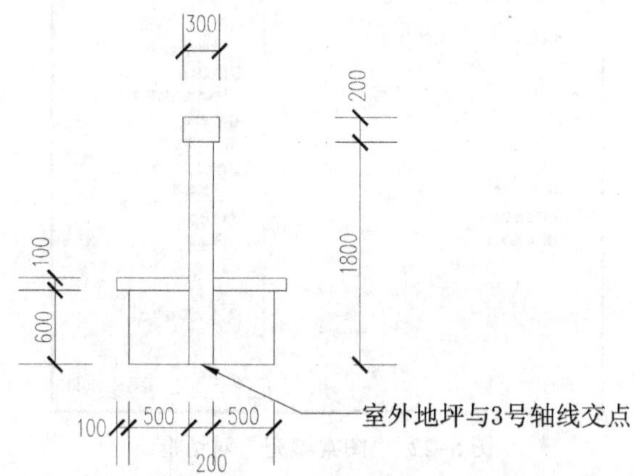

图 8–20　绘制完成的隔墙

图 8–21　含有隔墙的立面图

11. 墙面装饰

在本例中，墙面装饰较少，主要是在屋顶上的瓦片上，具体操作如下。

（1）将当前图层设为“屋顶”图层。

（2）执行“BH”图案填充命令，弹出“图案填充和渐变色”对话框，设置填充图案为“AR-RSHKE”，比例为“0.5”，如图 8-22 所示。

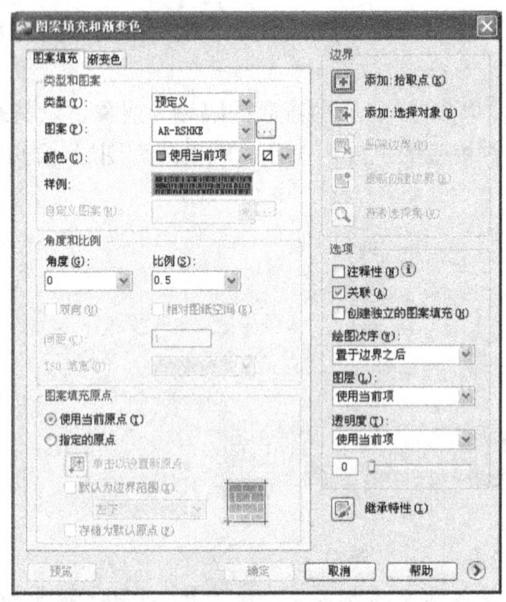

图 8-22 “图案填充”对话框

（3）单击“添加→拾取点”按钮，在绘图区拾取屋顶区域内的点，完成图案填充，图案填充效果如图 8-23 所示。

图 8-23 图案填充效果

12. 标注山墙定位轴号

执行“I”插入块命令，选择“下轴号”，分别插入轴号 1 和 5，位置在建筑物的左右两侧。

13. 标注尺寸线

在立面图中，通常只标注左右两侧的尺寸线，包括门窗的细部尺寸、层高尺寸和总高度尺寸。

在标注尺寸之前，需要绘制和调整辅助线，这样标注才能准确和美观。以左侧为例，首先绘制一条垂直参考线，将对应的门、窗、阳台、楼层等辅助线延伸到同一位置线。再执行“O”偏移命令，将 1 号轴线向左偏移，距离分别为 1 500、600、600。

由于尺寸线过于密集，可执行“D”尺寸标注样式，从打开的“标注样式管理器”对话框中调整尺寸文字高度为 220。

执行尺寸标注，并将标注后部分尺寸文字进行调整。因该建筑物为左右对称图形，所以，可将左侧的尺寸标注镜像到右侧，如图 8–24 所示。

图 8–24　完成尺寸标注的立面图

14. 标注标高

立面图标注标高主要是为了标注建筑物的竖向标高，显示出各主要构件的位置和标高，例如室外地面标高，女儿墙的标高，门窗洞的标高及一些局部尺寸等。在需绘制详图之处，还需添加详图符号。

与平面图的标注不同，AutoCAD 没有自带立面图标高符号。因此，无法利用 AutoCAD 所自带的标注功能来实现。通常，使用标高图块来创建立面图的标高。

标高分两部分，层高标高和门窗标高。为了清楚美观，左侧标注层高标高，右侧标注门窗标高。

具体步骤如下。

（1）执行“I”插入块命令，选择“标高”图块，捕捉层高位置，分别标注各层层高标高。

（2）由于该样板中不包含右侧标高图块，可先绘制右侧标高图块，再执行“ATT”属性定义，定义属性为“标高”，并设置具体参数。

（3）执行“W”写块命令，保存图形为 “右侧标高”。

（4）执行“I”插入块命令，选择“右侧标高”图块，捕捉门窗位置，标注各层门窗标高。

插入完毕后，若方向不合适，可将标高图块镜像，效果如图 8–25 所示。完成标高标注的立面图如图 8–26 所示。

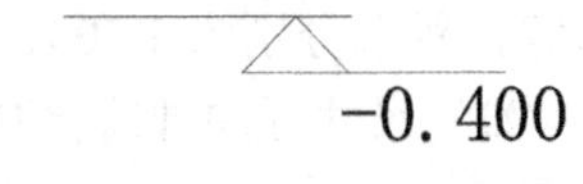

图 8–25　镜像后的标高效果

图 8–26　完成标高标注的立面图

15. 文字标注

建筑立面图应标注出图名和比例，还应该标注出材质做法、详图索引等其他必要文字注释。例如在本例中，墙面做法是：1:2.5 水泥砂浆抹面，25 厚刷浅米色外墙涂料。这就应该在立面图中标出。

具体步骤如下。

（1）将当前图层设为“标注”图层。

（2）执行“L”直线命令，以 3 号轴线上一点为第一点，垂直方向上屋顶填充图案外一点为第二点，水平方向左侧一点为第三点，绘制直线，效果如图 8–27 所示。这三点对于尺寸没有具体要求，大概与图 8–27 所示差不多即可。

（3）执行“DT”（“绘图”→“单行文字”）命令，以“建筑注释文字”为文字样式，文字高度 300，输入单行文字，效果如图 8–27 所示。

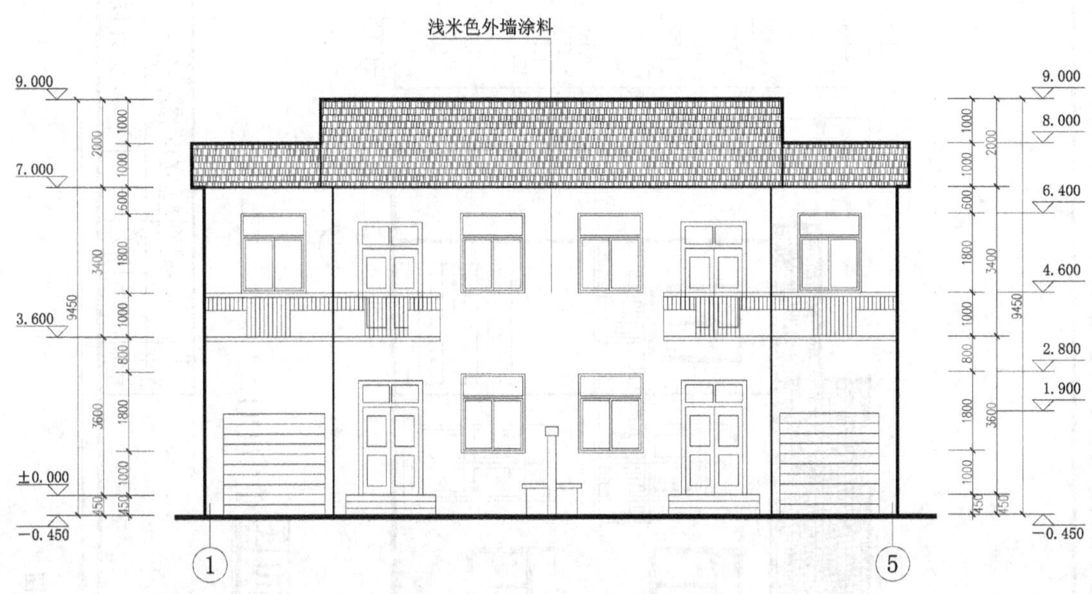

图 8-27　创建文字说明效果

16. 标注图名和打印比例

将“建筑平面图.dwg”中的图名和打印比例移动到立面图的中间位置，双击执行文字编辑命令，修改为“①-⑤立面图 1:100”，如图 8-28 所示。

①-⑤立面图 1:100

图 8-28　标注图名和打印比例

17. 插入图框

执行“I”插入块命令，选择“A31:100”图形文件，插入图形合理位置，如图 8-29 所示。

浅米色外墙涂料
①-⑤立面图 1:100
某别墅立面图
××设计院
9.000
7.000
3.600
±0.000
-0.450
8.000
6.400
4.600
2.800
1.900

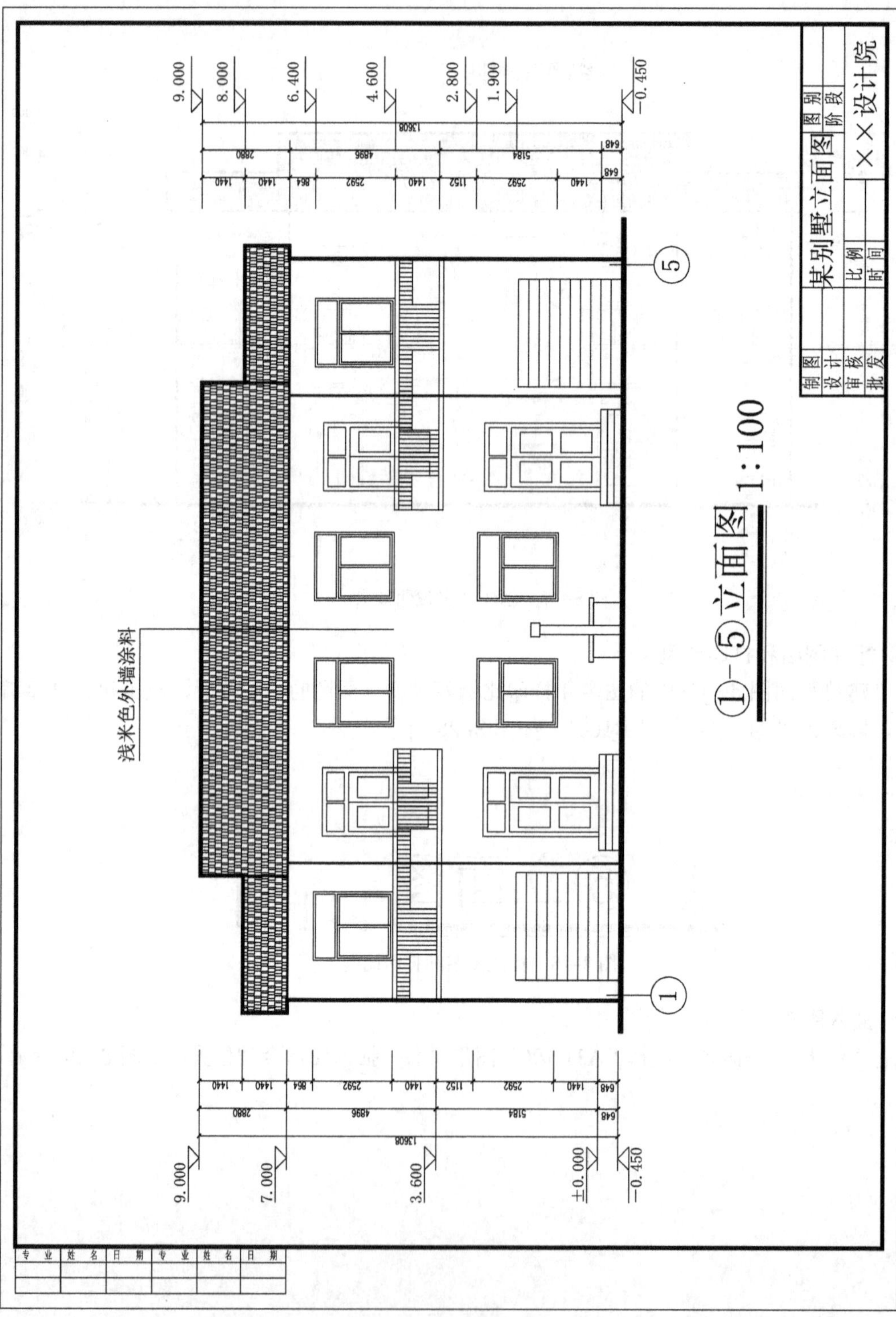

图 8-29 ①-⑤立面图

18. 图形清理并保存

执行“PU”图形清理命令，清理所有项目，然后按 Ctrl + S 键保存文件，完成绘制。

8.3　本 章 小 结

本章主要介绍了建筑立面图的基础知识和绘制步骤，结合一栋联排别墅立面图实例，向用户具体介绍了如何使用 AutoCAD 绘制一幅完整的建筑立面图，通过本章的学习，用户应当对建筑立面图的设计过程和绘制方法有了一个大概的了解，应当能够熟练运用前面章节所述命令，完成相应的操作。

建筑平面图、立面图、剖面图通常要相结合地阅读，在下一章中，我们将介绍建筑剖面图的绘制方法。

8.4　上机操作习题

【习题】请运用本章所讲方法，按照如图 8–30 所示独立完成立面图的绘制。

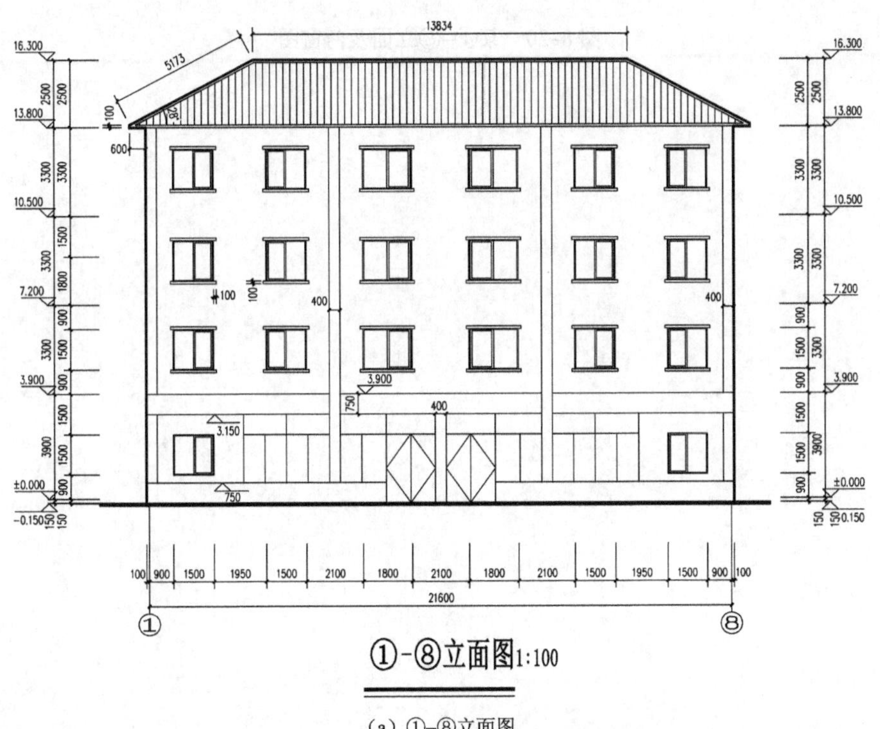

（a）①–⑧立面图

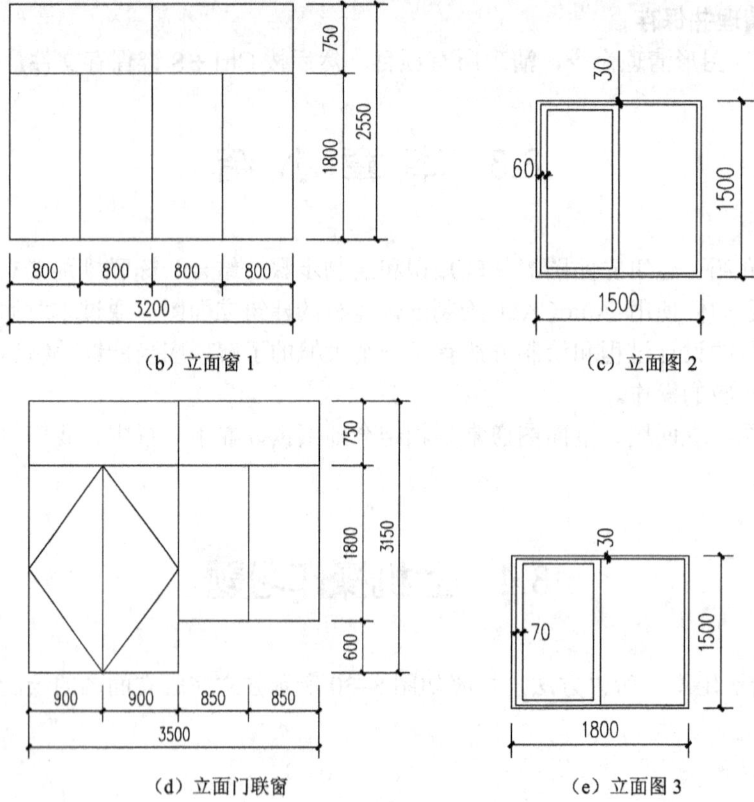

（b）立面窗 1　　（c）立面图 2

（d）立面门联窗　　（e）立面图 3

图 8–30　某①–⑧立面及门窗图

第9章
建筑剖面图及其绘制

内容导读

◎ **建筑剖面图基础知识**：介绍建筑剖面图的定义、绘制内容、阅读、命名，以及绘制建筑剖面图的步骤。

◎ **建筑剖面图的绘制**：介绍建筑剖面图的绘制过程，包括建立绘图环境，绘制辅助线、楼板、室内外地坪和台阶、墙线、窗户、屋顶、楼梯、阳台，标注尺寸线、山墙定位轴号、标高等。

9.1 建筑剖面图基础知识

在具体绘制图形之前，首先要熟悉剖面图的基础知识，本书将建筑剖面图的一些基础知识概括如下。

9.1.1 建筑剖面图的定义

剖面图是用假想的铅锤切面将房屋剖开后所得的立面视图，主要表达垂直方向高程和高度设计内容。建筑剖面图还表达了建筑物在垂直方向上的各部分的形状和组合关系及在建筑物剖面位置的结构形式和构造方法。建筑剖面图和建筑平面图、建筑立面图是相互配套的，都是表达建筑物整体概况的基本图样之一。

为了清楚地反映建筑物实际情况，建筑剖面图的剖切位置一般选择在建筑物内部构造复杂或者具有代表性的位置。一般来说，剖切平面一般应该平行于建筑物长度或者宽度方向，最好能通过门、窗洞。一般投影方向是向左或者向上的。剖面图宜采用平行剖切面进行剖切，从而表达出建筑物不同位置的构造异同。

9.1.2 建筑剖面图的绘制内容

剖面图能反映出剖切后所能表现到的墙、柱及其与定位轴线之间的关系，表现出各细部构造的标高和构造形式，表示出楼梯的踢段尺寸及踏步尺寸，位于墙体内的门窗高度和梁、板、柱的轮廓线及断面示意。

本书将建筑剖面图的内容主要概括为以下部分。

（1）外墙（或柱）的定位轴线和编号。

（2）建筑物内部分层情况。

（3）建筑物各层层高、水平向间隔。

（4）被剖切的室内外地面、楼板层、屋顶层、内外墙、楼梯，以及其他被剖切的构件的位置、形状和相互关系。

（5）投影可见部分的形状、位置。

（6）地面、楼面、屋面的分层构造，可用文字说明或图例表示。

（7）未经剖切，但在剖面图中应看到的建筑物构配件，例如楼梯扶手、窗户等。

（8）详图索引符号。

（9）垂直方向标高。

9.1.3 建筑剖面图的命名

建筑剖面图的命名应与底层平面图剖切符号相对应，如 1—1 剖面图或 A—A 剖面图。

9.1.4 建筑剖面图的阅读

建筑剖面图的读图步骤如下。

（1）首先阅读图名、比例、轴线符号。

（2）与建筑平面图的剖切标注相互对照，明确剖面图的剖切位置和投射方向。

（3）建筑物的分层情况和内部空间组合、结构构造形式，墙、柱、梁板之间的相互关系和建筑材料。

（4）建筑物投影方向上可见的构造。

（5）建筑物标高、构配件尺寸、建筑剖面图文字说明。

（6）详图索引符号。

建筑剖面图中，被剖切轮廓线应该采用粗实线表示，其余构配件采用细实线，被剖切构件内部材料也应该得到表示。例如楼梯构件，在剖面图中应该表现出其内部材料，如图 9–1 所示。

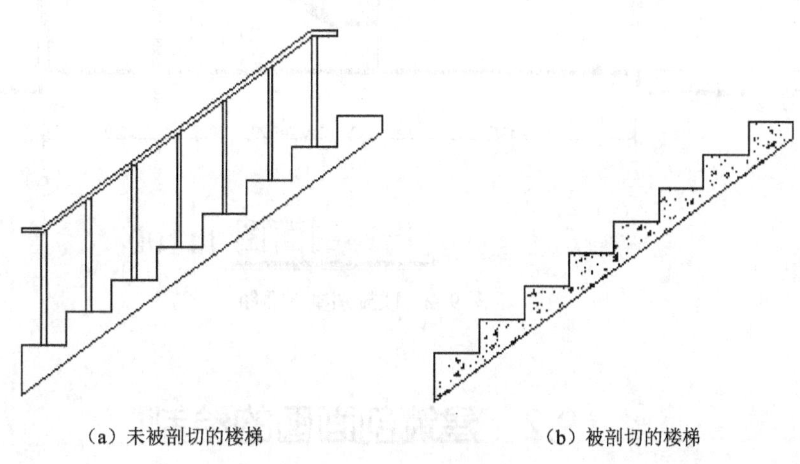

（a）未被剖切的楼梯　　（b）被剖切的楼梯

图 9–1　楼梯剖面示意图

9.1.5　绘制建筑剖面图的步骤

在 AutoCAD 中，用户绘制建筑剖面图的绘制步骤如下。

（1）创建新图形，建立绘图环境。

（2）绘制地坪线、外墙的轮廓线、定位轴线、各层的楼面线和楼板厚度。

（3）绘制楼梯及休息平台。

（4）绘制门、窗洞口剖面图。

（5）绘制台阶。

（6）绘制出各种梁的轮廓线及断面。

（7）绘制标高辅助线和标高。

（8）绘制尺寸标注。

本章以联排别墅剖面图（如图 9–2 所示）为例，向用户介绍如何使用 AutoCAD 绘制建筑剖面图。

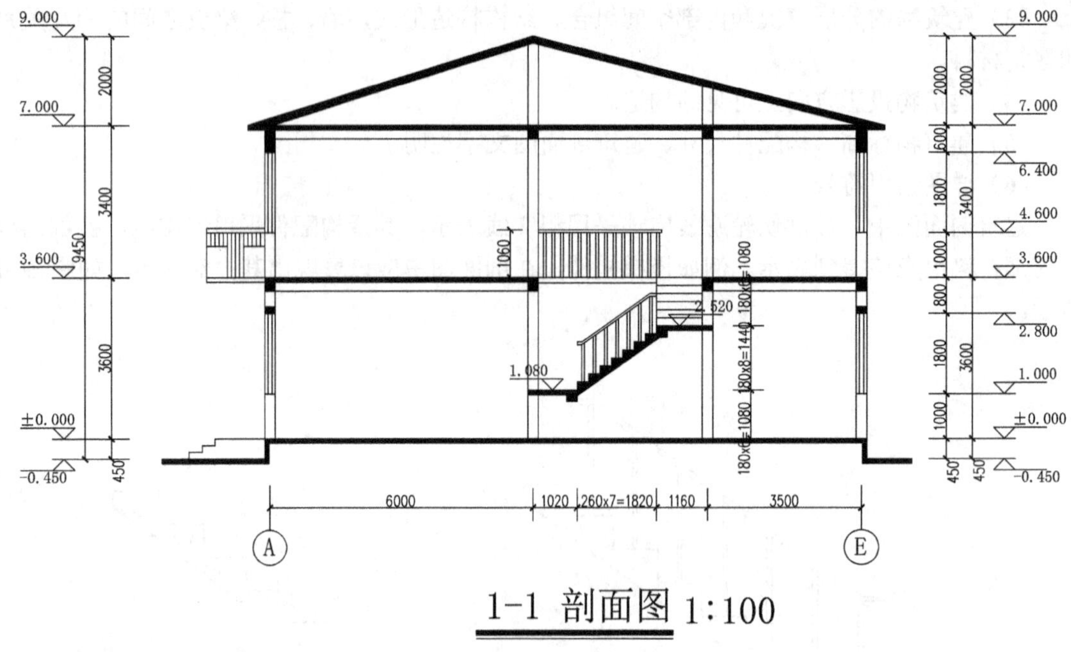

图 9-2　联排别墅剖面图

9.2　建筑剖面图的绘制

本章前一节中向用户介绍了建筑剖面图的内容和绘制步骤，在本节中，将要利用上节所介绍的方法，通过一个具体的实例，向用户具体展示如何利用 AutoCAD 绘制建筑剖面图。

9.2.1　建立绘图环境

按 Ctrl + N 键，新建文件，打开通过二维码下载的“剖面样板.dwt”文件为样板图，得到新建立的文件，并使用该样板图设置好的绘图环境。

按 Ctrl + S 键，保存文件，将新文件保存为“建筑剖面图”

执行“OP”（“工具”→“选项”）命令，打开“选项”对话框，设置系统自动保存文件时间。具体操作步骤为：在“选项”对话框中，单击“打开和保存”选项卡，选择“自动保存”复选框，并将时间设置为 10 分钟，单击“确定”按钮完成。这样在绘制的过程中每隔 10 分钟系统会自动保存文件。

使用“剖面样板.dwt”设置好的绘图环境，执行“LA”图层命令，打开“图层特性管理器”对话框，创建图层，如图 9-3 所示。

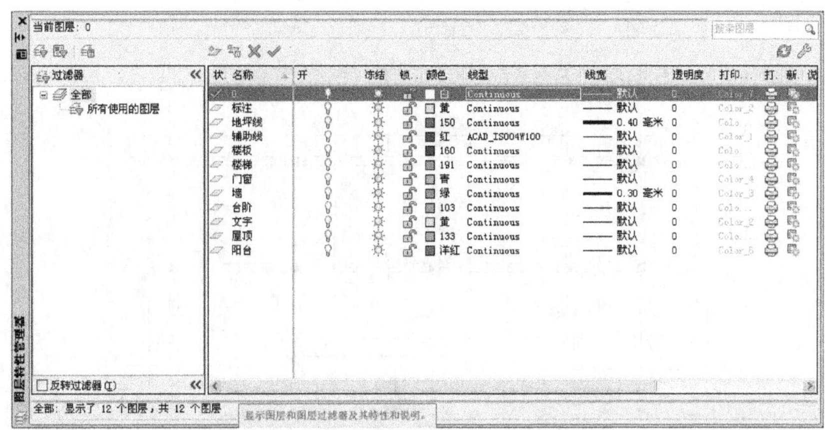

图 9–3　“图层特性管理器”对话框

9.2.2　绘制图形

设置好了绘图环境后，就可以开始绘图了。在本例中，剖切面穿过楼梯休息平台。

在绘制剖面图时，需要借助平面图把剖切位置能看到的楼板、梁、楼梯段等辅助线绘制出来。绘制剖面图的具体步骤如下。

1. 插入平面图

将平面图引入图形中，以便绘制辅助线，并将其作为剖面的参考。本例是 A～F 轴剖面图，因此，插入平面图时需要将原图形旋转–90°。操作步骤为。

（1）执行“I”插入块命令，打开“插入”对话框，单击“浏览”按钮，找到保存的“建筑平面图”文件，设置旋转角度为–90°，并选择左下角处的“分解”复选框，将原图形分解，如图 9–4 所示，单击“确定”按钮，在屏幕上指定插入点，即可插入图形。

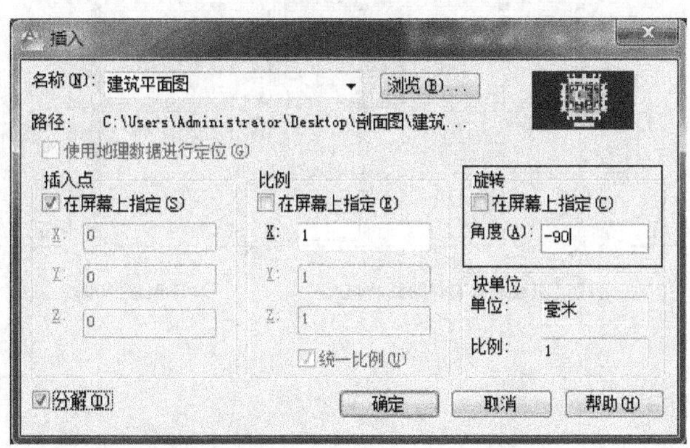

图 9–4　插入文件

（2）将图层切换至“辅助线”图层。

（3）执行“L”直线命令，根据平面图中剖切符号的位置，绘制剖切线。

（4）执行“TR”修剪命令，以剖切线为边界，对剖切位置以下的图形进行修剪。

（5）执行“E”删除命令，删除剖切位置以下的图形，此时，插入平面图效果如图 9–5 所示。

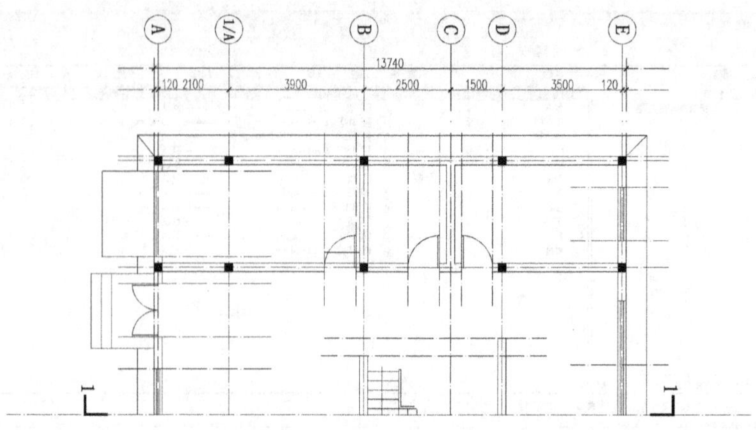

图 9–5　插入平面图效果

2. 绘制辅助线

将图层切换至“辅助线”图层，绘制辅助线。

（1）绘制垂直辅助线。

执行“O”偏移命令，将上一步骤所绘制的剖切线向下偏移 12 000，得到绘制剖面图的水平辅助线，即室外地坪辅助线。

执行“L”直线命令，并打开正交，以平面图最左侧轴线（A 轴）与剖切线的交点为直线的起点，结束点在剖面图水平辅助线的下方，绘制得到一条垂直辅助线，即剖面图的 A 轴线，如图 9–6 所示。

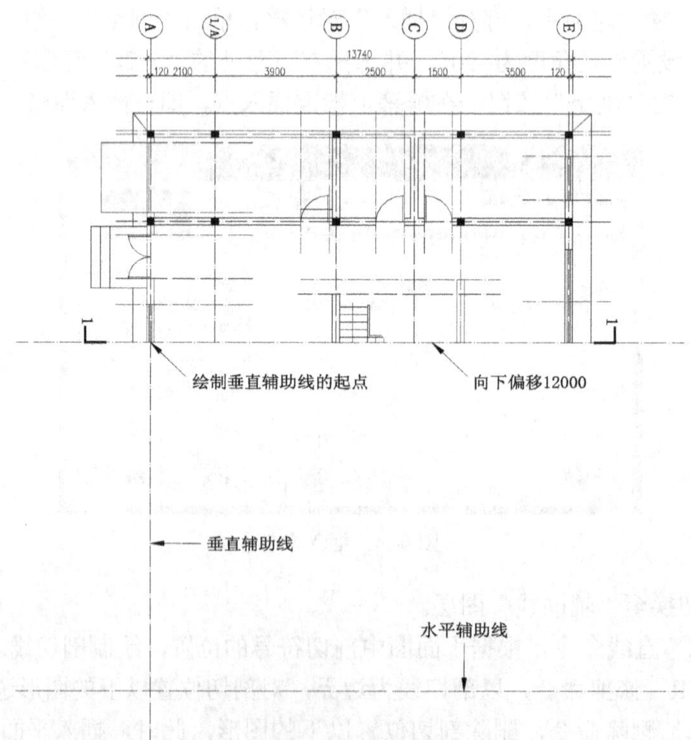

图 9–6　绘制辅助线

执行“CO”复制命令，捕捉垂直辅助线的起点为基点，依次捕捉剖切线与平面图轴线相应的交点，得到如图 9–6 所示的 B 轴线、D 轴线、E 轴线，它们之间的距离依次为 6 000、4 000、3 500，如图 9–7 所示。

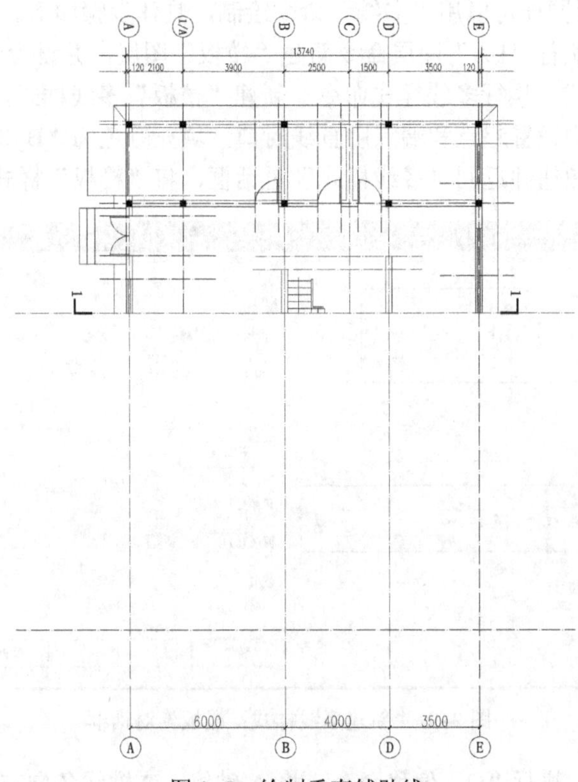

图 9–7　绘制垂直辅助线

（2）绘制水平辅助线。

执行“O”偏移命令，分别将室外地坪辅助线向上偏移 400、3 600、3 400、2 000，得到楼地板层高辅助线及屋顶辅助线，如图 9–8 所示。并删除剖切线及其以上的平面图形。

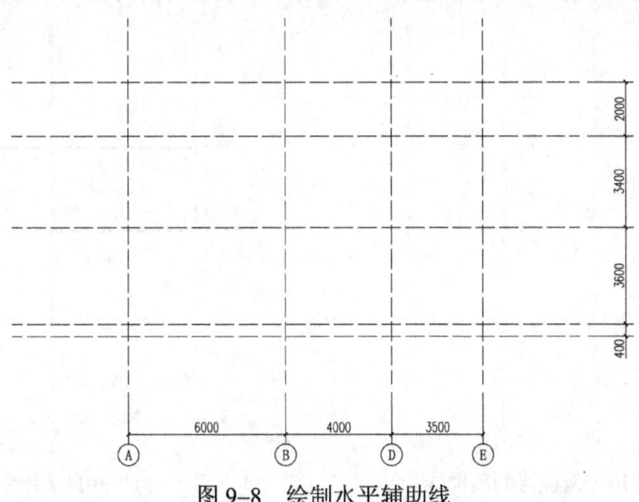

图 9–8　绘制水平辅助线

3. 绘制楼板

楼板就是各层的地板。剖面图中楼板层需要填充，而且具有一定的宽度，虽然可以使用“PL”多段线命令来绘制，但是多段线与辅助线中心线对齐，用来绘制楼板不太合适。因此，在 AutoCAD 中，楼板同样可以用“多线”命令绘制，具体步骤如下。

（1）设置图层：执行“LA”图层命令新建“楼板”图层，并设为当前图层。

（2）设置多线样式：执行多线样式命令，新建“楼板”多线样式，在弹出的“新建多线样式：楼板”对话框中设置起点和端点用直线封口，填充颜色为“Bylayer”随层，如图 9–9 所示，单击“确定”按钮并返回“多线样式”对话框，将“楼板”样式置为当前。

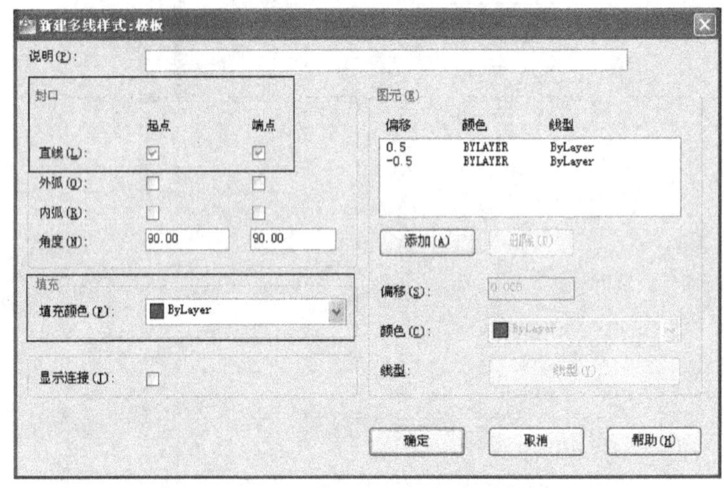

图 9–9 “新建多线样式：楼板”对话框

（3）绘制辅助线：执行“O”偏移命令，将 A 轴线、D 轴线各向左偏移 120，将 B 轴线、E 轴线各向右偏移 120，得到墙身辅助线，便于捕捉一层楼板的端点；将 A 轴线、E 轴线各向外偏移 520，以便于捕捉二层楼板的端点，如图 9–10 所示。

（4）绘制板：执行“ML”多线命令，修改当前设置为“对正=上，比例=100.00，样式=楼板”，依次捕捉层高辅助线与墙体辅助线的交点，完成楼板的绘制，如图 9–11 所示。

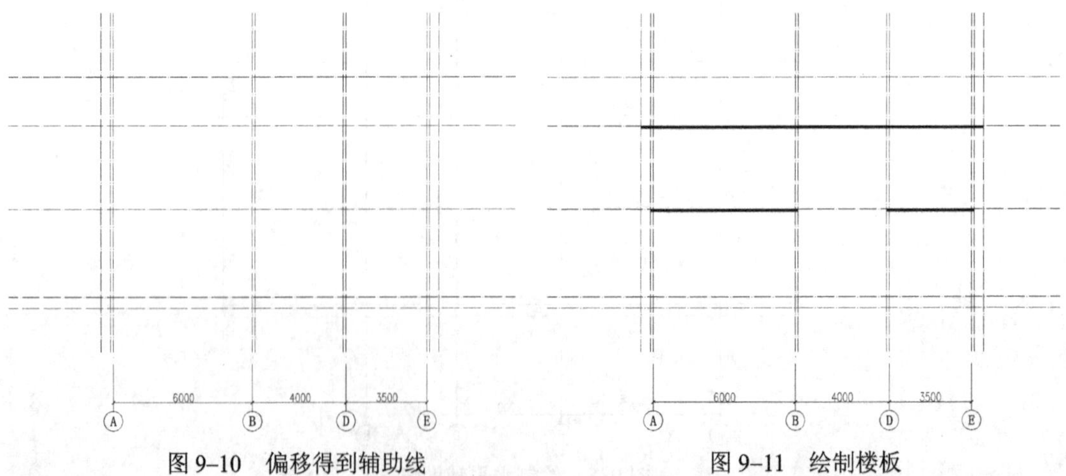

图 9–10 偏移得到辅助线

图 9–11 绘制楼板

（5）绘制梁：继续执行“ML”多线命令，修改当前设置为“对正=无，比例=240.00，样式=楼板”，捕捉轴线与层高辅助线的交点作为多线的起点，多线长度为梁的高度。这里需要用到两种梁：二层外墙的圈梁尺寸为宽 240，高 600；其他梁的尺寸为宽 240、高 300，如图 9–12 所示。

（6）绘制主梁：执行“L”直线命令，捕捉相应的点，绘制主梁，如图 9–13 所示。

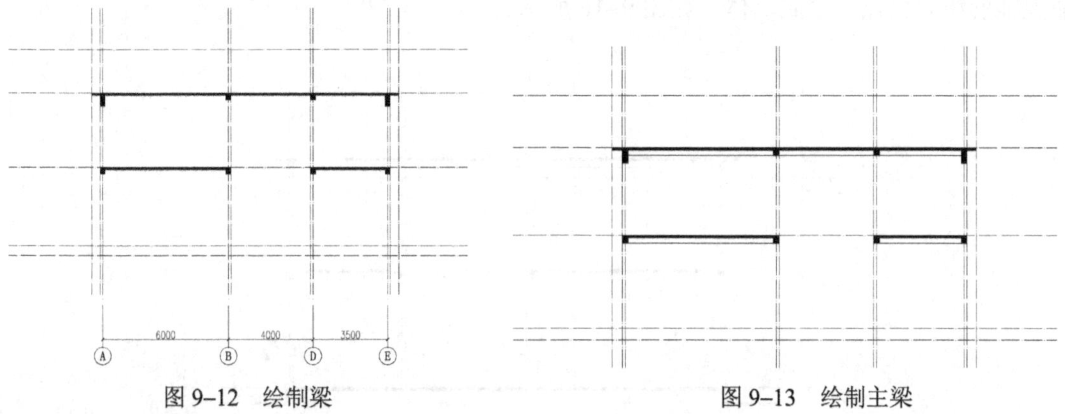

图 9–12　绘制梁　　　　图 9–13　绘制主梁

4. 绘制室内外地坪和台阶

（1）切换到“地坪线”图层。

（2）执行“ML”多线命令，修改当前设置为“对正=上，比例=100.00，样式=楼板”，沿着绘制的辅助线绘制室外和室内地坪线，其中地坪线的起点和最后一点，具体位置不做严格要求，如图 9–14 所示。

（3）切换到“台阶”图层，执行“PL”多段线命令，绘制台阶。其中踏步宽度为 300，踢面高度为 150，平台宽度为 1 200，如图 9–15 所示。

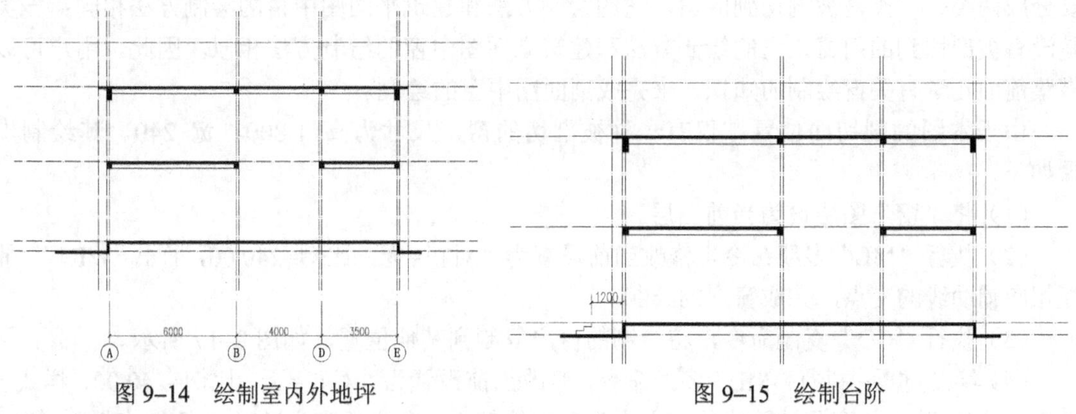

图 9–14　绘制室内外地坪　　　　图 9–15　绘制台阶

5. 绘制墙线

墙线是建筑剖面图的重要组成部分，位于轴线两侧，可以用平行线来绘制。在剖面图中无须考虑墙体的具体材料，所以不用考虑图案填充问题。在 AutoCAD 中可以用两种方法绘制墙线：一种是通过直线命令绘制出墙体的一侧直线，再用偏移命令绘制另外一条直线；另一种是通过多线命令绘制墙体，然后在墙体中添加门、窗洞。本例采用第二种方法绘制墙线，由平面图的绘制可知，此别墅墙厚 240。绘制墙线的具体步骤如下：

（1）执行“O”偏移命令，将室内地坪线向上依次偏移 1 000、1 800、1 800、1 800，得到窗洞位置。

（2）将当前图层设为“墙”图层。

（3）执行“ML”多线命令，修改当前设置为“对正=无，比例=240.00，样式=WALL”，捕捉辅助线的交点，绘制墙体，如图 9–16 所示。

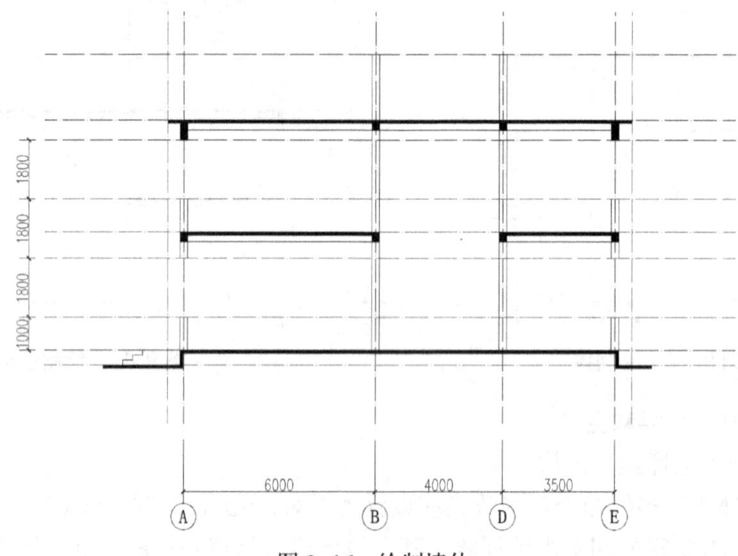

图 9–16　绘制墙体

6. 绘制窗户

在建筑平面图和建筑立面图的绘制过程时，都接触过窗的绘制。在建筑剖面图中，窗主要分成两类：一类是被剖切到的窗，它的绘制方法和建筑平面图中窗的绘制方法相同；一类是没有被剖切到的门窗，它的绘制方法和建筑立面图中窗的绘制方法相似。因此，用户可以借鉴前面几章有关窗绘制的知识，来完成剖面图中窗的绘制。

由于本图的剖切面位置，仅有一种被剖切的窗，尺寸为高 1 800、宽 240。其绘制步骤如下。

（1）将“窗”图层设为当前图层。

（2）执行“ML”多线命令，修改当前设置为“对正=无，比例=240.00，样式=WIN”，捕捉相应辅助线的交点，完成窗户的绘制。

（3）执行“CO”复制命令，将绘制的窗户复制到其他位置，如图 9–17 所示。

（4）绘制过梁：执行“ML”多线命令，修改当前设置为“对正=无，比例=240.00，样式 = 楼板”，捕捉轴线与窗洞辅助线的交点作为多线的起点，多线长度为过梁的高度。其中，过梁尺寸为宽 240、高 150，效果如图 9–18 所示。

7. 绘制屋顶

在本例中，为了便于排水，将屋顶做成斜坡面，屋顶厚度为 150，具体步骤如下。

（1）将当前图层设为“屋顶”图层。

（2）执行“PL”多段线命令，起点为最左侧辅助线与二层层高辅助线的交点，第二点为

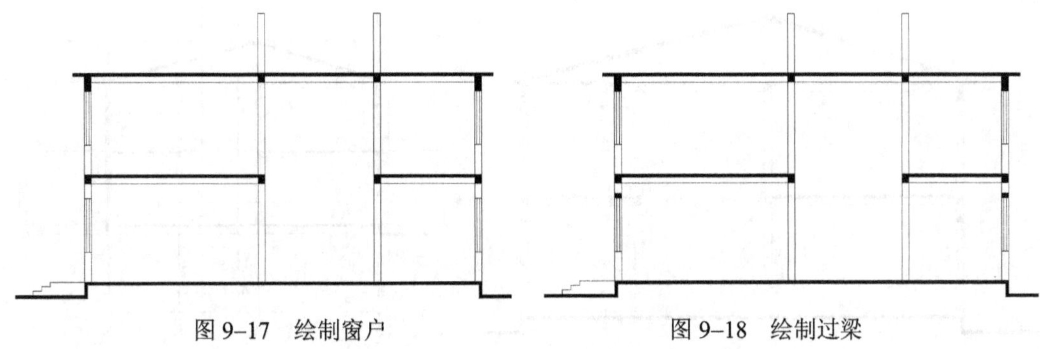

图 9–17　绘制窗户　　　　图 9–18　绘制过梁

B 轴轴线与屋顶辅助线的交点，最右侧辅助线与二层层高辅助线的交点为结束点，完成屋顶外侧线的绘制，如图 9–19 所示。

（3）执行“O”偏移命令，将步骤（2）绘制的多段线向下偏移 150。

（4）执行“X”分解命令，将位于 B 轴、D 轴的两个墙体分解，并执行“TR”修剪命令进行必要的修剪，如图 9–20 所示。

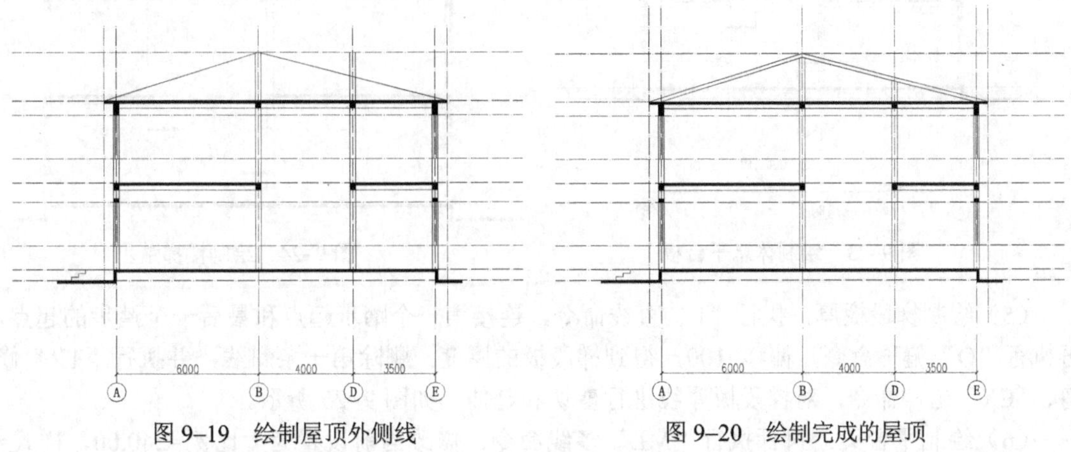

图 9–19　绘制屋顶外侧线　　　　图 9–20　绘制完成的屋顶

（5）切换至“楼板”图层，执行“BH”图案填充命令，弹出“图案填充和渐变色”对话框，设置填充图案为“ANGLE”，比例为“1”，将屋顶进行图案填充，如图 9–21 所示。

8. 绘制楼梯

楼梯的绘制是剖面图中最常见的，也是绘制最为复杂的一部分。本例建筑物共有三跑楼梯，由于剖切位置的关系，本图中只需画出第二跑楼梯、第三跑楼梯，具体绘制步骤如下。

（1）将“楼梯”图层设为当前层。

（2）绘制辅助线：执行“O”偏移命令，将 B 轴线向右偏移 1 020，将 D 轴线向左偏移 1 160，将室内地坪辅助线向上依次偏移 1 080、1 440 得到梯段辅助线，如图 9–22 所示。

（3）绘制休息平台：执行“ML”多线命令，修改当前设置为“对正=上，比例=100.00，样式=楼板”，绘制楼梯休息平台板，如图 9–23 所示。

（4）绘制踏步：执行“PL”多段线命令，打开正交，绘制踏步。其中，踏面宽度为 260，踢面高度为 180，依次输入对应尺寸，完成踏步的绘制，如图 9–24 所示。

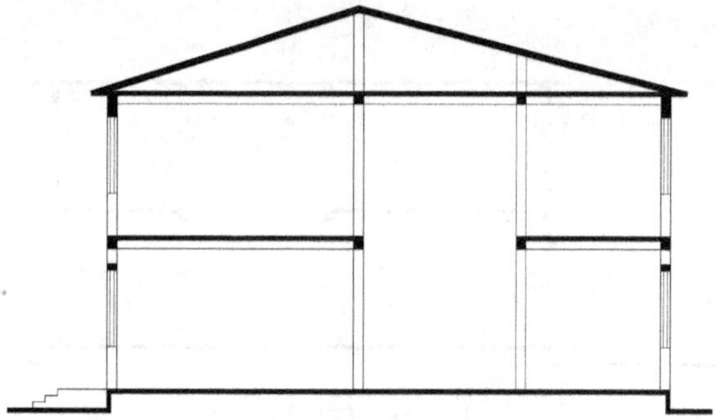

图 9–21　填充屋顶

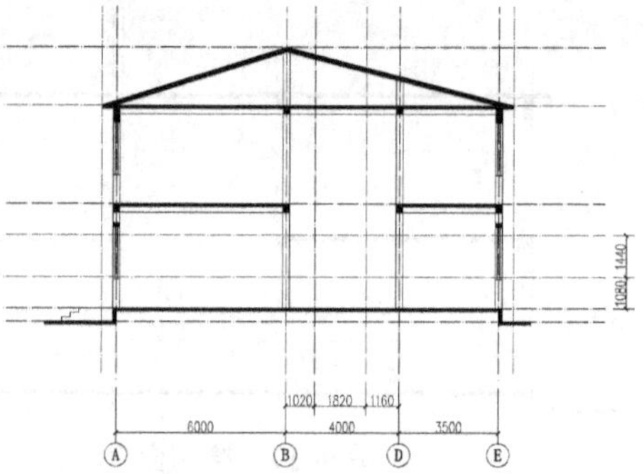

图 9–22　偏移楼梯辅助线

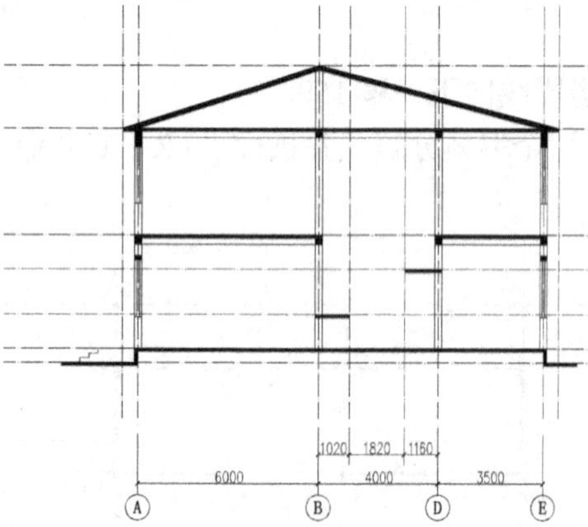

图 9–23　绘制休息平台板

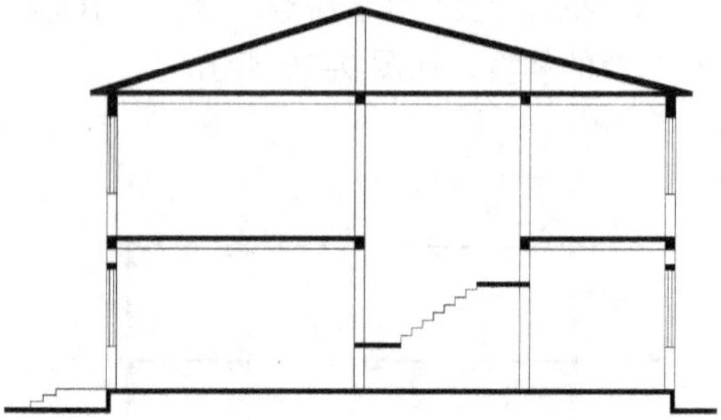

图 9–24　绘制楼梯踏步

（5）绘制梯段板厚：执行“L”直线命令，连接第一个踏步起点和最后一个踏步的起点，再执行“O”偏移命令，偏移 100，得到梯段板的厚度；删除第一条斜线，并执行“TR”修剪、“EX”延伸命令，对梯段板厚线进行剪切和延伸，如图 9–25 所示。

（6）绘制平台梁：执行执行“ML”多线命令，修改当前设置为“比例=240.00，样式=楼板”，绘制 240×250 的平台梁。其中左侧梁对正为“上”，起点为左侧休息平台板的右上角点；右侧梁对正为“下”，起点为右侧休息平台板的左上角点，如图 9–26 所示。

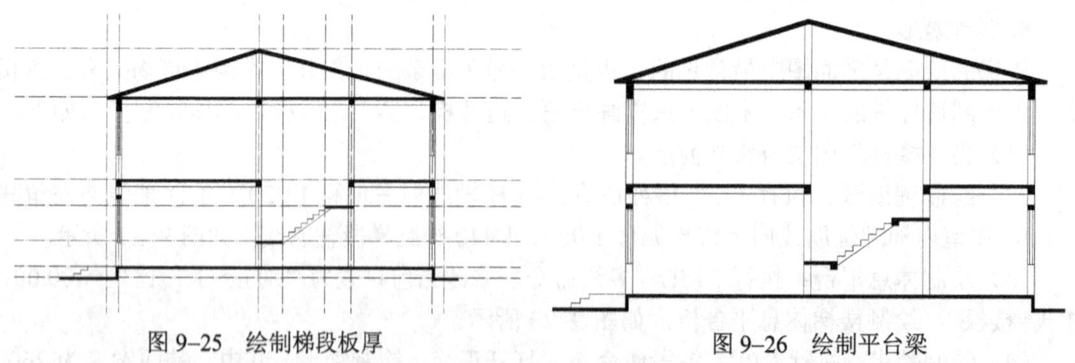

图 9–25　绘制梯段板厚

图 9–26　绘制平台梁

（7）填充梯段板：执行“BH”图案填充命令，为梯段板填充“SOLID”图案，并对梯段板厚线进行必要的修剪，如图 9–27 所示。

（8）绘制栏杆：执行“ML”多线命令，修改当前设置为“对正=无，比例=60.00，样式=STANDARD”，捕捉第一级踏步线的中点为起点，多线长度为900；再执行“O”复制命令，选择绘制的多线，基点为第一级踏步线的中点，插入点依次为踏步线的中点，如图9–28所示。

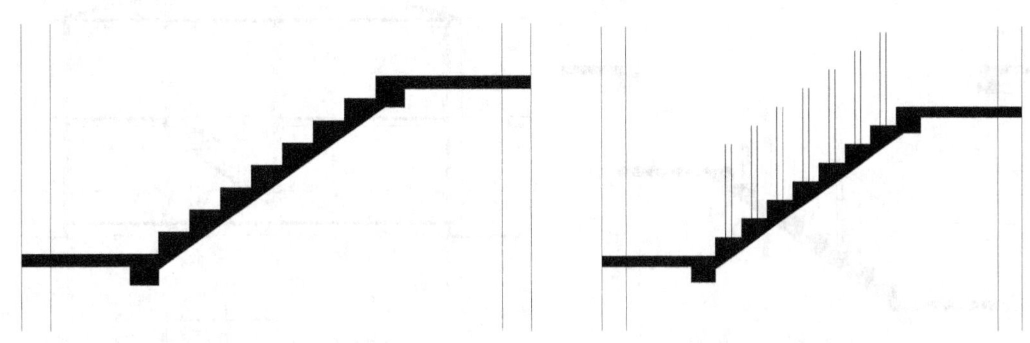

图9–27 填充梯段板　　图9–28 绘制栏杆

（9）绘制扶手：执行“ML”多线命令，修改当前样式为“对正 = 无，比例 = 60.00，样式 = STANDARD”，起点为第一级踏步栏杆端点水平延长线与辅助线的交点，第二点为第一级踏步栏杆端点，第三点为最后一级踏步栏杆端点，最后一点为最后一级踏步栏杆端点水平延长线与辅助线的交点，如图9–29所示。

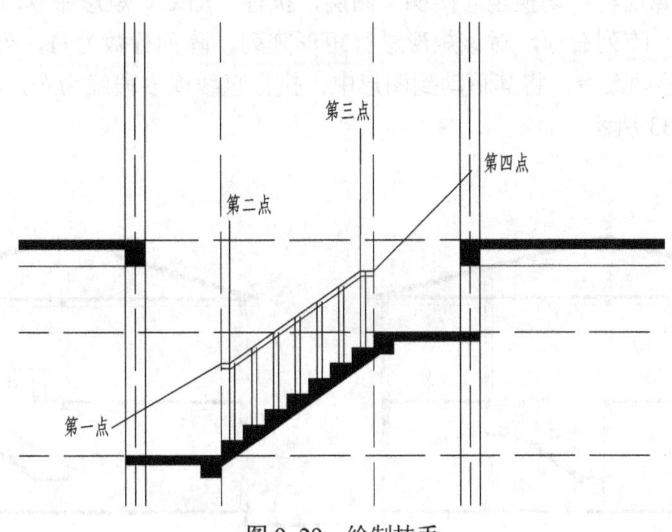

图9–29 绘制扶手

（10）修剪栏杆扶手：执行“X”分解命令，将栏杆部分的多线分解；执行“TR”修剪命令，对栏杆线进行修剪；执行“L”直线命令，连接扶手两端的封口，如图9–30所示。

（11）绘制第三跑楼梯：第三跑楼梯踢面高度为180，共六级踏步。由于剖切位置关系，本例的第三跑楼梯只需画出踏面线即可。

具体操作为：执行“REC”矩形命令，起点为第二跑楼梯最后一级踏步起点，端点为一层层高辅助线与D轴墙身的交点；执行“X”分解命令，将此矩形分解；执行“O”偏移命令，将矩形的水平直线进行偏移，偏移距离为 180，如图 9–31 所示。

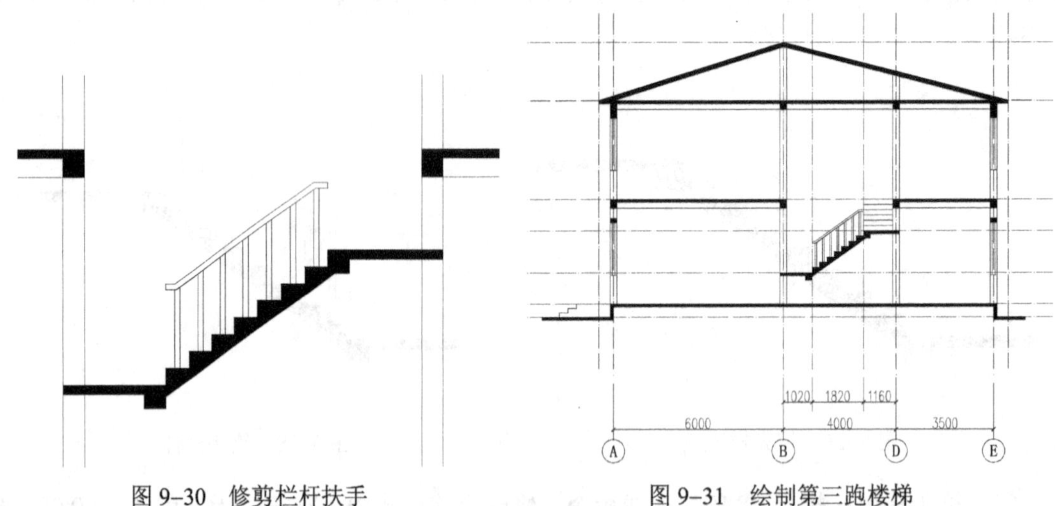

图 9–30　修剪栏杆扶手　　　　图 9–31　绘制第三跑楼梯

（12）绘制走廊楼板：将图层切换至“楼板”图层，执行“L”直线直线，起点为一层层高辅助线与 B 轴墙身的交点，端点为第三跑楼梯的左上角点，并将其向下偏移 120，绘制出楼梯走廊栏杆下方的楼板。由于该部分未被剖切，所以此楼板不需填充，如图 9–32 所示。

（13）绘制走廊栏杆：切换至“楼梯”图层，执行“REC”矩形命令，绘制 60×1 000 的矩形；执行“AR”阵列命令，对该矩形进行矩形阵列，阵列行数为 1，列数为 14，间距为 200；执行“M”移动命令，将其移动到图形中；执行直线或多段线命令，绘制扶手，扶手高度为 60，如图 9–33 所示。

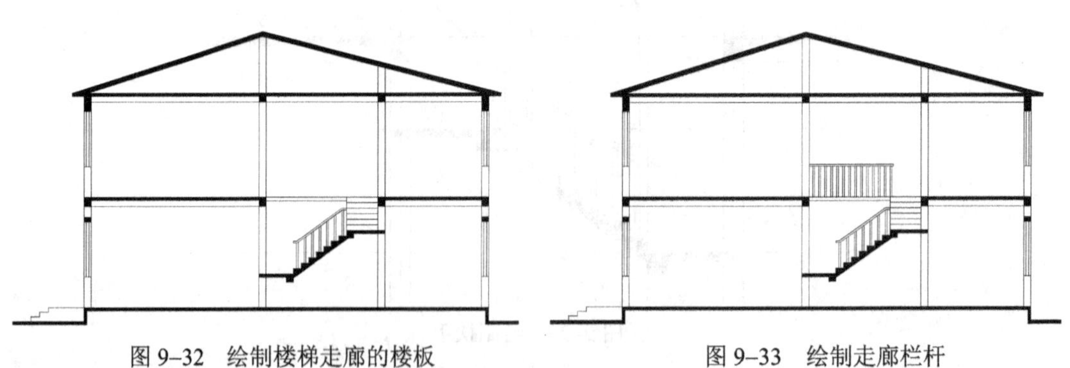

图 9–32　绘制楼梯走廊的楼板　　　　图 9–33　绘制走廊栏杆

9. 绘制阳台

阳台是建筑物的室外活动空间，一般由楼板、墙体、护栏组成。由于本例中剖切线并未通过阳台，所以阳台的绘制方式与立面图相同。具体操作不再详述。

阳台的具体尺寸如图 9–34 所示，完成阳台绘制的建筑剖面图如图 9–35 所示。

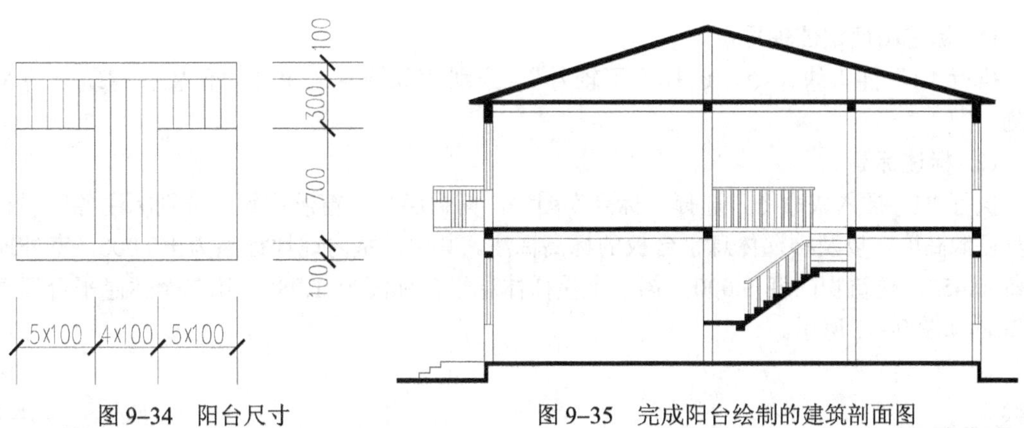

图 9–34　阳台尺寸　　　　图 9–35　完成阳台绘制的建筑剖面图

10. 标注尺寸线

在剖面图中，应该标出的尺寸包括：被剖切到的部分的必要尺寸，包括竖直方向剖切部位的尺寸和标高；外墙需要标注门窗洞的高度尺寸、层高；室内外的高度差和建筑物总的标高等。用户可以将标高符号制作成块，方便插入。

除了标高之外，在建筑剖面图中还需要标注出轴线符号，以表明剖面图所在的范围。

在本例中，轴线编号的创建、标高的创建与立面图的绘制相同，长度尺寸的标注与平面图绘制相同，这里不再详细阐述，仅简略阐述过程。

（1）切换到“标注”图层。

（2）使用样板图中创建的标注样式“建筑 1 比 100”，创建长度标注。

在进行尺寸标注时，首先做好必需的辅助线，然后再标注，使得创建的尺寸标注美观、整齐。

添加的尺寸标注如图 9–36 所示。

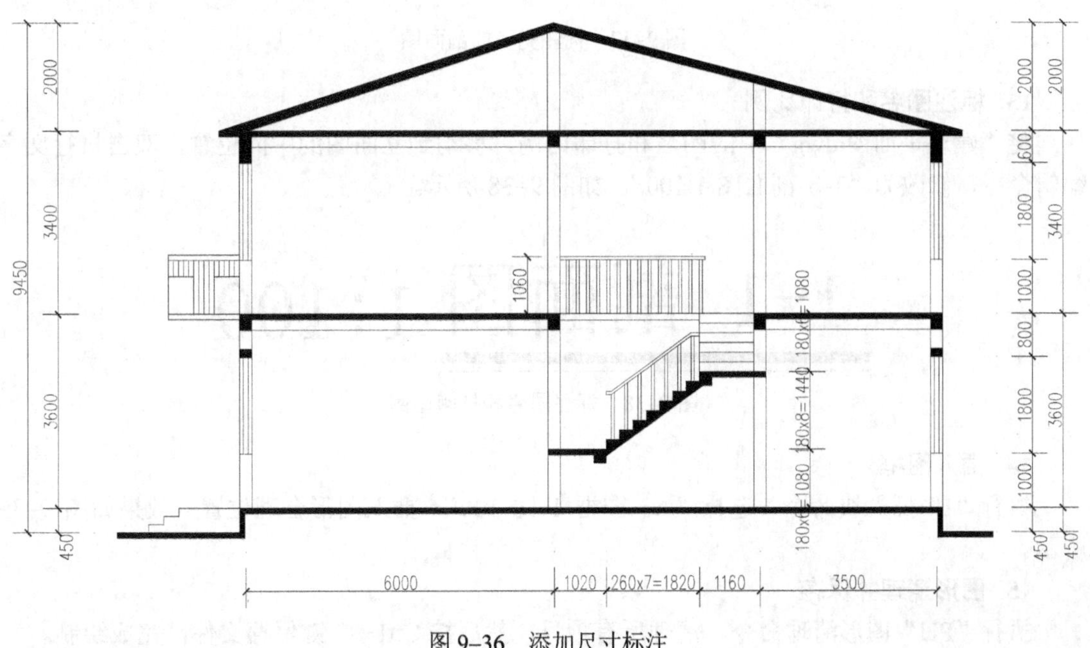

图 9–36　添加尺寸标注

11. 标注山墙定位轴号

执行“I”插入块命令，选择“下轴号”，分别插入轴号 A 和 E，位置在建筑物的左右两侧。

12. 标注标高

执行“I”插入块命令，选择“标高”图块，捕捉层高及窗洞位置，分别标注各层层高标高及窗洞高度，以及楼梯休息平台板的标高标注。其中，室内地坪标高为±0.000，室外地坪标高–0.450，建筑物高度 9.000，第一个楼梯休息平台标高为 1.080，第二个休息平台标高为 2.520，如图 9–37 所示。

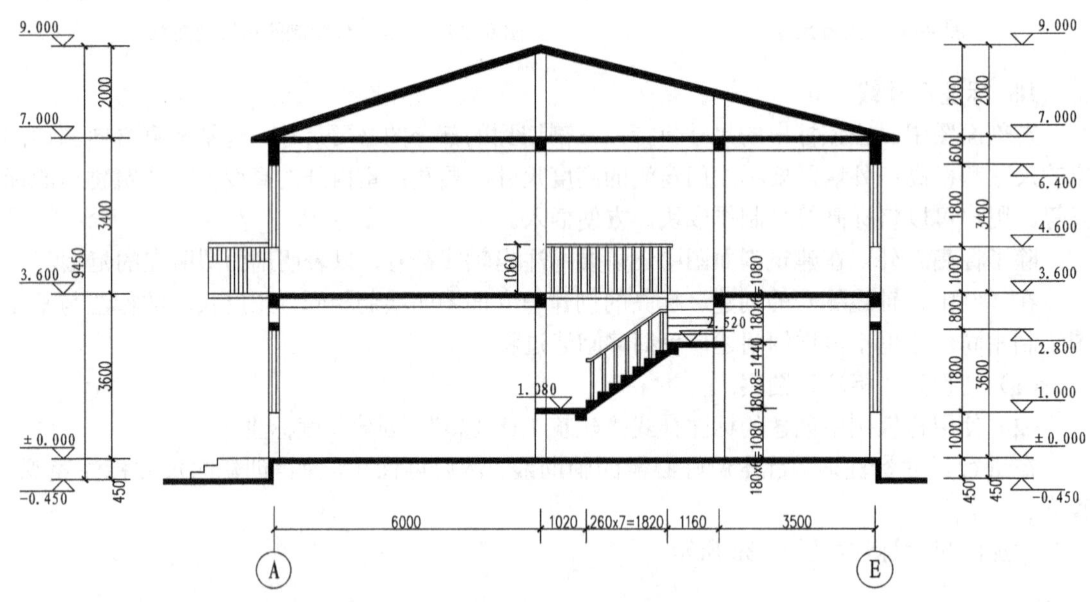

图 9–37　标注完毕的剖面图

13. 标注图名和打印比例

将“建筑平面图.dwg”中的图名和打印比例，移动到立面图的中间位置，双击执行文字编辑命令，修改为“1–1 剖面图 1:100”，如图 9–38 所示。

图 9–38　标注图名和打印比例

14. 插入图框

执行“I”插入块命令，选择“A3 图框 1 比 100”，插入图形合理位置。效果如图 9–39 所示。

15. 图形清理并保存

执行“PU”图形清理命令，清理所有项目，然后按 Ctrl + S 键保存文件，完成绘制。

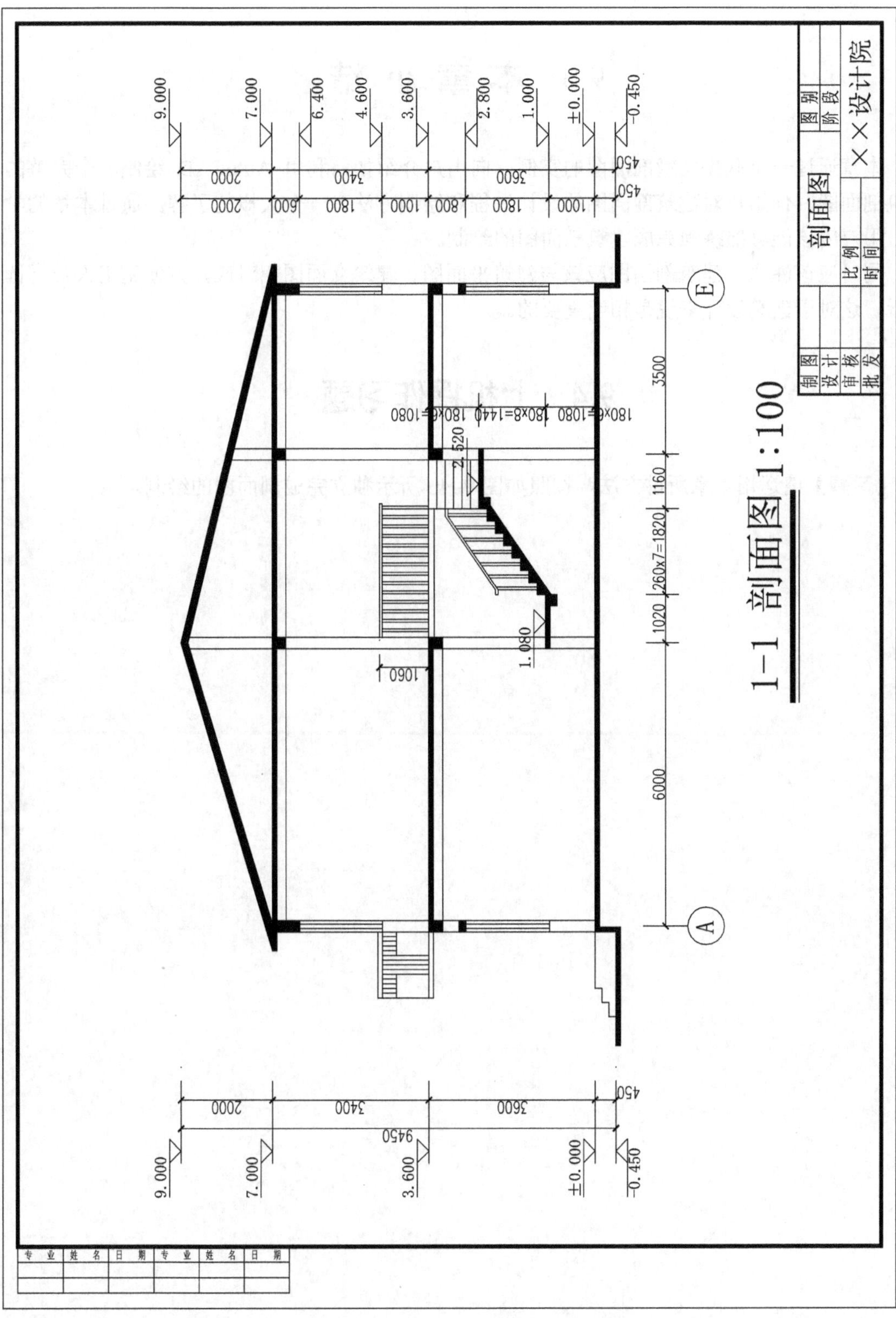

图 9-39　联排别墅剖面图

9.3 本章小结

本章通过一个联排别墅剖面图的实例，向用户介绍如何利用 AutoCAD 绘制一个完整的建筑剖面图，使用户对建筑剖面图的设计过程和绘制方法有一个大概的了解。通过本章的学习，用户应该能够熟练地完成建筑剖面图的绘制。

同时应该注意，建筑剖面图应该与建筑平面图、建筑立面图相对应，方便施工人员阅读图纸，这对于建筑设计来说是相当重要的。

9.4 上机操作习题

【习题】请运用本章所讲方法，按照如图 9-40 所示独立完成剖面图的绘制。

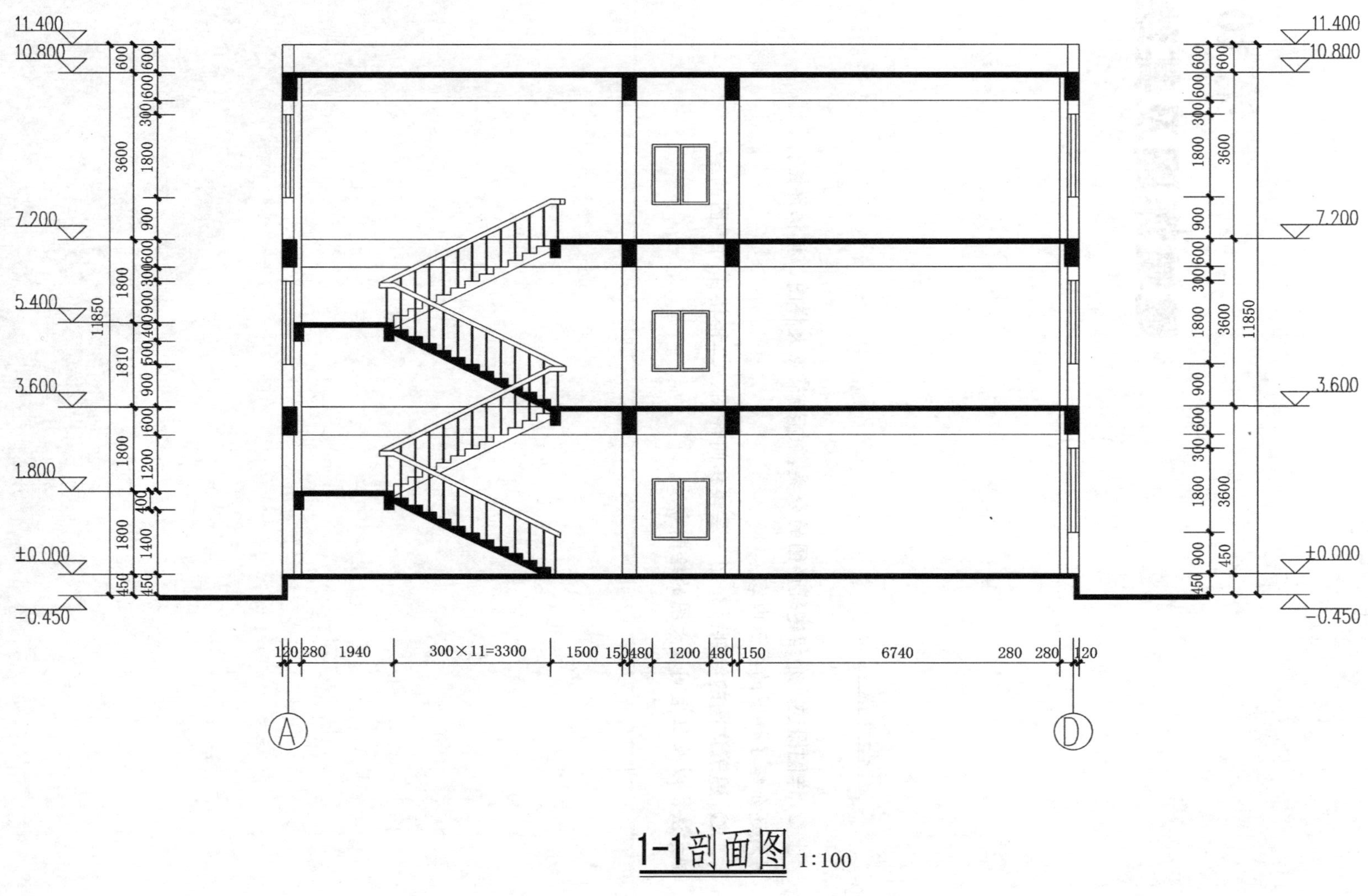

图 9-40　某建筑 1-1 剖面图

第 10 章
建筑详图及其绘制

内容导读

◎ **详图概述**：介绍建筑详图的分类，包括节点大样图、楼梯详图。另外还介绍了详图的图示内容。

◎ **建筑详图的绘制**：介绍一层楼梯间详图、二楼楼梯间详图的绘制方法，以及卫生间放大图的绘制方法。

10.1　建筑详图概述

建筑平面图、立面图和剖面图虽然把房屋主体表现出来了，也把房屋基本的尺寸和位置关系表现出来了，但是由于比例比较小，没有办法把所有的内容都详细地表达清楚，对于建筑物的一些关键部位，就需要通过绘制详图来表达建筑更详尽的构造，譬如楼梯平面图、楼梯剖面图、外墙身详图、洗手间详图等。

建筑详图一般包括两种，分别是节点大样图和楼梯详图。

10.1.1　节点大样图

节点大样图，又称为节点详图，通常是用来反映房屋的细部构造、配件形式、大小、材料做法，一般采用较大的绘制比例，如 1:20、1:10、1:5、1:2 、1:1 等。节点大样图的特点为：图示详尽、表达清楚；尺寸标注齐全。详图的图示方法视细部的构造复杂程度而定。有时只需要一个剖面详图就能够表达清楚，有时还需要附加另外的平面详图或立面详图。详图的数量选择与房屋的复杂程度和平面图、立面图、剖面图的内容和比例有关。

10.1.2　楼梯详图

楼梯详图的绘制是建筑详图绘制的重点。楼梯由楼梯段（包括踏步和斜梁）、平台和栏杆扶手等组成。楼梯详图主要表达楼梯的类型、结构形式、各部位的尺寸及装修尺寸，它是楼梯放样施工的主要依据。

楼梯详图一般包括平面图、剖面图及踏步、栏杆详图等，通常都绘制在同一张图纸中单独出图。平面和剖面的比例要一致，以便对照阅读。踏步和栏杆扶手的详图的比例应该大一些，以便详细表达该部分的构造情况。楼梯详图包含建筑详图和结构详图，分别绘制在建筑施工图和结构施工图中。对一些比较简单的楼梯，可以考虑将楼梯的建筑详图和结构详图绘制在同一张图纸上。

楼梯平面图和房屋平面图一样，要绘制出首层平面图、中间层平面图（标准层平面图）、和顶层平面图。楼梯平面图的剖切位置在该层往上走的第一梯段的休息平台下的任意位置。各层被剖切的梯段按照制图标准要求，用一条 45° 折断线表示，并用上、下行线表示楼梯的行走方向。

楼梯平面图要注明楼梯间的开间和进深尺寸、楼地面的标高、休息平台的标高和尺寸，以及各细部的详细尺寸。通常将梯段长度和踏面数、踏面宽度尺寸合并写在一起。如 11×260=2 860，表示该梯段有 11 个踏面，踏面宽度为 260，梯段总长为 2 860。

楼梯剖面图是用假想的铅垂面将各层通过某一梯段和门窗洞切开向未被切到的梯段投影。剖面图能够完整清晰地表达各梯段、平台、栏板的构造及相互间的空间关系。一般来说，楼梯间的屋面无特别之处，就无须绘制出来。在多层或高层房屋中，若中间各层楼梯的构造相同，则楼梯剖面图只需要绘制出首层、中间层和顶层剖面图，中间用 45° 折断线分开。楼梯剖面图还应表达出房屋的层数、楼梯梯段数、踏面数及楼梯类型和结构形式。剖面图中应注明地面、平台面、楼面等的标高和梯段、栏板的高度尺寸。

楼梯剖面图的图层设置与建筑剖面图的设置类似。但值得注意的是当绘图比例大于或等于 1:50 时，规范规定要绘制出材料图例。楼梯剖面图中除了断面轮廓线用粗实线外，其余的图形绘制均用细实线。

10.1.3 详图的图示内容

（1）内外墙节点、楼梯、电梯、厨房、卫生间等局部平面放大图和构造详图。

（2）室内外装饰方面的构造、线脚、图案等。

（3）特殊的或非标准门、窗、幕墙等应有构造详图。如属另行委托设计加工者，则应绘制立面分格图，对开启面积大小和开启方式，与主体结构的连接方式、预埋件、用料材质、颜色等也应有所体现。

（4）其他凡在平面图、立面图、剖面图或文字说明中无法交代或交代不清的建筑构件和建筑物。

（5）对紧邻的原有建筑，应绘出其局部的平面图、立面图、剖面图，并索引建筑与原有建筑结合处的详图号。

10.2 建筑详图的绘制

建筑详图的绘制一般情况下有两种方法，一种是直接绘制法，即用户根据详图的要求从无到有绘制图形，另一种方法是利用平面图、剖面图或者立面图中已经有的图形部分，对图形进行细化、编辑和修剪，从而创建新的图形。这两种方法在建筑制图中都经常使用，用户都要掌握。本节主要通过三个案例的详细讲解，帮助用户理解建筑详图的绘制过程。

10.2.1 绘制一层楼梯间详图

建筑平面图使用的绘图比例是 1:100，楼梯详图采用的绘图比例为 1:50。本例采用先从平面图中复制楼梯的平面图，再对其进行修改的方法进行绘制，一层楼梯间详图如图 10–1 所示。

具体操作步骤如下。

（1）建立绘图环境：按 Ctrl + N 键，新建文件，打开通过二维码下载的“剖面样板.dwt”文件为样板图，得到新建立的文件；按 Ctrl + S 键，保存文件，将新文件保存为“建筑详图”，确定。

（2）从平面图复制图形：打开“建筑平面图.dwg”文件，按如图 10–2 所示交叉窗口选择所示区域图形，按 Ctrl+C 键执行复制命令；打开“窗口”菜单，单击切换到“建筑详图”文件；在绘图区按 Ctrl+V 键执行粘贴命令，得到复制的图形，如图 10–3 所示。

（3）修剪图形：切换至“辅助线”图层，将图形分解便于修剪；绘制水平和垂直辅助线，如图 10–4 所示；以辅助线为剪切边，对墙线进行修剪，并删除右侧的楼梯线和方向线，如图 10–5 所示。

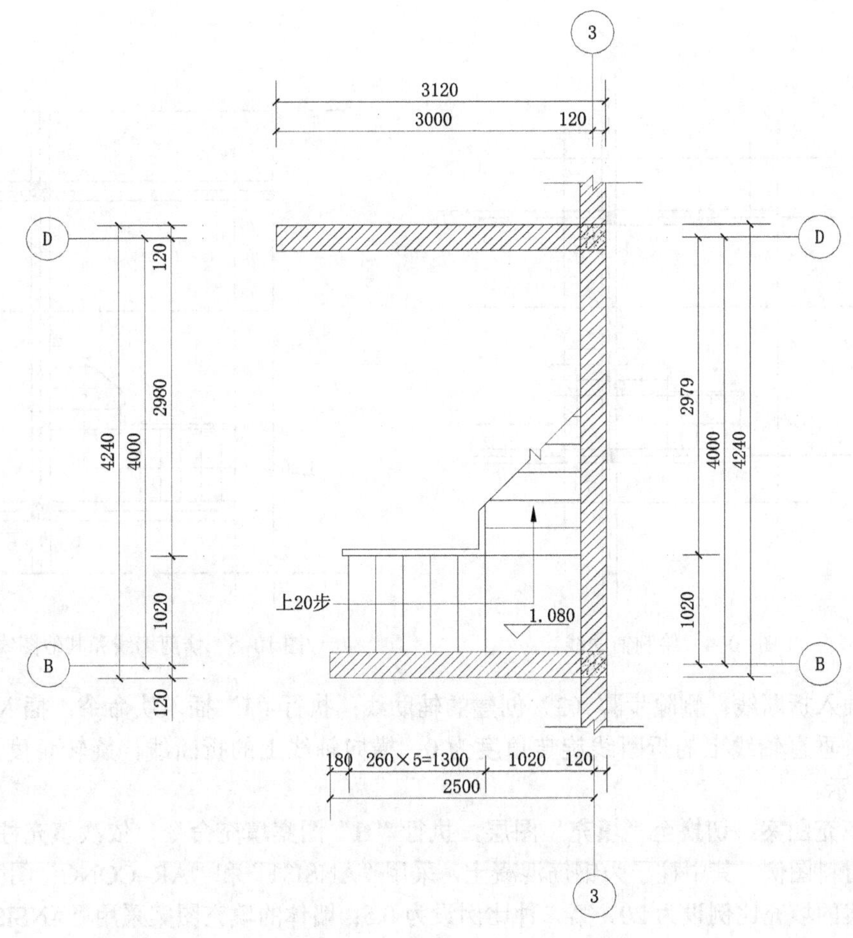

图 10–1　一层楼梯间详图

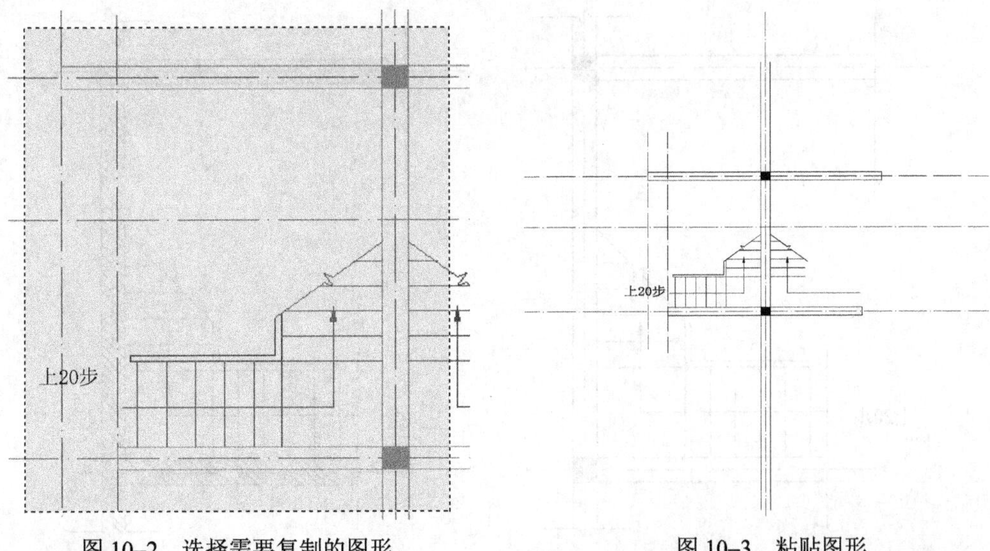

图 10–2　选择需要复制的图形　　　　图 10–3　粘贴图形

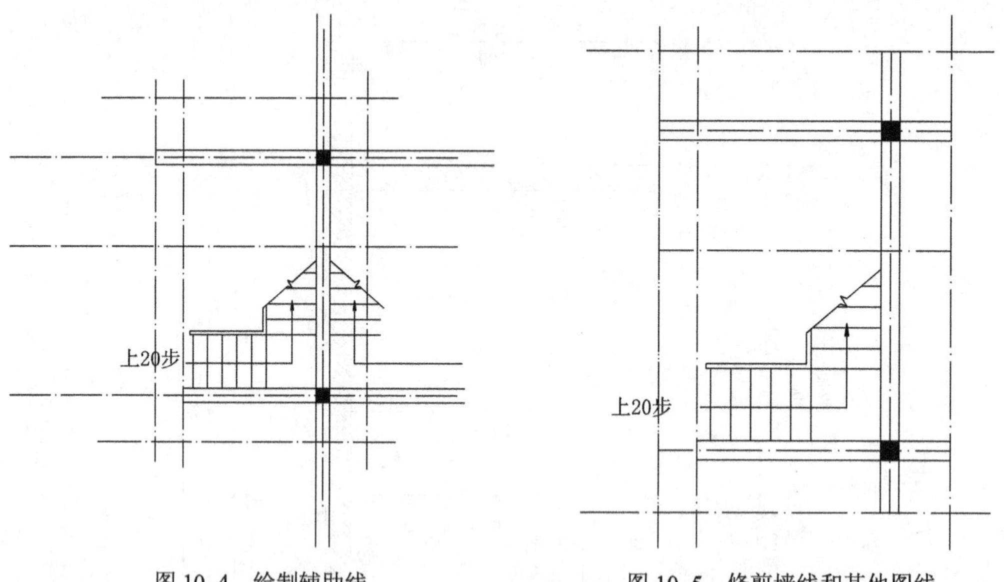

图 10–4　绘制辅助线　　　　图 10–5　修剪墙线和其他图线

（4）插入折断线：删除步骤（3）创建的辅助线；执行“I”插入块命令，插入折断线图块。其中，垂直轴线上的折断线旋转角度为 0，横向轴线上的折断线，旋转角度为 90，如图 10–6 所示。

（5）填充图案：切换至“填充”图层，执行“H”图案填充命令，依次填充柱子、墙体等构件的材料图例。其中柱子为钢筋混凝土，采用“ANSI31”和“AR–CONC”图案的叠加，第一种图案的填充比例设为 20，第二种比例设为 0.5；墙体的填充图案采用“ANSI31”，比例设为 20，如图 10–7 所示。

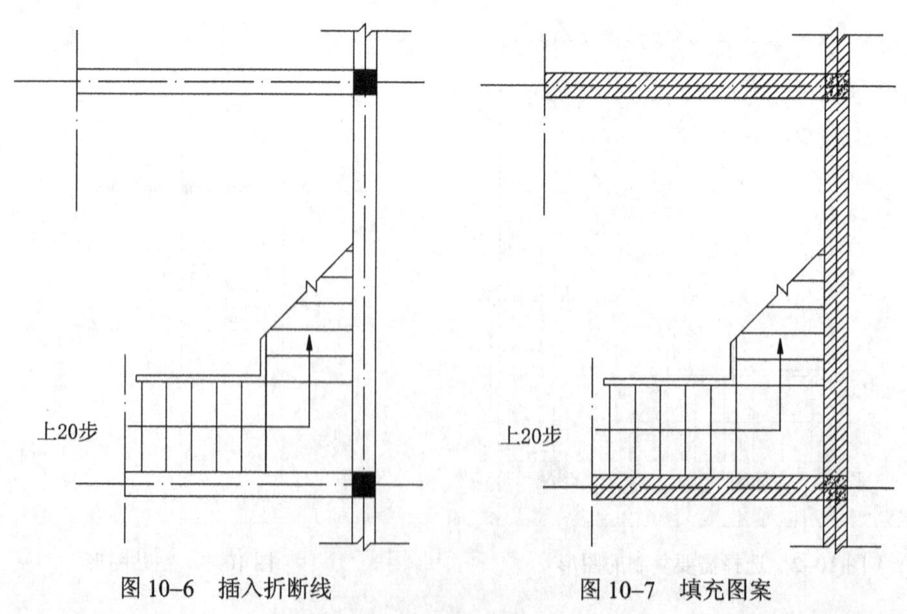

图 10–6　插入折断线　　　　图 10–7　填充图案

（6）尺寸标注及标高标注：切换至“标注”图层，由于楼梯间详图的绘图比例为 1:50，所以使用标注样式“建筑 1:50”进行标注。通常把梯段长度尺寸与每个踏面宽度尺寸合并写在一起，如 260×5=1 300。

标高标注的操作为：执行“I”插入块命令，选择“标高”图块，添加标高。其中，第一个休息平台标高为 1.080 m。添加的标注如图 10–8 所示。

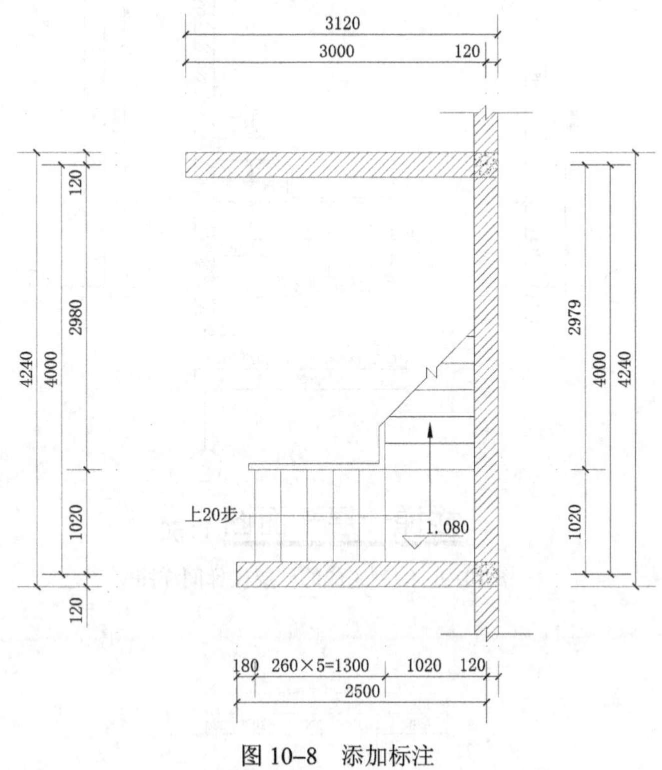

图 10–8　添加标注

（7）插入轴号及书写图名和打印比例：执行“I”插入块命令，插入“上轴号”“下轴号”“左轴号”“右轴号”图块，创建轴线编号，最后书写图名和打印比例，绘制完成的一层楼梯间详图如图 10–9 所示。

10.2.2　绘制二层楼梯间详图

在本例中，二层即为顶层，而顶层平面图是从顶层窗台处剖开，由于未剖切到楼梯段，因此图中应画出完整的楼梯段和平台。本例采用先从“楼梯一层平面图”中复制楼梯的平面图，再对其进行修改的方法进行绘制，二层楼梯间详图如图 10–10 所示。

具体操作步骤如下。

（1）复制图形：执行“CO”复制命令，从“楼梯一层平面图”复制图形，并删除第二跑楼梯线和方向线，如图 10–11 所示。

（2）绘制其他楼梯段：切换至“楼梯”图层，执行直线、阵列、多段线命令，绘制楼梯踏步线、扶手、方向线，如图 10–12 所示。其中，踏面宽度为 260，正方形休息平台宽度为 900，扶手宽度为 60。

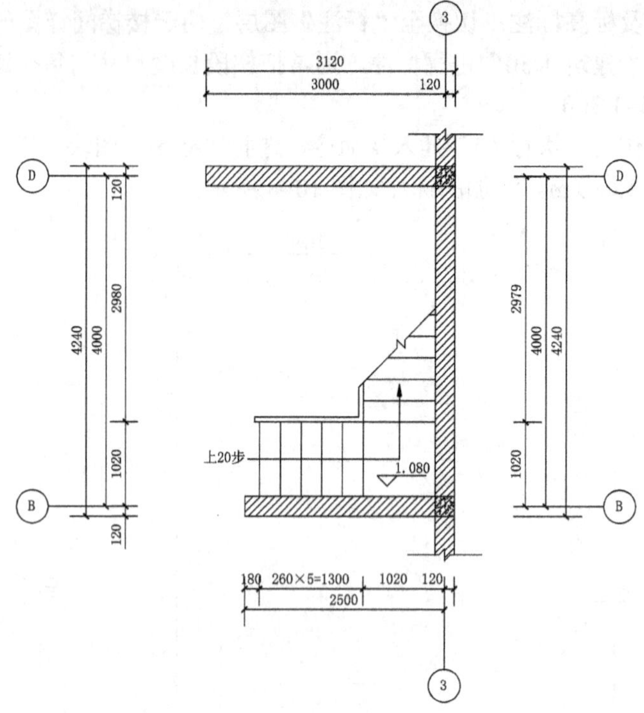

楼梯一层平面图 1:50

图 10–9　绘制完成的一层楼梯间详图

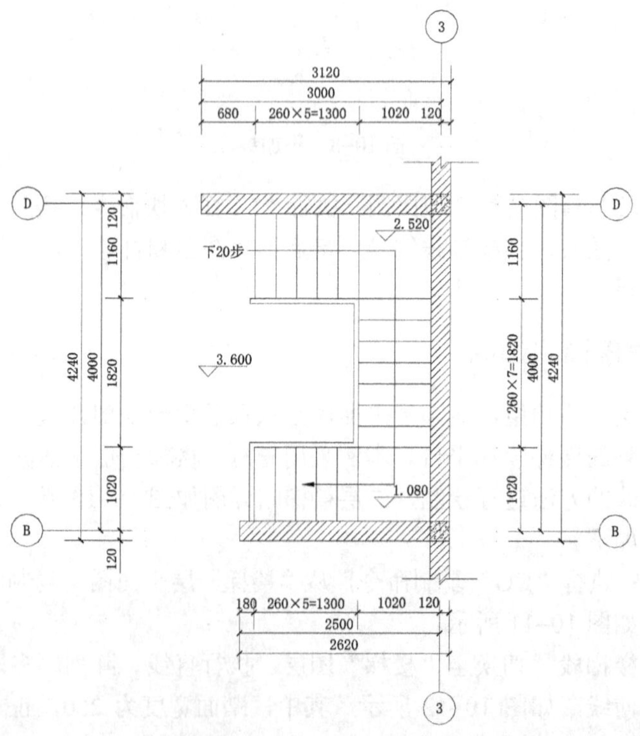

图 10–10　二层楼梯间详图

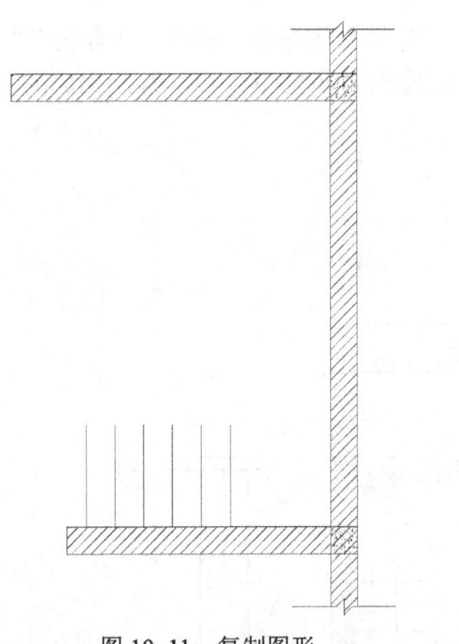

图 10-11　复制图形

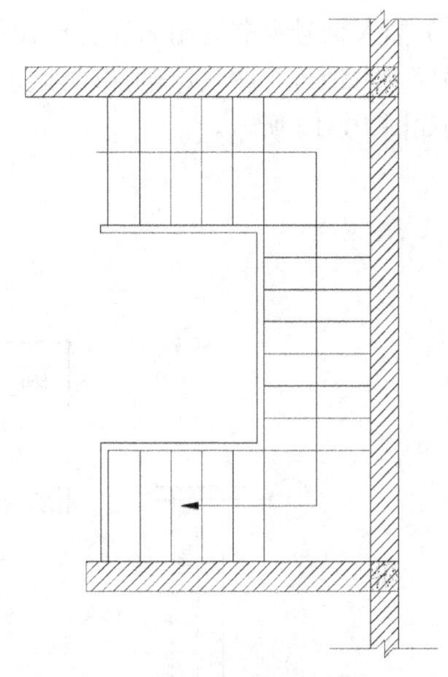

图 10-12　绘制其他梯段

（3）添加标注：切换至“标注”图层，使用标注样式“建筑 1:50”进行尺寸标注。

执行“I”插入块命令，选择“标高”图块，添加标高。其中，第一个休息平台标高为 1.080 m，第二个平台标高为 2.520 m，二层标高 3.600 m。

执行“T”多行文字命令，添加文字注释，共 20 个踏步。添加的标注如图 10-13 所示。

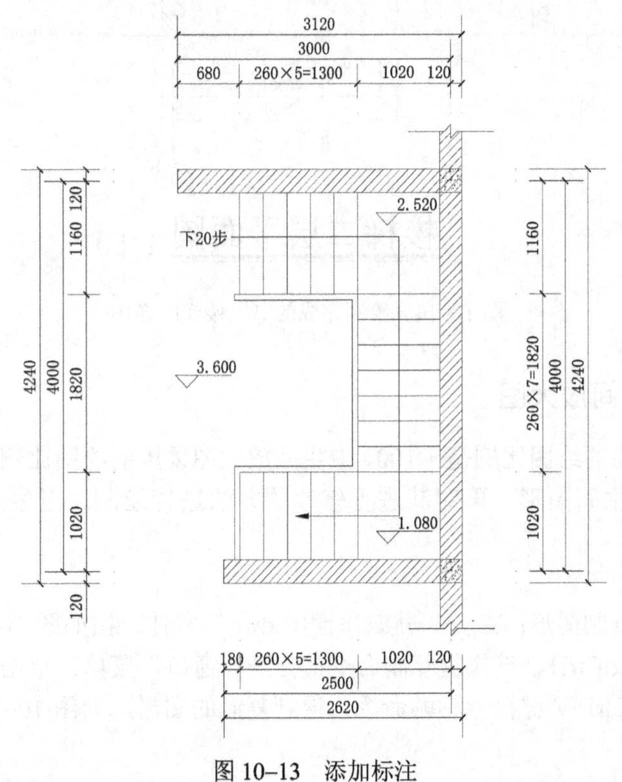

图 10-13　添加标注

（4）插入轴号及书写图名和打印比例：执行“I”插入块命令，插入“上轴号”“下轴号”“左轴号”“右轴号”图块，创建轴线编号，最后书写图名和打印比例，绘制完成的二层楼梯间详图如图 10–14 所示。

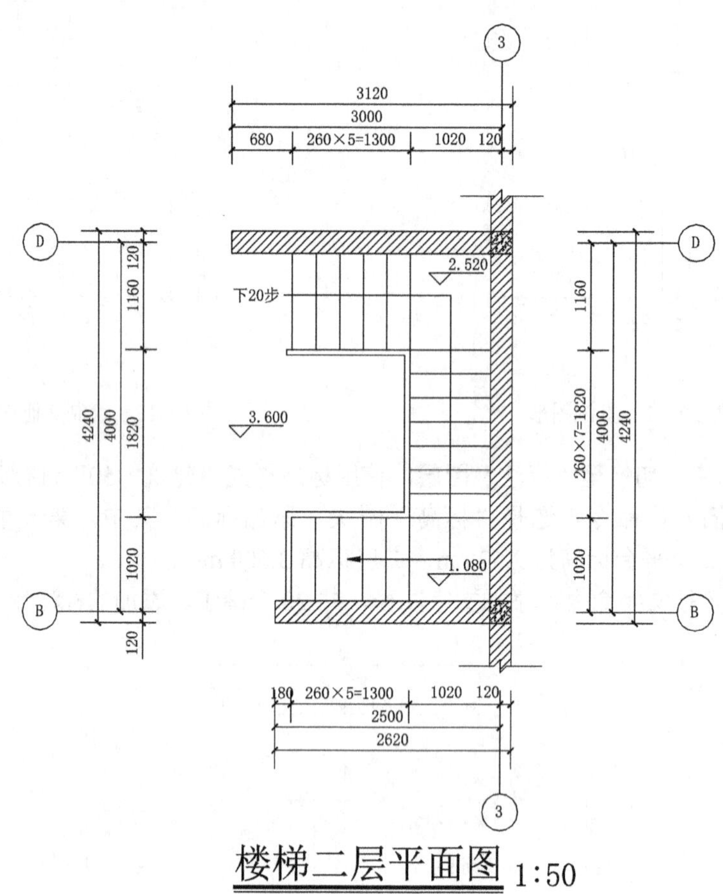

图 10–14　绘制完成的二层楼梯间详图

10.2.3　绘制卫生间放大图

建筑平面图使用的绘图比例是 1:100，卫生间放大图采用的绘图比例为 1:50。本例采用先从平面图中复制卫生间图形，再对其进行修改的方法进行绘制，卫生间放大图如图 10–15 所示。

具体操作步骤如下。

（1）从平面图复制图形：打开“建筑平面图.dwg”文件，按如图 10–16 所示交叉窗口选择所示区域图形，按 Ctrl+C 键执行复制命令；打开“窗口”菜单，单击切换到“建筑详图”文件；在绘图区按 Ctrl+V 键执行粘贴命令，得到复制的图形，如图 10–17 所示。

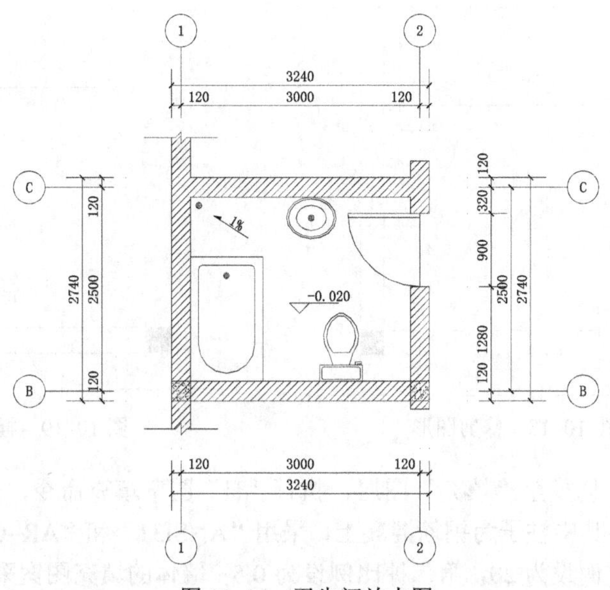

图 10-15　卫生间放大图

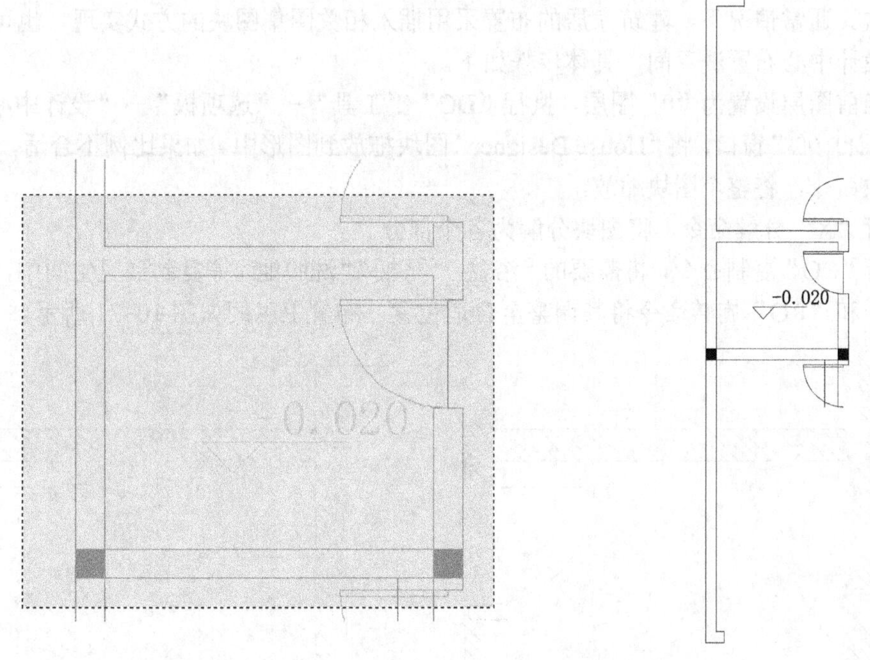

图 10-16　选择需要复制的图形　　图 10-17　粘贴图形

（2）修剪图形：切换至“辅助线”图层，将图形分解便于修剪；绘制水平辅助线，以辅助线为剪切边，对墙线进行修剪，并删除其他多余图线，如图 10-18 所示。

（3）插入折断线：删除步骤（2）创建的辅助线；执行“I”插入块命令，插入折断线图块，如图 10-19 所示。

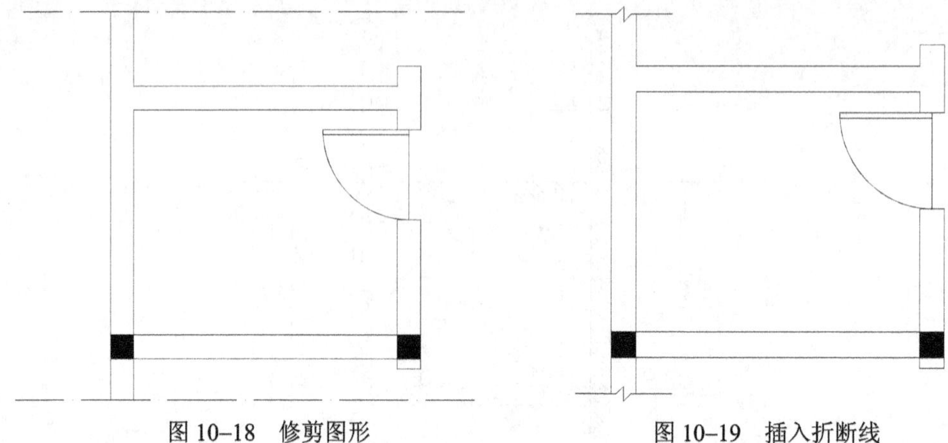

图 10–18　修剪图形　　　　图 10–19　插入折断线

（4）填充图案：切换至“填充”图层，执行“H”图案填充命令，依次填充柱子、墙体等构件的材料图例。其中柱子为钢筋混凝土，采用“ANSI31”和“AR–CONC”图案的叠加，第一种图案的填充比例设为 20，第二种比例设为 0.5；墙体的填充图案采用“ANSI31”，比例设为 20，如图 10–20 所示。

（5）布置卫生间：在民居的洗手间里，设备的组成是比较固定的，一般包括马桶、洗手池、浴盆。通常情况下，建筑家居的布置采用插入相关图集图块的方式实现，也可手绘。本例利用设计中心布置洗手间，具体步骤如下。

将当前图层设置为“0”图层，执行“DC”（“工具”→“选项板”→“设计中心”）命令，打开“设计中心”窗口，将“House Designer”图块拖放到图形中。如果比例不合适，执行“SC”比例缩放命令，将整个图块缩放。

执行“X”分解命令，将图块分解为各个部分。

执行“CO”复制命令，将需要的“浴盆”“马桶”“洗脸池”等复制到卫生间中，执行“M”移动命令和“RO”旋转命令将其调整至合适位置。布置卫生间如图 10–21 所示。

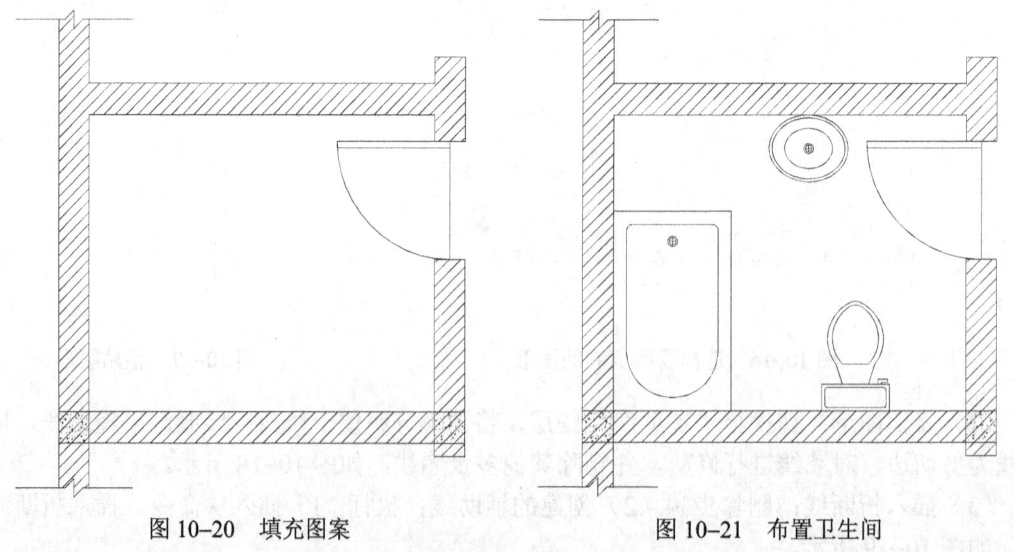

图 10–20　填充图案　　　　图 10–21　布置卫生间

（6）绘制地漏：切换至“填充”图层，执行“C”绘圆命令，绘制圆形地漏，圆的直径为 75。执行“H”图案填充命令，填充地漏，填充图案为“ANSI31”，比例设置为 5，如图 10–22 所示。

（7）绘制排水方向：执行“PL”多段线命令，绘制排水方向，并将尾部箭头部分填充“SOLID”图案。执行“T”多行文字命令，书写坡度。再执行“RO”旋转命令，将多段线和文字进行旋转，如图 10–23 所示。

（8）添加标注：切换至“标注”图层，使用标注样式“建筑 1:50”进行尺寸标注。执行“I”插入块命令，选择“标高”图块，添加标高，如图 10–24 所示。

（9）插入轴号及书写图名和打印比例：执行“I”插入块命令，插入“上轴号”“下轴号”“左轴号”“右轴号”图块，创建轴线编号，最后书写图名和打印比例，绘制完成的卫生间放大图如图 10–25 所示。

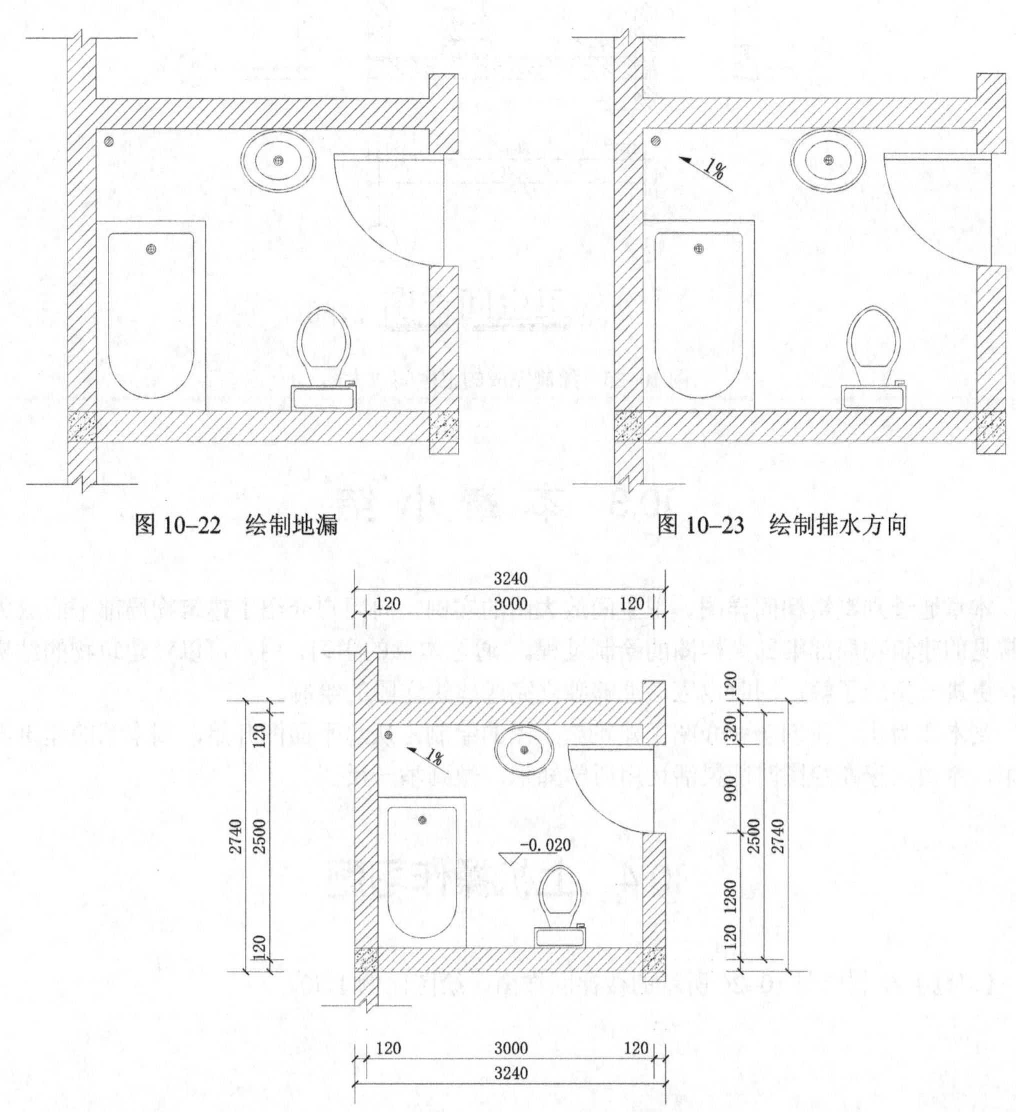

图 10–22　绘制地漏　　图 10–23　绘制排水方向

图 10–24　添加标注

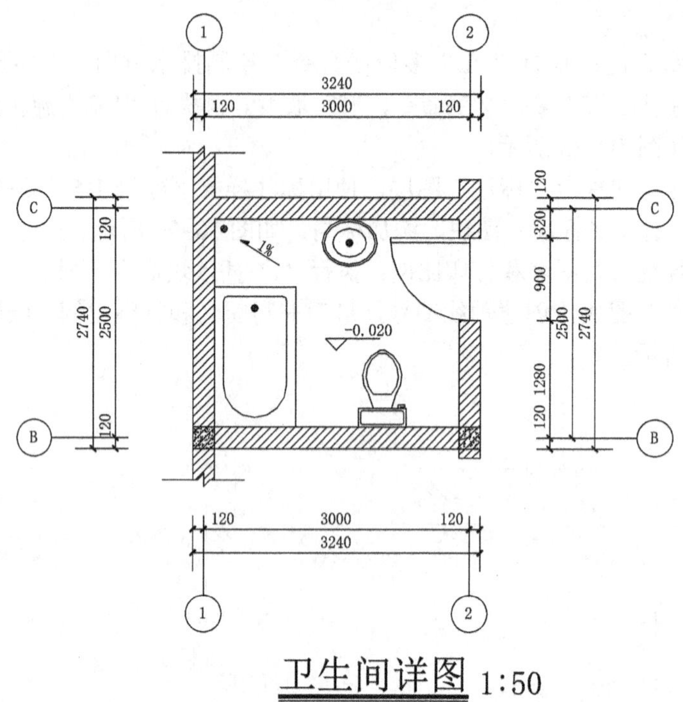

图 10–25　绘制完成的卫生间放大图

10.3　本 章 小 结

本章通过别墅楼梯间详图、卫生间放大图的实例，向用户介绍了建筑物局部平面放大图及常见的建筑物局部细部大样图的绘制过程。 通过本章的学习，用户可以对建筑物的结构形式有更进一步的了解，同时也应该能够独立完成建筑详图的绘制。

到本章为止，我们全面介绍了建筑施工图的绘制，从总平面图开始，到本章的建筑详图结束，希望大家在绘图时能灵活运用所学知识，做到举一反三。

10.4　上机操作习题

【习题】绘制如图 10–26 所示的楼梯间详图，绘图比例 1:50。

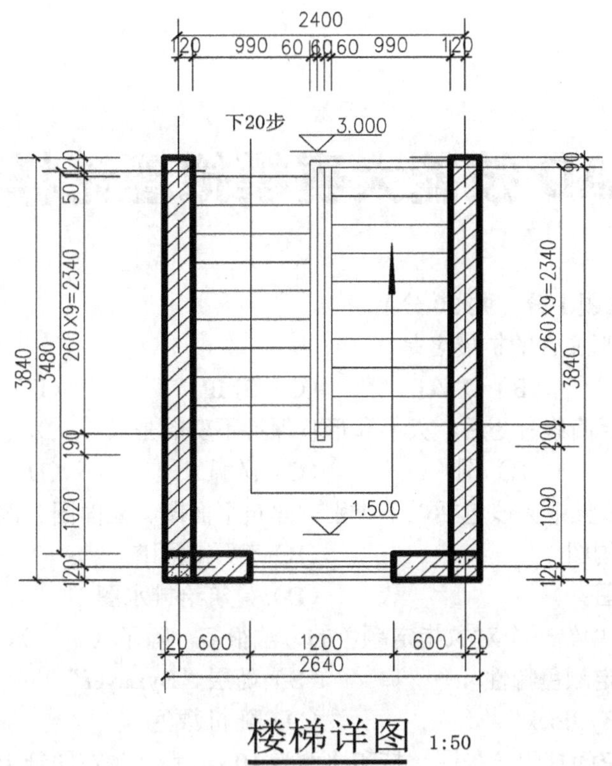

图 10–26　某楼梯间详图

附录 A

CAD 技能大赛模拟理论样卷

一 单选题（每题 1 分，共 30 分）

1. AutoCAD 图形文件的扩展名是（ ）。

（A）DWT （B）DWG （C）BMP （D）BAK

2. 下列对象执行偏移命令后，大小和形状保持不变的是（ ）。

（A）椭圆 （B）圆 （C）圆弧 （D）直线

3. 建筑专业图纸集中应该包括以下类别：建筑平面图、立面图、剖面图和（ ）。

（A）建筑结构图 （B）建筑截面图

（C）建筑详图 （D）建筑给排水图

4. 在 AutoCAD 中给一个对象指定颜色的方法很多，除了（ ）。

（A）直接指定颜色特性 （B）随层“ByLayer”

（C）随块“ByBlock” （D）随机颜色

5. 如果从模型空间打印一张图，打印比例为 10:1，那么想在图纸上得到 3 mm 高的字，应在图形中设置的字高为（ ）。

（A）3 mm （B）0.3 mm （C）30 mm （D）10 mm

6. 在 AutoCAD 中，相对坐标和绝对坐标的区别是：在相对坐标前加上符号（ ）。

（A）& （B）3 （C）@ （D）·

7. 图层中的线型“Continuous”指的是（ ）。

（A）虚线 （B）点划线 （C）双点划线 （D）实线

8. 在用“Line”直线命令绘水平线或垂直线时，可以使用辅助绘图工具（ ）。

（A）图层 （B）表格 （C）对象捕捉 （D）正交

9. 在用“Line”直线命令绘制封闭图形时，最后一直线可敲（ ）字母后回车而自动封闭。

（A）C （B）G （C）D （D）0

10. 在进行文字标注时，若要插入直径符号，则应输入（ ）。

（A）%%d （B）%d （C）%c （D）%%c

11. 在绘制二维图形时，要绘制多段线，可以选择（ ）命令。

（A）“绘图”菜单→“3D 多段线”

（B）“绘图”菜单→“多段线”

（C）“绘图”菜单→“多线”

（D）“绘图”菜单→“样条曲线”

12. 用相对直角坐标绘图时以（ ）为参照点。

（A）上一指定点或位置 （B）坐标原点

（C）屏幕左下角点　　（D）任意一点

13. “Zoom”缩放命令在执行过程中改变了（　　）。

（A）图形的界限范围大小　　（B）图形的绝对坐标

（C）图形在视图中的位置　　（D）图形在视图中显示的大小

14. 要快速显示整个图形界限范围内的所有图形，可使用（　　）。

（A）“视图”菜单→“缩放”→“窗口”命令

（B）“视图”菜单→“缩放”→“动态”命令

（C）“视图”菜单→“缩放”→“范围”命令

（D）“视图”菜单→“缩放”→“全部”命令

15. 在“Text”命令中，在提示文本输入时，输入“%%P0.2”，得到的实际文本为（　　）。

（A）0.02　　（B）0.2　　（C）0.2%　　（D）±0.2

16. 要创建与3个对象相切的圆可以用（　　）。

（A）“绘图”菜单→“圆”→“相切、相切、相切”命令

（B）“绘图”菜单→“圆”→“相切、相切、半径”命令

（C）“绘图”菜单→“圆”→“相切、相切、三点”命令

（D）单击“圆”按钮，并在命令行内输入“3P”命令

17. 设置点样式，可以通过（　　）。

（A）选择“格式”菜单→“点样式”命令

（B）右击，在弹出的快捷菜单中单击“点样式”命令

（C）选取该项点后，在其对应的“特性”对话框中进行设置

（D）单击“图案填充”按钮

18. 在CAD中，下列不可以用分解命令分解的图形是（　　）。

（A）圆形　　（B）正方形　　（C）多段线　　（D）块

19. 在执行“TR”修剪命令时，首先要定义修剪边界，如果没有选择任何对象，而直接按Enter键或Space键，结果是（　　）。

（A）无法进行下面的操作　　（B）系统继续要求选择修剪边界

（C）修剪命令马上结束　　（D）所有显示的对象作为潜在的剪切边

20. 在CAD中以下有关图层锁定的描述，错误的是（　　）。

（A）在锁定图层上的对象仍然可见

（B）在锁定图层上的对象可以打印

（C）在锁定图层上的对象不能被编辑

（D）当前图层不可以被锁定

21. 下面不可以使用多段线命令来绘制的是（　　）。

（A）直线　　（B）圆弧

（C）具有宽度的直线　　（D）椭圆弧

22.（　　）命令用于绘制多条相互平行的线，每一条线的颜色和线型可以相同，也可以不同，此命令常用来绘制建筑施工图上的墙线。

（A）多段线　　（B）多线　　（C）样条曲线　　（D）直线

23.（　　）命令用于绘制指定内外直径的圆环或填充圆。

（A）椭圆　　（B）圆　　（C）圆环　　（D）圆弧

24. 下面操作中不能实现复制操作的是（　　）。

（A）复制　　（B）镜像　　（C）偏移　　（D）分解

25. 关于移动（Move）和平移（Pan）命令，下面说法正确的是（　　）。

（A）都是移动命令，效果一样

（B）移动（Move）速度快，平移（Pan）速度慢

（C）移动（Move）的对象是视图，平移（Pan）的对象是物体

（D）移动（Move）的对象是物体，平移（Pan）的对象是视图

26. 下列命令中将选定对象的特性应用到其他对象的是（　　）。

（A）夹点编辑　　（B）AutoCAD 设计中心

（C）特性　　（D）特性匹配

27. 定数等分命令是（　　）。

（A）将一个对象等分成几个等长的部分

（B）将一个对象断开成两部分

（C）将一个对象等分成两个相等的部分

（D）以上都是

28. 按比例改变图形实际大小的命令是（　　）。

（A）偏移（Offset）　　（B）显示缩放（Zoom）

（C）比例缩放（Scale）　　（D）拉伸（Stretch）

29. 用“两点”选项绘制圆时，两点之间的距离等于（　　）。

（A）圆周　　（B）周长　　（C）半径　　（D）直径

30. 在缺省情况下，AutoCAD 中测量角度的方向是（　　）。

（A）从左到右　　（B）方向不确定

（C）顺时针方向　　（D）逆时针方向

二　判断题（每题 1 分，共 10 分）

1. 打开 CAD 软件后，默认的图层为 0 层，它是可以删除的。（　　）

（A）对　　（B）错

2. 在使用键盘输入直线命令时，只需要输入直线命令的简化形式“L”，然后按 Enter 键即可调用画直线命令，不必输入完整的命令单词。（　　）

（A）对　　（B）错

3. 在 AutoCAD 中用“DO”命令绘圆环，不能绘出实心圆。（　　）

（A）对　　（B）错

4. 定位轴线应用细点画线绘制。定位轴线一般应编号，编号应注写在轴线端部的圆内。圆应用细实线绘制，直径为 8～10 mm。（　　）

（A）对　　（B）错

5. 在 CAD 软件中取消一个正在执行的命令，应按 Esc 键。（　　）

（A）对　　（B）错

6. 在 CAD 中单独的一根线也可以通过修剪来删除。（　　）

（A）对　　（B）错

7. 在运行对象捕捉模式下，仅可以设置一种对象捕捉模式。（　　）

（A）对　　　　（B）错

8. 标高数字应以米为单位，注写到小数点以后第3位。在总平面图中可注写到小数点以后第2位。（　　）

（A）对　　　　（B）错

9. 当你在填充图案中增加比例因子时，你能看见更多填充线。（　　）

（A）对　　　　（B）错

10. 构造线是一条沿着某一方向无限延伸的直线，它具有一个确定的起点，并向单方向无限延伸。（　　）

（A）对　　　　（B）错

三　多选题（每题2分，共10分）

1. 可以利用以下（　　）方法来调用命令。

（A）在命令提示区输入命令　　（B）单击工具栏上的命令按扭

（C）选择下拉菜单中的菜单项　　（D）在图形窗口单击鼠标左键

2. 多线样式命令可以设置（　　）。

（A）每条线的颜色、线型和单线的间距

（B）每条线的颜色、线型

（C）每条线的颜色、线宽

（D）每条线的颜色、线型和线型显示比例

3. 在AutoCAD中绘制正多边形时，下列方式正确的是（　　）。

（A）内接正多边形　　（B）外切正多边形

（C）确定边长方式　　（D）确定圆心、正多边形点的方式

4. 在AutoCAD中，可以在图层定义的对象特性包括（　　）。

（A）线宽　　（B）透明/不透明

（C）颜色　　（D）打印/不打印

5. 如果要从一条直线的端点处开始绘制一条与一个圆相切的直线，则应该打开对象捕捉的特征点是（　　）。

（A）切点　　（B）圆心　　（C）垂足　　（D）端点

附录 B

CAD 技能大赛上机小图练习

【习题 B–1】绘制如图 B–1 所示的房屋平面图 1。

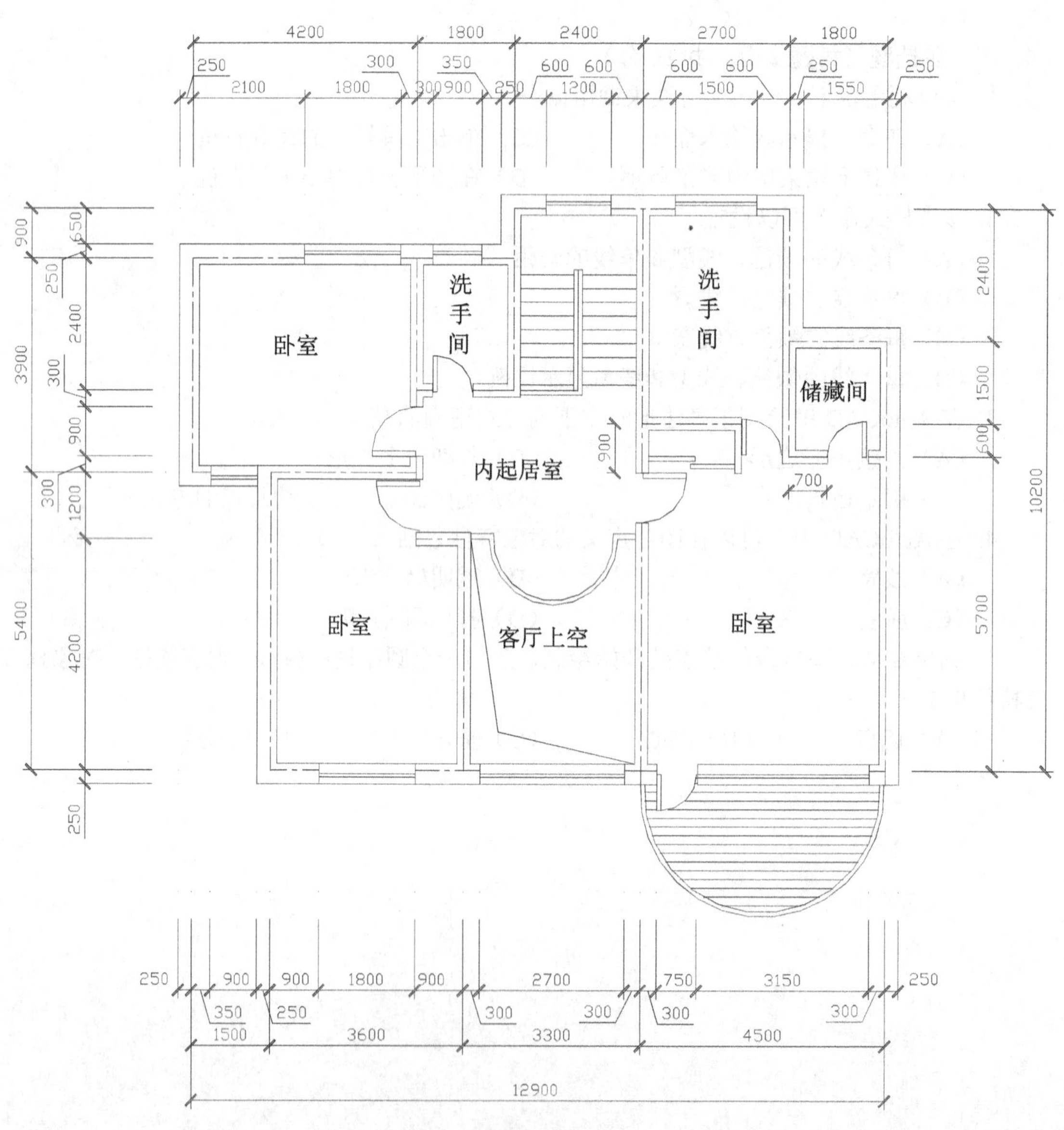

图 B–1　房屋平面图 1

【习题 B–2】绘制如图 B–2 所示的房屋平面图 2。

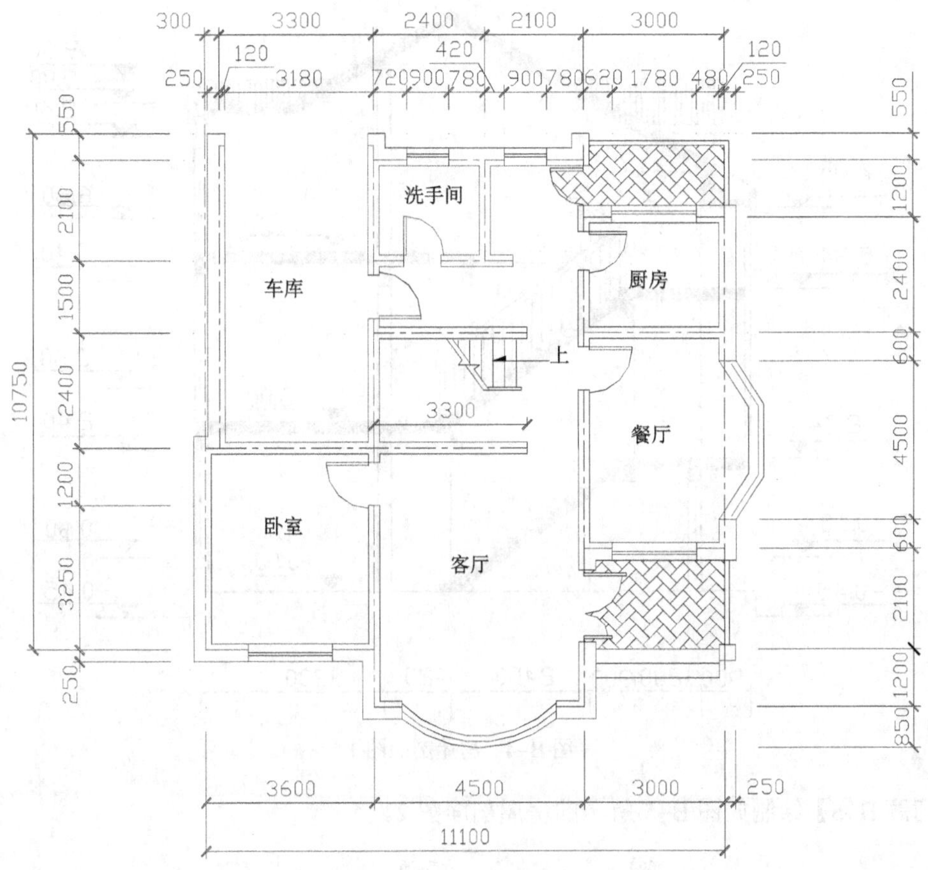

图 B–2　房屋平面图 2

【习题 B–3】绘制如图 B–3 所示的房屋立面图。

图 B–3　房屋立面图

【习题 B–4】绘制如图 B–4 所示的房屋剖面图 1。

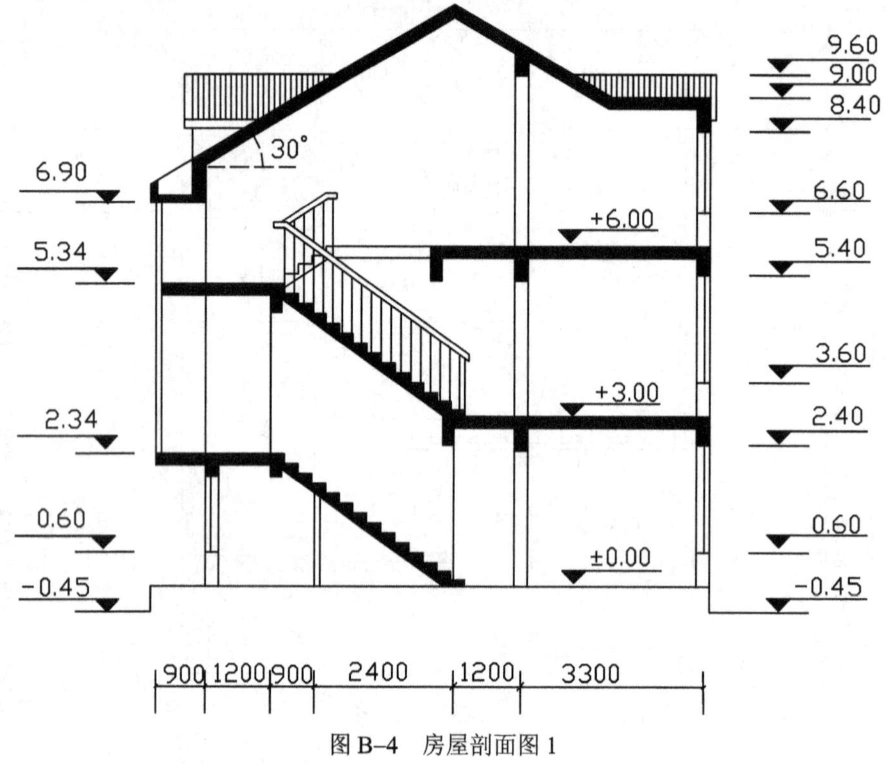

图 B–4 房屋剖面图 1

【习题 B–5】绘制如图 B–5 所示的房屋剖面图 2。

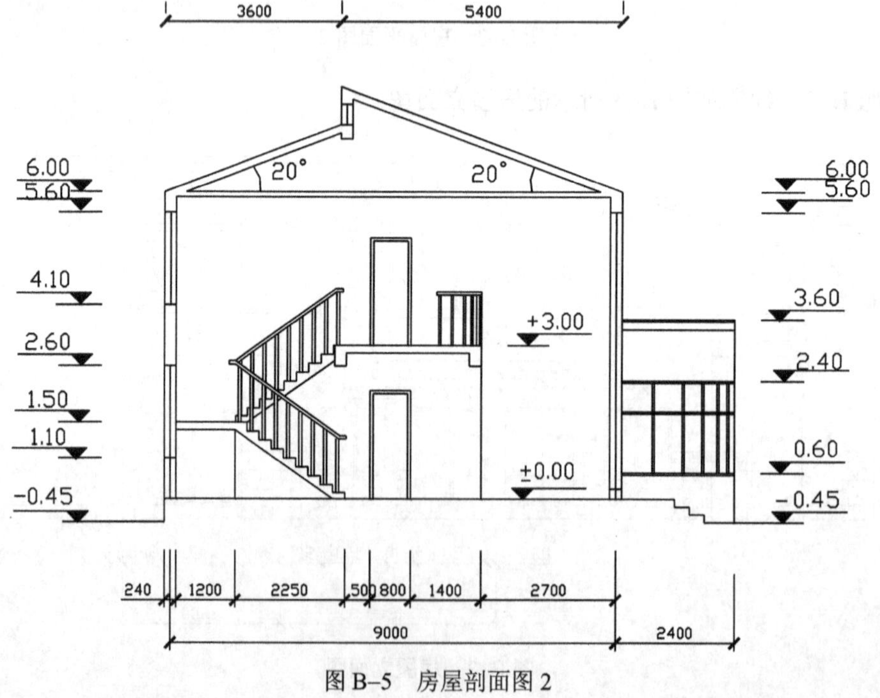

图 B–5 房屋剖面图 2

附录 C

常用字母类快捷键命令

第一类快捷键命令通常是由一个或者多个字母来定义的，常用的字母类快捷键命令如下。

1. 特性快捷键命令（见表 C–1）

表 C–1　特性快捷键命令

快捷键命令	命令全称	命令意义
PR,CH,MO	*Properties	修改特性
DC	*Adcenter	设计中心
TP	*Tool Palettes	工具选项
MA	*Matchprop	属性匹配
ST	*Style	文字样式
COL	*Color	设置颜色
LA	*Layer	图层操作
LT	*Linetype	线型
LTS	*Ltscale	线型比例
LW	*Lweight	线宽
UN	*Units	图形单位
ATT	*Attdef	属性定义
BO	*Boundary	边界创建
AL	*Aligh	对齐
EXP	*Export	输出其他格式文件
IMP	*Import	输入文件
OP	*Options	自定义 CAD 设置
PU	*Purge	图形清理
R	*Redraw	重新生成
V	*View	命名视图
AA	*Area	面积
DI	*Dist	距离
LI	*List	显示图形数据信息

2. 绘图快捷键命令（见表 C–2）

表 C–2　绘图快捷键命令

快捷键命令	命令全称	命令意义
A	*Arc	圆弧
B	*Block	图块制作
C	*Circle	圆
DO	*Donut	圆环
L	*Line	直线
XL	*Xline	射线
PL	*Pline	多段线
ML	*Mline	多线
SPL	*Spline	样条曲线
PO	*Point	点
POL	*Polygon	正多边形
REC	*Rectang	矩形
EL	*Ellipse	椭圆
REG	*Region	面域
T	*Mtext	多行文本
DT	*Text	单行文本
I	*Insert	插入块
W	*Wblock	定义块文件
DIV	*Divid	等分
H	*Hatch	填充

3. 修改快捷键命令（见表 C–3）

表 C–3　修改快捷键命令

快捷键命令	命令全称	命令意义
CO	*Copy	复制
MI	*Mirror	镜像
AR	*Array	阵列
O	*Offset	偏移
RO	*Rotate	旋转
M	*Move	移动
E	*Erase	删除
X	*Explode	分解
TR	*Trim	修剪

续表

快捷键命令	命令全称	命令意义
EX	*Extend	延伸
S	*Stretch	拉伸
LEN	*Lengthen	直线拉长
SC	*Scale	比例缩放
BR	*Break	打断
CHA	*Chamfer	倒角
F	*Fillet	倒圆角
PE	*Pedit	多段线编辑
ED	*Ddedit	修改文本

4. 视窗缩放快捷键命令（见表 C–4）

表 C–4　视图缩放快捷键命令

快捷键命令	命令全称	命令意义
P	*Pan	视图平移
Z	*Zoom	视图缩放
Z+A	*Zoom All	显示全部图形
Z+E	*Zoom Extents	充满显示
Z+P	*Zoom Previous	显示前一视图
Z+空格	*Zoom Real time	实时缩放视图

5. 尺寸标注快捷键命令（见表 C–5）

表 C–5　尺寸标注快捷键命令

快捷键命令	命令全称	命令意义
DLI	*Dimlinear	直线标注
DAL	*Dimaligned	对齐标注
DRA	*Dimradius	半径标注
DDI	*Dimdiameter	直径标注
DAN	*Dimangular	角度标注
DCE	*Dimcenter	中心标注
DOR	*Dimordinate	点标注
TOl	*Tolerance	标注形位公差
LE	*Qleader	快速引出标注

续表

快捷键命令	命令全称	命令意义
DBA	*Dimbaseline	基线标注
DCO	*Dimcontinue	连续标注
D	*Dimstyle	标注样式
DED	*Dimedit	编辑标注
DOV	*Dimoverride	替换标注系统变量

附录 D

功能键快捷键命令

第二类快捷键命令使用功能键 F1～F12 来定义。常用的功能键快捷键命令如表 D–1 所示。

表 D–1　常用的功能键快捷键命令

功能键	命 令 含 义	功能键	命 令 含 义
F1	帮助	F7	栅格开关
F2	打开文本窗口	F8	正交开关
F3	对象捕捉开关	F9	捕捉开关
F4	数字化仪开关	F10	极轴开关
F5	等轴侧平面转换	F11	对象追踪开关
F6	坐标转换开关	F12	动态输入开关

附录 E

“Ctrl 键+字母或数字”组合快捷键命令

第三类的快捷键命令通常是由 Ctrl 键和一个字母键组成的。比如快捷键 Ctrl +N、Ctrl +O、Ctrl +P 等。常用 Ctrl 类快捷键命令如表 E–1 所示。

表 E–1　Ctrl 类快捷键命令

快捷键命令	命令全称	命　令　意　义
Ctrl+0	*Clean Screen ON	切换“全屏显示”
Ctrl+1	*Properties	修改特性
Ctrl+2	*Adcenter	设计中心
Ctrl+3	*Tool Palettes	工具选项
Ctrl+4	*Sheet Set	切换“图纸集管理器”
Ctrl+6	*Dbconnect	切换“数据库连接管理器”
Ctrl+7	*Markup	切换“标记集管理器”
Ctrl+8	*Quickcalc	切换“快速计算器”选项板
Ctrl+9	*Commandlinehide	切换“命令行–关闭窗口”窗口
Ctrl+A	*Select all	选择图形所有对象
Ctrl+B	*Snap	栅格捕捉
Ctrl+C	*Copyclip	复制
Ctrl+F	*Osnap	切换对象捕捉
Ctrl+G	*Grrid	切换栅格
Ctrl+H	*Pickstyle	切换 PICKSTYLE 值
Ctrl+I	*Coords	切换坐标显示
Ctrl+L	*Ortho	切换正交
Ctrl+N	*New	新建文件
Ctrl+O	*Open	打开文件
Ctrl+P	*Plot	打印文件
Ctrl+S	*Save	保存文件
Ctrl+U	*Polar	切换极轴
Ctrl+W	*Otrack	切换选择循环
Ctrl+V	*Pasteclip	粘贴

续表

快捷键命令	命令全称	命 令 意 义
Ctrl+X	*Cutclip	剪切
Ctrl+Y	*Mredo	取消前面的“放弃”动作
Ctrl+Z	*Undo	放弃
Ctrl +Shift+A		切换组
Ctrl + Shift+C	*Copybase	指定基点复制对象到剪贴板
Ctrl + Shift+P		切换“快捷特性”界面
Ctrl + Shift+S	*Saveas	显示“另存为”对话框
Ctrl + Shift+V	*Pasteblock	将剪贴板中的数据作为块粘贴